h-BN 系核壳自润滑陶瓷刀具

许崇海　等著

中国轻工业出版社

图书在版编目（CIP）数据

h-BN系核壳自润滑陶瓷刀具/许崇海等著. —北京：中国轻工业出版社，2023.5
ISBN 978-7-5184-4214-0

Ⅰ.①h… Ⅱ.①许… Ⅲ.①陶瓷刀具 Ⅳ.①TG711

中国版本图书馆CIP数据核字（2022）第241695号

责任编辑：张文佳　　责任终审：劳国强　　封面设计：锋尚设计
版式设计：霸　州　　责任校对：朱燕春　　责任监印：张　可

出版发行：中国轻工业出版社（北京东长安街6号，邮编：100740）
印　　刷：三河市万龙印装有限公司
经　　销：各地新华书店
版　　次：2023年5月第1版第1次印刷
开　　本：710×1000　1/16　印张：11.75
字　　数：280千字
书　　号：ISBN 978-7-5184-4214-0　定价：39.00元
邮购电话：010-65241695
发行电话：010-85119835　传真：85113293
网　　址：http://www.chlip.com.cn
Email：club@chlip.com.cn
如发现图书残缺请与我社邮购联系调换
221125K5X101HBW

前　　言

自润滑陶瓷刀具是干式切削领域中能够有效减少摩擦磨损的机加工刀具之一，因此，它在机加工领域的优势引起了众多研究人员的关注。实现自润滑陶瓷刀具的种类有很多，如原位自润滑陶瓷刀具、微织构自润滑陶瓷刀具、梯度自润滑陶瓷刀具等，但是常见的自润滑陶瓷刀具研制还是以直接添加固体润滑剂的方式为主。相较于其他几种自润滑陶瓷刀具，通过添加固体润滑剂的方式所制备的刀具无论是在制备工艺还是时间成本等方面，都有着更好的优势，特别是其具备源源不断提供润滑的能力。同时，不可否认的是直接添加固体润滑剂所带来的力学性能下降已成为限制自润滑陶瓷刀具进一步发展的瓶颈。

本书针对自润滑陶瓷刀具减摩抗磨性能与力学性能不能同时兼顾的问题，将核壳包覆技术引入到自润滑陶瓷刀具的研制中，利用核壳包覆材料的优势，对自润滑陶瓷刀具材料的制备开发进行了探索，并选定以 h-BN（六方氮化硼）固体润滑剂颗粒为核，不同增强相为包覆壳材料，研制出了添加包覆型 h-BN 固体润滑剂的系列核壳包覆式自润滑陶瓷刀具，有效平衡了自润滑陶瓷刀具自润滑性能与力学性能的此消彼长的问题。核壳包覆式自润滑陶瓷刀具的研制，不仅为今后自润滑陶瓷刀具的进一步开发带来了新的研究思路，同时也对固体润滑剂在其他自润滑陶瓷材料领域的研制应用，起到了良好的推动作用，具有广阔的研究前景。

本书的主要内容包括：介绍了 h-BN 系核壳自润滑陶瓷刀具材料设计方法，并开发了多种包覆式复合粉体的制备方法。在此基础上，进行了 h-BN 系核壳自润滑陶瓷刀具的制备工艺、微观结构以及力学性能的研究，并对 h-BN 系核壳自润滑陶瓷刀具材料进行了摩擦磨损特性、切削性能以及相应的减摩抗磨机理的研究与分析。

自润滑陶瓷刀具作为先进陶瓷材料的典型应用，作者一直致力于自润滑陶瓷刀具的研制以及相关切削加工技术的研究。近年来，在国家自然科学基金项目“51575285、51905285”、山东省自然科学基金项目“ZR2016EEP15、ZR2017LEE014”和山东省重点研发计划“2014GGX103001、2017GGX30118”等资助下，在核壳包覆自润滑陶瓷刀具的研究领域取得了一系列的研究成果，本书的主要内容均取材于作者在国内外专业期刊发表的学术论文以及作者所指导博士和硕士研究生的研究论文。撰写本书的主要目的是向读者介绍核壳包覆技术在自润滑陶瓷刀具研究领域的最新进展与应用，从而为我国自润滑陶瓷刀具技术的研究与发展起到推动作用。

在本书的写作过程中，吴光永、肖光春、陈照强、张静婕提出了很多宝贵的修改意见，我们在此谨致衷心的谢意！

作者

目 录

第 1 章　绪论 …… 1

1.1　自润滑陶瓷刀具材料研究现状 …… 1

1.1.1　常用固体润滑剂的研究现状 …… 1

1.1.2　陶瓷刀具自润滑功能的实现 …… 2

1.1.3　传统自润滑陶瓷刀具的研究现状 …… 3

1.1.4　新型自润滑陶瓷刀具的研究现状 …… 5

1.2　核壳结构粉体的制备及其在陶瓷材料中的应用现状 …… 6

1.2.1　核壳材料的制备技术研究现状 …… 6

1.2.2　核壳材料在陶瓷材料中的应用 …… 10

1.2.3　h-BN 系核壳材料的研究现状 …… 12

1.3　h-BN 系核壳自润滑陶瓷刀具的主要研究内容 …… 12

第 2 章　h-BN 系核壳自润滑陶瓷刀具材料设计 …… 14

2.1　h-BN@Ni 核壳自润滑陶瓷刀具材料设计 …… 14

2.1.1　h-BN@Ni 核壳自润滑陶瓷刀具材料的组分设计 …… 14

2.1.2　h-BN@Ni 核壳自润滑陶瓷刀具材料的微观结构设计 …… 20

2.2　h-BN@SiC 核壳自润滑陶瓷刀具材料设计 …… 24

2.2.1　h-BN@SiC 核壳自润滑陶瓷刀具核壳固体润滑剂设计 …… 24

2.2.2　h-BN@SiC 核壳自润滑陶瓷刀具材料设计 …… 24

2.3　h-BN@Al_2O_3 核壳自润滑陶瓷刀具材料设计 …… 25

2.3.1　包覆层材料的选择 …… 25

2.3.2　烧结助剂的确定 …… 25

2.3.3　第二相的确定 …… 26

2.3.4　纳米添加相的确定 …… 26

2.4　h-BN@Al_2O_3 核壳自润滑金属陶瓷刀具材料设计 …… 27

第 3 章　h-BN 系核壳固体润滑剂复合粉体制备与表征 …… 28

3.1　h-BN@Ni 复合粉体的制备与表征 …… 28

3.1.1　实验原料 …… 28

3.1.2　h-BN@Ni 复合粉体的制备工艺 …… 28

3.1.3　h-BNμ@Ni 复合粉体的表征 …… 36

3.1.4　h-BNn@Ni 复合粉体的表征 …… 38

3.1.5　BNNS@Ni 复合粉体的制备与表征 …… 40

3.2　h-BN@SiC 复合粉体的制备与表征 …… 48

3.2.1 实验原料 …… 48
3.2.2 h-BN@ SiO_2 复合粉体的制备 …… 49
3.2.3 工艺参数对包覆效果的影响 …… 53
3.2.4 SiO_2 包覆层生成过程分析 …… 63
3.2.5 h-BN@ SiC 复合粉体的制备 …… 65
3.2.6 h-BN@ SiC 的物相组成与表面形貌 …… 67
3.3 h-BN@ Al_2O_3 复合粉体的制备与表征 …… 70
3.3.1 实验原料 …… 70
3.3.2 h-BN@ Al_2O_3 复合粉体的制备 …… 70
3.3.3 包覆实验结果的分析与表征 …… 72
3.3.4 h-BN@ Al_2O_3 的微观形貌及 XRD 分析 …… 74
第 4 章 h-BN@Ni 核壳自润滑陶瓷刀具材料制备与性能 …… 77
4.1 h-BN@ Ni 核壳自润滑陶瓷刀具材料的制备 …… 77
4.1.1 实验原料 …… 77
4.1.2 组分配比 …… 78
4.1.3 制备工艺 …… 78
4.2 h-BN@ Ni 核壳自润滑陶瓷刀具材料物相分析和微观结构表征 …… 79
4.2.1 测试方法 …… 79
4.2.2 物相分析 …… 80
4.2.3 添加 h-BNμ@ Ni 刀具材料的微观结构 …… 80
4.2.4 添加 h-BNn@ Ni 刀具材料的微观结构 …… 84
4.2.5 添加 BNNS@ Ni 刀具材料的微观结构 …… 87
4.2.6 h-BN 尺寸对刀具材料微观结构的影响 …… 92
4.3 h-BN@ Ni 核壳自润滑陶瓷刀具材料的相对密度和力学性能测试 …… 93
4.3.1 试样制备 …… 93
4.3.2 测试方法 …… 93
4.3.3 测试结果 …… 94
4.3.4 h-BNμ@ Ni 含量对相对密度和力学性能的影响 …… 95
4.3.5 Ni 添加方式对相对密度和力学性能的影响 …… 97
4.3.6 h-BNn@ Ni 含量对相对密度和力学性能的影响 …… 98
4.3.7 添加 BNNS@ Ni 对相对密度和力学性能的影响 …… 99
4.3.8 h-BN 尺寸对刀具材料力学性能的影响 …… 99
4.4 h-BN@ Ni 核壳自润滑陶瓷刀具材料的增韧机理 …… 100
4.4.1 添加 h-BNμ@ Ni 刀具材料的增韧机理 …… 100
4.4.2 添加 h-BNn@ Ni 刀具材料的增韧机理 …… 102
4.4.3 添加 BNNS@ Ni 刀具材料的增韧机理 …… 103
4.4.4 h-BN 尺寸对刀具材料增韧的影响 …… 105

第 5 章 h-BN@SiC 核壳自润滑陶瓷刀具材料制备与性能 …… 106
5.1 h-BN@SiC 核壳自润滑陶瓷刀具材料的制备 …… 106
5.1.1 实验原料 …… 106
5.1.2 组分配比 …… 106
5.1.3 制备工艺 …… 107
5.2 h-BN@SiC 核壳自润滑陶瓷刀具材料物相分析和微观结构表征 …… 108
5.2.1 物相分析 …… 108
5.2.2 固体润滑剂对刀具材料微观结构的影响 …… 108
5.2.3 h-BN@SiC 含量对刀具材料微观结构的影响 …… 110
5.3 h-BN@SiC 核壳自润滑陶瓷刀具材料的力学性能测试 …… 111
5.3.1 不同固体润滑剂对力学性能的影响 …… 111
5.3.2 h-BN@SiC 对力学性能的影响 …… 112
5.3.3 烧结温度对力学性能的影响 …… 113
第 6 章 h-BN@Al_2O_3 核壳自润滑陶瓷刀具材料制备与性能 …… 115
6.1 h-BN@Al_2O_3 核壳自润滑陶瓷刀具材料的制备 …… 115
6.1.1 实验原料 …… 115
6.1.2 制备工艺 …… 115
6.2 h-BN@Al_2O_3 核壳自润滑陶瓷刀具材料的微观结构 …… 116
6.2.1 h-BN@Al_2O_3 添加量对刀具材料微观结构的影响 …… 116
6.2.2 保温时间对刀具材料微观结构的影响 …… 119
6.3 h-BN@Al_2O_3 核壳自润滑陶瓷刀具材料的力学性能 …… 120
6.3.1 h-BN@Al_2O_3 添加量对力学性能的影响 …… 120
6.3.2 保温时间对力学性能的影响 …… 123
6.3.3 包覆处理对力学性能的影响 …… 124
第 7 章 h-BN@Al_2O_3 核壳自润滑金属陶瓷刀具材料制备与性能 …… 125
7.1 h-BN@Al_2O_3 核壳自润滑金属陶瓷刀具材料的制备 …… 125
7.1.1 实验原料 …… 125
7.1.2 组分配比 …… 125
7.1.3 制备工艺 …… 126
7.2 h-BN@Al_2O_3 核壳自润滑金属陶瓷刀具材料的微观结构表征 …… 127
7.2.1 微观结构表征方法 …… 127
7.2.2 XRD 检测与分析 …… 127
7.2.3 微观结构 …… 128
7.3 h-BN@Al_2O_3 核壳自润滑金属陶瓷刀具材料的力学性能 …… 130
7.3.1 相对密度与晶粒尺寸 …… 130
7.3.2 力学性能 …… 132

7.4 增韧补强机理 …… 133
第 8 章 h-BN 系核壳自润滑陶瓷刀具材料的摩擦磨损特性 …… 137
8.1 试验装置与方法 …… 137
8.2 h-BN@ Ni 含量对自润滑陶瓷刀具材料摩擦磨损特性的影响 …… 138
8.2.1 h-BN@ Ni 含量对自润滑陶瓷刀具材料摩擦因数的影响 …… 139
8.2.2 h-BN@ Ni 含量对自润滑陶瓷刀具材料磨损率的影响 …… 140
8.2.3 h-BN@ Ni 含量对自润滑陶瓷刀具材料磨损形貌的影响 …… 141
8.3 试验条件对自润滑陶瓷刀具材料摩擦磨损性能的影响 …… 143
8.3.1 载荷的影响 …… 143
8.3.2 转速的影响 …… 145
8.4 h-BN@ Ni 自润滑陶瓷刀具材料的减摩抗磨机理 …… 146
8.4.1 减摩机理 …… 146
8.4.2 抗磨机理 …… 149
8.4.3 h-BN 尺寸对自润滑陶瓷刀具材料摩擦磨损特性的影响 …… 151
第 9 章 h-BN 系核壳自润滑陶瓷刀具的切削性能 …… 152
9.1 切削试验 …… 152
9.1.1 试验条件 …… 152
9.1.2 测试方法 …… 153
9.2 添加 h-BN@ Ni 对陶瓷刀具切削性能的影响 …… 153
9.2.1 添加 h-BN@ Ni 对陶瓷刀具切削力的影响 …… 153
9.2.2 添加 h-BN@ Ni 对平均刀-屑摩擦因数的影响 …… 154
9.2.3 添加 h-BN@ Ni 对陶瓷刀具切削温度的影响 …… 154
9.2.4 添加 h-BN@ Ni 对陶瓷刀具后刀面磨损量的影响 …… 155
9.2.5 添加 h-BN@ Ni 对工件已加工表面粗糙度的影响 …… 156
9.2.6 添加 h-BN@ Ni 的自润滑陶瓷刀具在切削过程中的磨损机理 …… 157
9.3 添加 h-BN@ Al_2O_3 对金属陶瓷刀具切削性能的影响 …… 166
9.3.1 添加 h-BN@ Al_2O_3 对金属陶瓷刀具切削力和切削温度的影响 …… 166
9.3.2 添加 h-BN@ Al_2O_3 对金属陶瓷工具后刀面磨损量的影响 …… 167
9.3.3 添加 h-BN@ Al_2O_3 对工件已加工表面粗糙度的影响 …… 168
9.3.4 添加 h-BN@ Al_2O_3 的自润滑金属陶瓷刀具在切削过程中的磨损机理 …… 168
参考文献 …… 171

第1章 绪 论

随着现代社会对金属切削技术要求的逐渐提高，除了高效率、高精度和自动化外，经济性与环保性也已成为近些年来的发展趋势。干式切削加工作为一种高效、绿色的切削技术，在减少使用切削液的同时，也有效地降低了机加工成本、避免了环境污染。然而在传统干式切削加工中，切削环境的复杂性要求刀具既要具有优异的高温力学性能和热稳定性，还要具有良好的摩擦磨损性能。因此，自润滑陶瓷刀具的研发成为解决刀具摩擦磨损严重等问题的有效方式之一。传统自润滑陶瓷刀具是直接将陶瓷粉体与润滑剂粉末混合后烧结制成的复合陶瓷刀具，所制得的自润滑陶瓷刀具虽然得到了良好的润滑性能，但固体润滑剂的添加也导致力学性能的显著下降，无法满足高硬度工件的干式切削要求。因此，为解决传统自润滑陶瓷刀具不能兼顾减摩抗磨性能和力学性能的问题，本书采用核壳包覆的方法，将金属或硬质相陶瓷颗粒包覆到 h-BN 固体润滑剂颗粒的表面上，再将包覆后的固体润滑剂粉末加入陶瓷刀具基体中，利用壳材料的高强度，对固体润滑剂引起的材料力学性能下降区域进行增强，使陶瓷刀具的整体力学性能得到改善。

1.1 自润滑陶瓷刀具材料研究现状

1.1.1 常用固体润滑剂的研究现状

固体润滑剂有很多种，既有单质材料，也有复合材料，皆可在摩擦表面形成固体润滑膜，起到减摩抗磨的作用。然而，由于刀具制备和使用过程中会遇到高温、高压，因此对固体润滑剂的选用有着更高的要求，其中可适用于自润滑陶瓷刀具材料的固体润滑剂主要有软金属、层状无机物以及金属氟化物 3 类。由于石墨、h-BN（六方氮化硼）、$NbSe_2$（二硒化铌）、MoS_2（二硫化钼）、WS_2（二硫化钨）等层状固体润滑剂的剪切强度较低，容易在摩擦表面受压力和冲击作用时形成固体润滑膜并拖覆摩擦表面，因此在实际生产和应用中最为常见。表 1-1 列举了常见层状固体润滑剂的特性，可以看到，所列的 4 种固体润滑剂都具有非常低的摩擦因数，它们在自润滑陶瓷刀具材料中都有着广泛的应用。

石墨作为层状固体润滑剂，主要是利用其层间结合力较弱的结构特征。在实际应用中受摩擦和挤压时，其多层状结构会发生剪切滑移，从而起到润滑效果。另外有研究发现，石墨的减摩抗磨性能在潮湿的空气中较强，这是因为石墨可吸附水气而使层与层间更容易滑动。MoS_2 作为能够在真空中实现润滑作用的固体润滑剂，其在与金属对磨时，会在金属表面拖覆，相互间的结合力较强，不容易被磨掉，并且摩擦因数很小，一般在 0.05~0.09 范围内，使得其在固体润滑剂中的应用最为广泛。而且 MoS_2 具有良好的热稳定性，在温度为 60~400℃ 的使用条件下仍能保持良好的润滑性能。h-BN 作为同属于六方晶系，具有类似石墨的层状结构的固体润滑剂，拥有十分优异的化学稳定性和电绝缘性，在惰性气氛下 2800℃ 的高温环境中，润滑性能仍很稳定，因此许多研究人员尝试将 h-BN 加入陶瓷材料基体中，制备自润滑陶瓷材料，希望利用 h-BN 的稳定润滑性提高陶瓷材料的自润滑性能。

表 1-1　　常见层状固体润滑剂的特性

润滑剂	开始氧化温度/℃	熔点/℃	莫氏硬度	摩擦因数
石墨	350~400	3652	1~2	0.08~0.16
MoS_2（二硫化钼）	315	1185	1.0~1.5	0.05~0.09
WS_2（二硫化钨）	450	1250	1~2	0.01~0.15
h-BN（六方氮化硼）	900	3000	2	0.03~0.16

综上所述，固体润滑剂的种类有很多，应用的方向也不尽相同，但是能够用于陶瓷材料的固体润滑剂少之又少。尽管石墨、MoS_2 和 WS_2 这 3 种固体润滑剂的应用领域比较广泛，但由于其在空气中的开始氧化温度不高，高温环境下使用时会氧化或分解，容易造成润滑性能的丧失，使其作为自润滑陶瓷材料的固体添加剂时存在一定的缺点。因此，像 h-BN 这类能够具备耐高温、耐化学腐蚀等特性的固体润滑剂，成为研究人员最为关注的自润滑陶瓷材料添加剂。

1.1.2　陶瓷刀具自润滑功能的实现

自润滑材料在使用过程中具有优良的摩擦磨损性能，已逐渐成为材料科学领域的新研究方向之一，受到人们广泛的关注。当陶瓷刀具材料与自润滑技术相结合时，就能够制备出具有减摩抗磨损性能的自润滑刀具。

陶瓷刀具具备自润滑功能的途径主要有 3 种：①利用高温下的化学反应，通过在陶瓷刀具表面原位生成润滑膜来实现刀具的自润滑；②通过涂层或表面结构等方式在陶瓷刀具表面引入固体润滑剂以实现刀具的自润滑；③将固体润滑剂作为添加相加入陶瓷材料基体中制得自润滑陶瓷刀具。

因此，根据自润滑功能的实现方式，自润滑陶瓷刀具主要可分为以下三大类：

（1）原位反应自润滑陶瓷刀具

通过刀具在切削过程中产生的大量切削热，使刀具在高温条件下引发摩擦化学反应，利用反应产物具备的润滑作用，实现刀具的原位自润滑。因此在制备刀具时，需要通过对刀具材料进行合理的组分设计和摩擦学设计，但此方法对陶瓷刀具的力学性能有不利影响，而且工艺复杂，因此适用范围有待研究。

（2）涂层、表面织构自润滑陶瓷刀具

通过在陶瓷刀具表面涂覆一层固体润滑剂或将固体润滑剂嵌入刀具表面预先加工好的孔洞或沟槽中使陶瓷刀具获得自润滑功能，这两种方法所制得的刀具分别为涂层自润滑刀具和表面织构自润滑刀具。虽然在陶瓷刀具表面引入固体润滑剂可以在不减小刀具整体力学性能的情况下，使刀具具有减摩和抗磨的性能，但此方法设计、制备过程太复杂，实际应用有待研究。

（3）添加固体润滑剂的自润滑陶瓷刀具

该类刀具是将固体润滑剂粉体和陶瓷粉体混合均匀后经烧结制成的自润滑刀具材料，由于固体润滑剂均匀分布在刀具基体中，因此在刀具的整个切削寿命中固体润滑剂会源源不断地析出，形成连续的摩擦因数较小的固体润滑膜，从而使刀具具备自润滑特性。此类自润滑刀具在高温、高速切削条件下能较好地完成切削任务，可以满足现代先进制造技术对刀具提出的高载荷、高温条件下，对各种难加工材料进行干式切削的要求。但是此类刀具也存在一些问题，即固体润滑剂是由传统的湿料混合法加入陶瓷材料基体中的，其强度和硬度较低，弥散分布在陶瓷基体中会导致材料力学性能下降，因此对这种刀具的研究仍在不断深入。

综上，比较3大类自润滑陶瓷刀具，由于添加固体润滑剂的自润滑刀具既具备有效的减摩功能，又始终保持自润滑，且在低速和高速切削中都有自润滑功能，因此具有很好的发展潜力。除此之外，相较于其他两种工艺，添加固体润滑剂的方法的制备过程较为简单，可以更好地节约成本和时间。

1.1.3 传统自润滑陶瓷刀具的研究现状

如何使添加固体润滑剂的陶瓷刀具既表现出良好的自润滑作用又不会降低其力学性能，成为近年来学者们研究的热点之一。

在传统自润滑陶瓷刀具材料的研制中，以 CaF_2（氟化钙）为例，无论使用微米级 CaF_2 作为润滑剂，还是纳米级 CaF_2 作为润滑剂，虽然都能研制出自润滑性能较好的陶瓷材料，但是在力学性能方面，都有所降低，如邓建新等研制的添加10vol.%微米 CaF_2 的 $Al_2O_3/TiC/CaF_2$（氧化铝/碳化钛/氟化钙）刀具，其硬度、抗弯强度和断裂韧性比常规的 Al_2O_3/TiC 刀具分别降低了 23.5%、26.3%和 30.8%。而周文制备的含有 5wt.%微米 CaF_2 的 $Al_2O_3/TiB_2/CaF_2$（氧化铝/二硼化钛/氟化钙）刀具，虽然在干式切削 45 钢的切削试验中，该刀具有着比普通陶瓷刀具低的切削力和摩擦因数，但其力学性能比 Al_2O_3/TiB_2 刀具有较大幅度的降低。除此之外，衣明东研制的添加 10vol.%纳米 CaF_2 的 Al_2O_3/TiC/CaF_2 刀具，其抗弯强度和硬度比 Al_2O_3/TiC 刀具分别降低了 7.4%和 8.7%。黄海霞制备的添加 10vol.%纳米 CaF_2 的 $Al_2O_3/TiB_2/CaF_2$ 刀具，其力学性能同样也显著低于 Al_2O_3/TiB_2 刀具。

除了 CaF_2 这种传统的润滑剂外，以 h-BN 为润滑剂的刀具，同样在力学性能方面表现出降低的特征，如徐秀国制备的含有 10vol.%h-BN 的 TiB_2/WC/h-BN 刀具，其抗弯强度、硬度和断裂韧性比相应的 TiB_2/WC 刀具分别降低了 19.6%、20.5%和 7.1%。另外，Chen 等研制的添加 5vol.%h-BN 的 Al_2O_3/TiC/h-BN 刀具材料和 Zhang 等制备的添加 10vol.%h-BN 的 Si_3N_4/TiC/h-BN 刀具材料的力学性能也都显著低于相应未添加 h-BN 的刀具材料。

除氟化物以及层状固体润滑剂外，添加金属氧化物作为润滑剂时，同样使刀具的力学性能有所降低，如 Broniszewski 等研制的添加 15wt.%金属 Mo 的 Al_2O_3/Mo 陶瓷刀具，其与 Mo 含量为 0 的刀具相比，虽然断裂韧性增加了 18.9%，但是硬度降低了 6.8%。Broniszewski 等制备的含有 2.5wt.%金属 V 的 Al_2O_3/V 陶瓷刀具与 V 含量为 0 的刀具相比，其断裂韧性提高了 21.4%，硬度降低了 5.3%。但不可否认的是，在自润滑性能的表现方面，上述两种刀具材料中的金属在干式切削过程中分别氧化成具有类石墨结构的 MoO_3 和 V_2O_5，都有效地起到了自润滑作用，减轻了刀具的摩擦磨损。

综上所述，传统自润滑陶瓷刀具虽然表现出较好的减摩性能，但其力学性能，尤其是硬度比未添加润滑剂的陶瓷刀具有大幅度降低（表 1-2），无法满足高硬度和高强度工件材料的加工要求，因此自润滑陶瓷刀具的研制仍任重道远。

表 1-2　　　传统自润滑陶瓷刀具的力学性能

刀具材料	抗弯强度/MPa	维氏硬度/GPa	断裂韧性/MPa·$m^{1/2}$
Al_2O_3/TiC/CaF_2（微米）	590	15.3	3.6
$Al_2O_3/TiB_2/CaF_2$（微米）	685	16.4	3.7
Al_2O_3/TiC/CaF_2（纳米）	675	18.8	6.47
$Al_2O_3/TiB_2/CaF_2$（纳米）	685	16.5	3.6
TiB_2/WC/h-BN	683	14.4	4.6
Al_2O_3/TiC/h-BN	638	15.12	4.86

续表

刀具材料	抗弯强度/MPa	维氏硬度/GPa	断裂韧性/MPa·$m^{1/2}$
Si_3N_4/TiC/h-BN	599	11.1	6.8
Al_2O_3/TiN/CaF_2	615	11.8	3.6
Al_2O_3-Mo	—	1360 (Hv30)	4.16
Al_2O_3-V	—	1468 (Hv20)	4.25

1.1.4 新型自润滑陶瓷刀具的研究现状

为解决传统自润滑陶瓷刀具不能兼顾力学性能和减摩抗磨性能的问题，近年来研究者们开发出了多种新型自润滑陶瓷刀具，如梯度自润滑陶瓷刀具、微纳米复合梯度自润滑陶瓷刀具。

（1）梯度自润滑陶瓷刀具

梯度自润滑陶瓷刀具是将固体润滑剂与陶瓷材料以梯度的方式进行分布的陶瓷刀具，其在切削过程中具备更好的自润滑特性。如吴光永研制的表层添加10vol.%微米 CaF_2、内层分别以 Al_2O_3/TiC 和 Al_2O_3/(W,Ti)C 为基体的两种梯度自润滑刀具。前者的抗弯强度、硬度和断裂韧性比传统 Al_2O_3/TiC/CaF_2 刀具分别提高了21%、16%和5.9%。而后者的抗弯强度、硬度和断裂韧性比传统 Al_2O_3/(W,Ti)C/CaF_2 刀具分别提高了24.6%、19.2%和5.5%。

（2）微纳米复合梯度自润滑陶瓷刀具

微纳米复合梯度自润滑陶瓷刀具是在梯度自润滑陶瓷刀具的基础上，利用纳米颗粒在复合陶瓷材料中的增韧补强性来改善梯度自润滑陶瓷刀具的各项性能的新型自润滑陶瓷刀具。如徐秀国研制的表层添加20vol.%纳米 TiB_2 和10vol.%微米 h-BN 的 TiB_2/WC/h-BN 微纳米复合梯度自润滑刀具，其抗弯强度、硬度和断裂韧性比 TiB_2/WC/h-BN 纯微米自润滑刀具分别提高了15.8%、11.1%和6.7%。衣明东研制的表层添加10vol.%纳米 CaF_2、内层以 Al_2O_3/TiC 为基体的梯度与纳米润滑剂协同改性的刀具，其抗弯强度、硬度和断裂韧性比传统 Al_2O_3/TiC/CaF_2 含纳米润滑剂刀具分别提高了19.8%、2.8%和6.7%。将基体换成 Al_2O_3/(W,Ti)C 后，微纳米复合梯度自润滑陶瓷刀具的抗弯强度、硬度和断裂韧性比传统 Al_2O_3/(W,Ti)C/CaF_2 含纳米润滑剂刀具分别提高了74%、5%和3.9%，可以看到，纳米颗粒的引入给梯度自润滑陶瓷带来了较高的力学性能。

上述新型自润滑陶瓷刀具的力学性能虽然比相应的传统自润滑陶瓷刀具有显著的改善，但硬度对于加工高硬度、高强度工件仍然偏低，如表1-3所示。因此，仍需要在现有相关研究的基础上，进一步提升自润滑陶瓷刀具的力学性能，从而扩展其使用范围。

表 1-3　　新型自润滑陶瓷刀具的力学性能

刀具材料	抗弯强度/MPa	维氏硬度/GPa	断裂韧性/MPa·$m^{1/2}$
Al_2O_3/TiC/CaF_2 梯度材料	702	14.32	3.98
Al_2O_3/(W,Ti)C/CaF_2 梯度材料	769	15.36	4.02
TiB_2/WC/h-BN 微纳米梯度材料	791	16.00	4.91
Al_2O_3/TiC/CaF_2 纳米梯度材料	745	19.60	7.66
Al_2O_3/(W,Ti)C/CaF_2 纳米梯度材料	865	17.10	6.73

1.2　核壳结构粉体的制备及其在陶瓷材料中的应用现状

1.2.1　核壳材料的制备技术研究现状

为了满足难加工材料对陶瓷刀具性能的需求，进一步提高自润滑陶瓷刀具的性能成为目前自润滑陶瓷刀具的研究重点，其中核壳结构粉体的引入给自润滑刀具的研制带来了新的方向。

核壳结构粉体是指异种成分材料包覆或吸附在颗粒表面进而制备出来的复合结构粉体。由于核壳结构粉体兼具外壳材料和内部核颗粒的物理和化学性能，避免了由于内部颗粒和基体相润湿性差造成的难以烧结的问题，并且减少了界面处的残余应力，增加了内部颗粒与基体材料的界面结合力，因此核壳结构粉体成为冶金、航空、机械等领域的研究热点。

核壳粉体外壳的存在既可以保护内部颗粒的稳定性，防止其发生相变、氧化和分解，又能够通过对核壳粉体结构、尺寸、成分的调控，赋予不同核壳粉体新的物理、化学特性，这种特性与陶瓷材料的结合使得制备性能更加优良的陶瓷刀具成为可能。

核壳材料在陶瓷刀具领域虽然已有许多研究进展，但是目前对表面无机包覆机理的研究尚不完善，主要有以下 3 种观点。

1.2.1.1　库仑静电引力相互吸引机理

这种机理认为，包覆层颗粒表面带有与基体颗粒表面相反的电荷，靠库仑静电引力使包覆层颗粒吸附到被包覆颗粒的表面。Homola 和 Lorenz 研究了 SiO_2 包覆 γ-Fe_2O_3 的机理，γ-Fe_2O_3 的等电点为 6，pH<6 时 Zeta 电位 $\zeta>0$，而 SiO_2 在 pH>3 时 Zeta 电位 $\zeta<0$。当 pH 处于 3~6 时，γ-Fe_2O_3 和 SiO_2 带有相反的电荷，包覆的动力是靠库仑引力使 SiO_2 吸附到 γ-Fe_2O_3 表面形成包覆层。但是利用此包覆机理，包覆层与核粒子结合不紧密，在外载荷的作用下很容易

脱落，而且适用范围也较窄，不适合应用于自润滑刀具材料中。

1.2.1.2 过饱和度机理

这种机理从结晶学出发，认为在某一 pH 下，溶液超过它的过饱和度时，将会有大量晶核立即生成，当有异相物质存在时，这些晶核优先沉积到异相物质颗粒的表面，开始成核、长大并逐渐堆积形成包覆层。这是由于在非均相体系的晶体成核与生长过程中，新相在已有的固相上形成或生长，体系表面自由能的增加量小于自身成核（均相成核）体系表面自由能的增加量，所以分子在异相界面的成核与生长优先于体系中的均相成核。徐伟玲利用过饱和度机理制备了氧化铟锡粉末材料，并分析了沉淀剂、反应物的浓度、煅烧的温度和时间、分散剂 4 个因素对制备过程及产物的影响。这种机理使用的制备工艺简便，易操作，且包覆层不易脱落，适用于自润滑刀具材料。

1.2.1.3 化学键机理

通过化学反应使被包覆颗粒表面和包覆层颗粒表面之间形成牢固的化学键，从而生成均匀致密的包覆层。这种机理形成的包覆层与基体结合牢固，不易脱落，但需要基体表面具备一定的官能团。Burattin 等研究了 Ni^{2+} 在 SiO_2 表面的沉积。Ni^{2+} 首先水解生成水合羟镍，SiO_2 表面吸附着羟基，水合羟基镍和水合羟基硅之间通过杂原子缩合生成页硅酸镍盐。在页硅酸盐表面，水合羟基镍通过羟桥聚合，生成氢氧化镍包覆层。这种包覆机理的结合力是在包覆层与基体之间形成的化学键，从而生成了均匀致密包覆层。与前两种机理相比，包覆层与基体结合牢固，不易脱落，但是此种机理工艺复杂，适用范围也较窄。

除此之外，核壳材料的成核不同于传统的成核过程，如图 1-1 所示，它是指在核粒子的表面吸附或包裹另一种或多种物质，形成具有核壳结构的复合粒子。这个过程实际上是不同物质的复合过程。

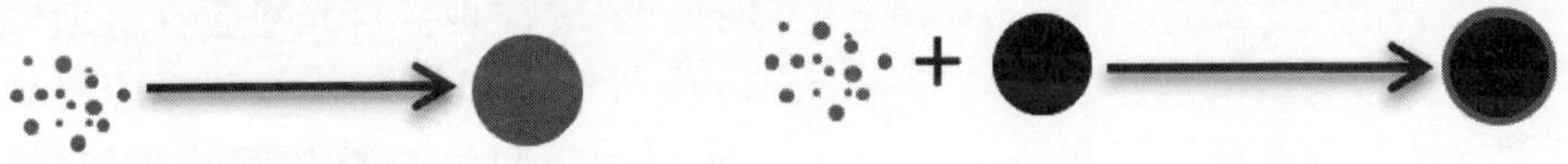

(a) 传统成核　　(b) 包覆成核

图 1-1　传统成核与包覆成核

目前粉体的包覆方法主要有固相包覆法、液相包覆法、气相包覆法等。

(1) 固相包覆法

固相包覆法是指由固相原料通过混料、研磨或者其他机械处理制得包覆粉末，按其制备工艺特点可分为机械混合法和固相反应法。

① 机械混合法　机械混合法利用挤压、冲击、剪切、摩擦等机械力将改性剂均匀分布在粉末颗粒表面，使各种组分相互渗入和扩散，形成包覆结构。该方法的优点是处理时间短，反应过程容易控制，可连续批量生产，有利于实

现各种树脂、石蜡类物质以及流动性改性剂对粉末颗粒表面的包覆。但此法仅用于微米级粉末的包覆，且要求粉末具有单一分散性。如顾华志等将一定质量比的 $CaCO_3$ 和 $Ca(OH)_2$ 在行星式球磨机中进行研磨，实现 $Ca(OH)_2$ 对 $CaCO_3$ 的包覆和活化，有效提高了 $CaCO_3$ 的抗水化性，得到了性能良好的耐火材料。

② 固相反应法　固相反应法是把几种金属盐或金属氧化物按配方充分混合、研磨，再进行煅烧，经固相反应直接得到包覆粉末。刘健等以 $Zn(NO_3)_2 \cdot 6H_2O$、$AgNO_3$ 和 Na_2CO_3 为原料，以十二烷基苯磺酸钠为分散剂，采用低温固相法在 350℃ 的温度下制得纳米 ZnO/Ag 复合粉末。其间，$Zn(NO_3)_2 \cdot 6H_2O$ 和 Na_2CO_3 反应生成 $Zn(NO_3)_2 \cdot 6H_2O$，受热分解成 ZnO；$AgNO_3$ 和 Na_2CO_3 反应生成 Ag_2CO_3，Ag_2CO_3 受热分解生成 Ag，O_2 与 CO_2。复合 Ag 之后的 ZnO 的光降解率比纯 ZnO 有所提高，光催化性能增强。

（2）液相包覆法

液相包覆法是利用液相环境中的化学反应形成改性剂，对颗粒表面进行包覆。与其他方法相比，该法易于形成核壳结构。常用的液相包覆方法有水热法、溶胶-凝胶法、共沉淀法、化学镀法、非均匀成核法等。液相包覆法具有反应温度低、设备简单、能耗少的优点。

① 水热法　水热法是在高温、高压的密闭体系中以水为媒介，得到常压条件下无法得到的特殊的物理化学条件，使反应前驱体得到充分溶解的同时达到一定的过饱和度，从而形成生长基元，进而成核、结晶，制得复合粉末。徐存英等采用水热法制备表面包覆有硬脂酸的钛酸钡纳米粉末，所得产物粒径较小，粒度分布较窄，单分散性较好，表面为非极性，同时表现出良好的流动性能。结果表明，钛酸钡纳米粉末表面的非极性与良好的流动性是由于其表面包覆了一层硬脂酸并由包覆层降低了粉末间的相互作用力。

② 溶胶-凝胶法　溶胶-凝胶法包覆的工艺过程是：首先将改性剂前驱体溶于水（或有机溶剂）形成均匀溶液，溶质与溶剂经水解或醇解反应得到改性剂（或其前驱体）溶胶；再将经过预处理的被包覆颗粒与溶胶均匀混合，使颗粒均匀分散于溶胶中，溶胶经加温处理转变为凝胶，从而实现粉末的表面改性。溶胶-凝胶法制备的复合粉末具有纯度高、化学均匀性好、颗粒细小、粒径分布窄等优点，且该技术操作容易、设备简单，能在较低温度下制备各种功能材料，在磁性复合材料、发光复合材料、催化复合材料和传感器制备等方面获得了较好的应用。陈鹏等以 $(C_4H_9O)_4Ti$ 为钛源，在无水乙醇-冰乙酸体系中用溶胶-凝胶法制备 TiO_2 溶胶，对空心微珠进行包覆。分析了溶胶静置时间对空心微珠包覆效果的影响，并对其隔热效果进行了测定。研究表明：溶胶-凝胶法制备 TiO_2 溶胶静置 12h 后可在空心微珠表面均匀包覆一层锐钛矿型 TiO_2，以其作填料所制备的隔热涂料的热反射率达 94.7%。

③ 共沉淀法　共沉淀法是向含有被包覆颗粒的溶液中加入沉淀剂，或者加入可以引发沉淀剂生成的物质，使改性粒子离子发生沉淀反应，在颗粒表面析出，从而对颗粒表面进行包覆。沉淀反应包覆往往是在纳米粒子表面包覆无机氧化物，可以便捷地控制体系中的金属离子浓度以及沉淀剂的释放速度和剂量，特别适合对微纳米粉末进行无机改性剂包覆。李晓波以 $CaCl_2$ 和 $ZrOCl_2$ 为原料，以（NH_4)-C_2O_4 为沉淀剂，采用化学沉淀法制备用 $CaZrO_3$ 包覆的多层陶瓷电容器（MLCC）的内电极镍粉的复合粉末，并得出以下结论：镍粉经包覆后，其抗氧化性能显著提升；复合镍粉有良好的导电性；包覆后振实密度有所下降；复合镍粉的高温抗收缩性能得到很好的改进。

④ 化学镀法　化学镀法是在没有外加电流的条件下用化学反应进行金属沉淀的过程，有置换镀法、接触镀法和还原法 3 种。化学镀法主要用于陶瓷粉末表面包覆金属或复合涂层，实现陶瓷与金属的均匀混合，从而制备金属陶瓷复合材料，其实质是镀液中的金属离子在催化作用下被还原剂还原成金属粒子沉积在粉末表面，是一种自动催化氧化-还原反应过程，因此可以获得一定厚度的金属镀层，且镀层厚度均匀、孔隙率低。史桂梅等利用化学镀法成功地合成了 Ag 包覆 Al_2O_3 粉末。分析得知，Ag/Al_2O_3 复合粉末具有壳核结构，壳层由纳米非晶银和纳米银晶体颗粒构成，粒径分别为 5nm 和 10nm。根据陶瓷增韧理论，可以推断此种 Ag/Al_2O_3 复合粉末能有效增强 Al_2O_3 陶瓷的断裂韧性。

⑤ 非均匀成核法　非均匀成核法是根据 Lamer 的结晶过程理论，利用改性剂微粒在被包覆颗粒基体上的非均匀成核与生长来形成包覆层，该方法可以精确控制包覆层的厚度和化学组分。

在非均匀成核包覆中，改性剂的质量浓度介于非均匀成核临界浓度与临界饱和浓度之间，所以非均匀成核法包覆是一种发生在非均匀成核临界浓度与均相成核临界饱和浓度之间的沉淀包覆。而在均相成核临界浓度与临界饱和浓度之间形成的包覆，是一种多晶相包覆层，但由于高于临界饱和浓度会形成大量的沉淀物，颗粒包覆会不均匀，因此与多晶相包覆相比，无定形包覆更容易实现包覆层的均匀、致密。如张巨先、潘培道等通过 $Al(NO_3)_3 \cdot 9H_2O$ 水解，利用非均匀成核法制备的 SiC/$Al(OH)_3$ 和 MoS_2/Al_2O_3 复合粉体，通过对包覆工艺条件进行优化及控制 $Al(NO_3)_3 \cdot 9H_2O$ 添加量，不仅达到了包覆层厚度可控的目的，而且包覆后的核粒子在水悬浮液中具有类似于 $Al(OH)_3$ 的胶体特性，改善了其在水中的分散性。

（3）气相包覆法

气相包覆法包括化学气相沉积法和物理气相沉积法，均是利用过饱和体系中改性剂在颗粒表面的聚集而形成对粉末颗粒的包覆，其中化学气相沉积法的应用较广。化学气相沉积是在相当高的温度下，利用混合气体与基体的表面相互作用，使混合气体中的某些成分分解，并在基体上形成一种金属或化合物的包覆层。它一般包括 3 个步骤：产生挥发性物质；将挥发性物质输送到沉淀区；与基体发生化学反应生成固态产物。如李志强等采用的流态化化学气相沉积包覆技术，利用硅酸乙酯和氧气作为反应前驱体，在 500℃下对 ZnS：Cu 电致发光粉末颗粒表面包覆 SiO_2 薄膜。包覆的发光粉末耐 $AgNO_3$ 腐蚀时间可达 121h，样品的初始发光亮度均能达到未包覆样品的 70%以上，包覆样品的发光光谱峰没有产生较大的移动。

综上所述，由于核壳结构的复合粉体拥有分散性较高、保护核颗粒在烧结过程中不发生分解和反应等优点，与陶瓷基体有着良好的适配性，并且许多研究人员开发的多种制备技术不仅丰富了核壳材料的技术储备，也为后续包覆材料的创新打下了良好基础。

1.2.2 核壳材料在陶瓷材料中的应用

陶瓷材料由于其高硬度、耐高温、耐腐蚀以及抗磨耗等特性，在刀具与高温结构件中有着广泛应用，特别在刀具领域，陶瓷刀具已经成为高速切削加工以及难加工材料加工中常用的主要刀具之一。但因其本身脆性、拉伸强度低、韧性差、用作抗磨材料时摩擦因数高等缺点，影响了陶瓷材料的进一步应用。

为了不断改善陶瓷材料的各项性能，基于核壳材料表现出的优异性能，许多学者尝试将包覆粉体作为新的粉体材料来制备陶瓷材料。研究人员利用核壳结构复合粉体具有核粒子与壳粒子的双重性能的特性，来改善陶瓷粉体的分散性、润湿性等特征属性，进而改善陶瓷材料的性能，拓展其应用范围，如今已取得了较好的进展。

目前在烧结领域，核壳结构在烧结时的演变可以分为 3 种形式：

① 固溶到粉体内：壳层组分进入核，并迁移向壳层，生成新相。

② 在晶界处偏析：壳层组分形成新相并在晶粒间偏析出来，可以抑制晶粒的长大。

③ 形成表面层：核的组分迁移向壳层，并形成新相，且依然保持核壳结构。

借助核壳结构在烧结时的演变形式，研究人员研制出了添加核壳包覆结构粉末的陶瓷材料，其中包覆的核壳陶瓷材料也分两种：

一种是常见的陶瓷材料为壳的包覆粉体材料，其核壳结构都是陶瓷材料，其制备方法最常见的是非均匀成核法。如 Chen 等以 $Al(NO_3)_3 \cdot 9H_2O$ 和 $NH_3 \cdot H_2O$ 为原料，用非均匀成核的方法在 CaF_2 颗粒表面均匀地包覆了一层非晶体 $Al(OH)_3$，经多种程序处理后，最终成功制备了 $CaF_2@Al_2O_3$ 核壳复合粉体，其制备的陶瓷刀具具备优异的切削性能。

另一种是以金属为壳的包覆粉体材料，金属包覆陶瓷复合粉体是以陶瓷为核粒子、金属为壳粒子的复合粉体，通过将陶瓷的高硬度、抗磨损等特性与金属的强韧性特点结合起来，给陶瓷材料的制备赋予了更多的可能性。如 Shi 等用化学镀法将金属 Co 包覆在 Al_2O_3 粉体表面，并用包覆后的 Al_2O_3 粉体与 TiC 粉体经真空热压烧结工艺制备了 Al_2O_3/TiC/Co 复合材料。该材料的抗弯强度、断裂韧性和抗热震性与未采用 Co 包覆的 Al_2O_3 粉体在相同条件下制备的 Al_2O_3/TiC 材料相比有了显著提高。

除此之外，Michalski 等用化学镀方法制备了 Ni-P（镍-磷合金）包覆 Al_2O_3 复合粉体，其在 1400℃达到了烧结致密化，比纯 Al_2O_3 的烧成温度降低了约 200℃，说明金属包覆的陶瓷粉体有降低 Al_2O_3/Ni-P 烧结温度的可能性。李国军等用非均相沉淀和热压工艺制备了晶内/晶界复合型的 Al_2O_3/Ni 纳米金属陶瓷，该材料的抗弯强度和断裂韧性比 Al_2O_3 陶瓷分别增加了 26%和 79%。可以看到，金属包覆陶瓷材料在增强陶瓷材料性能方面，存在着诸多的可能性，对陶瓷材料性能的提升也有着较好的前景。

在自润滑陶瓷材料领域，包覆结构的粉体也避免了传统固体润滑剂在应用过程中存在的与基体材料浸润性差、容易产生偏析、可能与基体材料发生反应等一系列问题。通过对固体润滑剂进行包覆处理，在固体润滑剂表面包覆一层力学性能优异、润湿性好、不易团聚的材料，有效提高了固体润滑剂与基体材料的结合强度，比未采用包覆处理的粉末冶金固体自润滑材料的力学性能与摩擦学性能均有所提高。

丁光玉等研究了镍包覆石墨对铁基固体自润滑复合材料性能的影响，研究表明添加镍包覆石墨复合材料的力学性能和摩擦学性能明显优于添加未包覆石墨的复合材料，其所研制的添加镍包覆石墨的铁基固体自润滑复合材料已经在多家钢厂得到了应用；此外，吕晋军等以 Y-TZP（钇-稳定四方体聚晶氧化锆）为陶瓷相，以 MoS_2 为润滑相，利用醇-水溶液加热法制备了 Y-TZP 包裹 MoS_2 复合粉体，采用热压烧结工艺在 1300℃下制备了 Y-TZP 包覆 MoS_2 自润滑复合材料并测试了其减摩抗磨性能，结果发现复合材料中 MoS_2 体积分数为 44%时，摩擦因数为 0.25，磨损率小于 $1.05\times10^{-6}mm^3/m\cdot N$，表现出了优良的减摩抗磨性能。

固体润滑剂的硬度和强度都很低，所以在加入固体润滑剂后，自润滑陶瓷刀具的硬度和断裂韧性等力学性能显著下降；同时由于陶瓷材料有较高的强度和硬度，因此利用微/纳米粒子粉体的包覆技术，用氧化铝、氧化锆等陶瓷材料对固体润滑剂进行包覆后，再将包覆后的复合粉体添加到陶瓷刀具材料基体中，成为有效改善自润滑刀具力学性能的方式之一。

1.2.3 h-BN 系核壳材料的研究现状

h-BN 作为具有与石墨类似的层状结构固体润滑材料，由于其具有较低的硬度和剪切强度，能够在摩擦条件下相互滑动，具有自润滑特性，因此是一种优异的固体润滑剂，其晶体结构如图 1-2 所示。

h-BN 具备的抗氧化性和化学稳定性常被广泛应用于 Al_2O_3、SiN_4、TiB_2 和 B_4C 等陶瓷基体中作为高温固体润滑剂。然而，由于 h-BN 的片状结构以及较低的固体扩散系数，导致了制备刀具时，陶瓷材料难以烧结，并且 h-BN 与陶瓷以及金属的附着力差，这极大地限制了 h-BN 的使用。

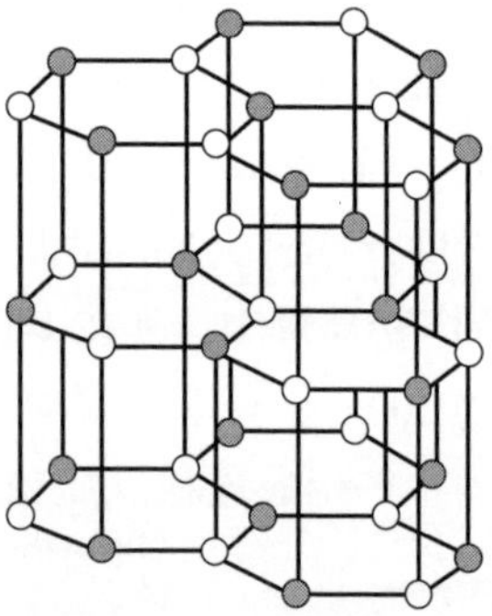

图 1-2　h-BN 晶体结构

目前传统自润滑陶瓷刀具制备时，固体润滑剂会因为常规的混料方法，造成烧结不均匀、出现气孔、致密性下降等问题。因此，利用核壳结构在陶瓷刀具烧结中发生的演变，对自润滑材料力学性能上的改善是可见的。韦小凤等为了改善 h-BN 固体润滑剂和 Ni-Cr 合金基体之间的润湿性，采用硝酸镍分解—氢还原法制备 Ni 包覆 h-BN 粉末，得到了组织更均匀、固体润滑剂与基体之间的界面结合良好的自润滑复合材料。

因此通过采用包覆技术将陶瓷颗粒包覆到固体润滑剂粉体上，形成核壳结构，再将包覆粉体添加到陶瓷刀具材料基体中，使固体润滑剂与基体材料分隔，可以有利于改善固体润滑剂的润湿性和分散性，减缓或抵消添加固体润滑剂对材料力学性能的影响。

除此之外，壳材料的高强度也能在固体润滑剂造成力学性能下降的地方对材料进行增强，进而提高陶瓷刀具材料的整体力学性能，因此核壳包覆技术与固体润滑剂的结合，对制备出兼顾良好润滑性能和良好力学性能的自润滑陶瓷刀具有良好的研究前景。

1.3 h-BN 系核壳自润滑陶瓷刀具的主要研究内容

本书从组分构成和微观结构两方面对自润滑陶瓷刀具材料进行工艺设计，通过引入核壳包覆技术，对新型自润滑陶瓷刀具材料进行了研制，提出了以 h-BN 为核，不同包覆层材料为壳的核壳结构方法，对 h-BN 固体润滑剂进行核壳包覆处理。依此设计了金属包覆与陶瓷包覆的两种包覆方式，并采用化学镀法、水解缩合法以及非均匀成核法，分别制备出镍包覆六方氮化硼（h-BN

@ Ni)、碳化硅包覆六方氮化硼（h-BN@ SiC）以及氧化铝包覆六方氮化硼（h-BN@ Al_2O_3）的包覆粉体。另外，通过研究不同工艺参数对包覆效果的影响，对包覆层结构进行化学相容性、物理相容性以及润湿性分析计算，最终得到了包覆的最佳工艺参数。

针对陶瓷刀具的基体材料，用传统的真空热压烧结工艺研制出了镍包覆六方氮化硼核壳自润滑陶瓷刀具｛Al_2O_3/[(W,Ti)C]/h-BN@ Ni｝、h-BN@ SiC 核壳自润滑陶瓷刀具（Al_2O_3/TiC/h-BN@ SiC）以及h-BN@ Al_2O_3 核壳自润滑陶瓷刀具（Si_3N_4/TiC/h-BN@ Al_2O_3）3 种 h-BN 系核壳自润滑陶瓷刀具；采用放电等离子烧结技术，与金属陶瓷相结合，研制出了 h-BN@ Al_2O_3 核壳自润滑金属陶瓷刀具［(W,Ti)C/h-BN@ Al_2O_3］，实现了 h-BN 系固体润滑剂对不同类型陶瓷的自润滑刀具的适应性研究，并在传统的固体润滑剂增韧机理基础上，完善了核壳包覆体结构对自润滑陶瓷材料的增韧补强机理，构建了添加 h-BN 固体润滑剂的核壳自润滑陶瓷刀具体系。

第 2 章　h-BN 系核壳自润滑陶瓷刀具材料设计

添加核壳包覆润滑剂复合粉体的刀具材料是先将固体润滑剂颗粒表面包覆一层或多层金属或陶瓷，形成核壳型复合粉体，然后将其与陶瓷粉体均匀混合后经烧结而成。该设计方案是利用核壳包覆层对固体润滑剂进行有针对性的强化，将固体润滑剂对刀具材料硬度的损伤降到最低，可望实现自润滑陶瓷刀具的力学性能与减摩性能的统一。本章总结归纳了 4 种 h-BN 系核壳自润滑陶瓷刀具的材料设计，分别是 h-BN@ Ni 核壳自润滑陶瓷刀具、h-BN@ SiC 核壳自润滑陶瓷刀具、h-BN@ Al_2O_3 核壳自润滑陶瓷刀具以及 h-BN@ Al_2O_3 核壳自润滑金属陶瓷刀具。

2.1　h-BN@Ni 核壳自润滑陶瓷刀具材料设计

2.1.1　h-BN@Ni 核壳自润滑陶瓷刀具材料的组分设计

添加金属包覆固体润滑剂复合粉体的刀具材料的组分设计包括合理选用陶瓷相（包括基体和增强相）、烧结助剂、固体润滑剂和包覆层金属以及优选各组分含量。

2.1.1.1　基体的选用

目前，陶瓷刀具的基体材料主要有 Al_2O_3、Si_3N_4 和硼化物。Al_2O_3 系陶瓷刀具有很多优点。第一，具有更高的常温和高温硬度，因此更适用于难加工材料的高速干切削。第二，由于 Al_2O_3 具有更高的化学惰性，切削时不易出现黏结和产生积屑瘤，从而有较高的工件加工表面质量。第三，Al_2O_3 系刀具的应用范围比 Si_3N_4 系刀具广泛：前者可用于加工各种钢材和铸铁，后者则不适合加工产生长切屑的钢材，因为会产生较大的月牙洼磨损。此外，Al_2O_3 粉体价格低廉，能降低刀具制造成本，易于推广。因此，本节选用 Al_2O_3 作为基体。

2.1.1.2　增强相的选用

目前，Al_2O_3 系陶瓷刀具通过添加硬质颗粒或晶须等增强相来提高其力学性能。碳化钨（WC）和碳化钛（TiC）具有很高的硬度，广泛应用于制造硬质合金。WC 对 Co、Ni 等金属的润湿性很好，但在 500~800℃空气中会氧化严重。相比之下，TiC 在 1027℃时才明显出现氧化。(W,Ti)C 固溶体兼具 TiC 和 WC 的优点，且与 Al_2O_3 的化学、物理相容性较好，已用作制造 Al_2O_3 基陶瓷刀具材料的增强相。(W,Ti)C 固溶体按 WC 与 TiC 的质量比分为 3 种基本类型，即 6∶4、5∶5 和 7∶3，其中 7∶3 的类型是饱和固溶体，其余两种是未饱和固溶体。鉴于饱和固溶体具有性能稳定、烧结工艺易于控制的优点，选用该类型的(W,Ti)C 固溶体作为增强相。

2.1.1.3　烧结助剂的选用

为了降低陶瓷材料的烧结温度和改善其微观结构，一般需要添加一种或多种烧结助剂。烧结助剂的机理有：①与烧结物形成固溶体；②阻止晶型转变；③抑制晶粒长大；④产生液相。加入适量氧化镁（MgO），可与 Al_2O_3 形成镁铝尖晶石，分布于晶间而钉扎 Al_2O_3 晶界迁移，起到抑制晶粒长大和促进排除气孔的作用；加入适量氧化钇（Y_2O_3）能与杂质元素反应，并在晶界析出，从而净化增强相的晶界、增加强度，因此选用 MgO 和 Y_2O_3 作为复合烧结助剂。

2.1.1.4　固体润滑剂的选用

自润滑陶瓷刀具的固体润滑剂需要具备两个基本条件：其一，在刀具材料的烧结温度（一般为 1500~1800℃）下，不发生分解，与陶瓷基体也不发生剧烈的化学反应；其二，在刀具的切削温度（一般为 500~1000℃）下，与空气和工件材料也不发生明显的化学反应而失去润滑作用。

在常用的固体润滑剂石墨、二硫化钼（MoS_2）、六方氮化硼（h-BN）、聚四氟乙烯（PTFE）和氟化钙（CaF_2）中，MoS_2 和 PTFE 的分解温度分别为 1370℃和 415℃，均低于陶瓷刀具材料的烧结温度。CaF_2 的熔点为 1420℃，会在烧结温度下熔化，从而减弱金属包覆层的作用。石墨和 h-BN 在刀具材料的烧结温度下不发生熔化、分解或升华，但石墨在空气中从 450℃开始氧化，且随着温度的升高而加剧，因此会在干切削过程中失去润滑效果；h-BN 在空气中开始氧化的温度为 1000~1100℃。可见，h-BN 是制备自润滑陶瓷刀具比较理想的固体润滑剂。

相关研究表明，以纳米 h-BN 代替微米 h-BN 制备自润滑陶瓷刀具有望提高其力学性能和切削性能。

开发具有高力学性能的新型固体润滑剂是提升传统自润滑陶瓷刀具材料力学性能的根本方法。自 2004 年石墨烯被首次制备以来，二维层状材料因其优异的性能而在世界范围内引起了极大关注。h-BN 纳米片是二维的类石墨烯材料，即单层或少层的 h-BN。与石墨烯在各领域的应用日臻成熟相比，h-BN 纳米片的开发和应用方兴未艾，尤其在陶瓷材料领域的应用尚鲜有报道。h-BN 纳米片具有远高于微米和纳米 h-BN 的力学性能：弹性模量为 700~900GPa，断裂强度为 120~160GPa，断裂应变为 0.28%~0.33%。因此，以 h-BN 纳米片为润滑剂制备自润滑陶瓷刀具既可利用其润滑作用，又可对陶瓷基体进行增韧补强，有望进一步提高刀具的力学性能和切削性能。

综上，本节选用 3 种尺寸的 h-BN，即微米 h-BN、纳米 h-BN 和 h-BN 纳米片作为润滑剂，研究添加不同尺寸的 h-BN 对刀具的微观结构及性能的影响。图 2-1 显示了 3 种尺寸 h-BN 的平均尺寸对比图。可以看出微米 h-BN 的片径为 1~2μm，片厚为 50~80nm；纳米 h-BN 的片径为 50~150nm，片厚为 30~50nm；h-BN 纳米片的片径为 200~400nm，片厚为 3~6nm。

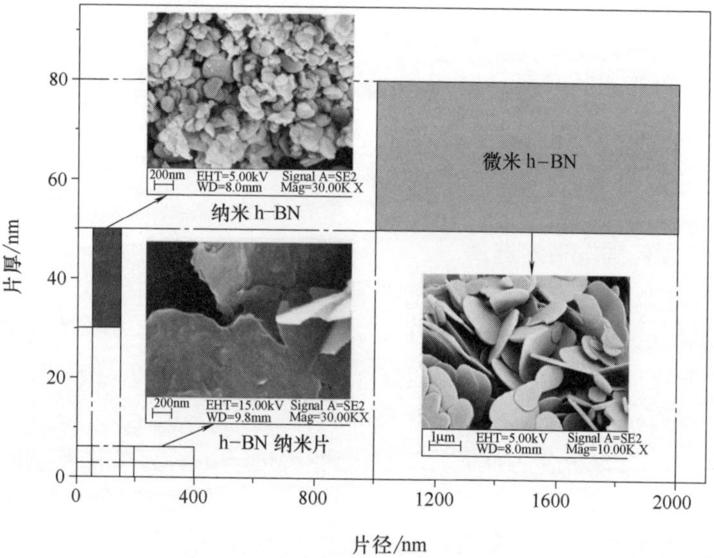

图 2-1　3 种尺寸 h-BN 的平均尺寸对比图

2.1.1.5　包覆层金属的选用

首先，所选包覆层金属在高温下应具有一定的强度、热导率以及热稳定性。这类金属主要包括 Fe、V、Cr、Ni、Mo、Ag、Co、Ti、Cu、W 等。其次，本节采用化学镀制备金属包覆型复合粉体，因此选择包覆层金属时要分析化学镀制备的可行性。在上述金属中，目前可在化学镀中被还原剂单独还原沉积的有 Ni、Co、Ag 和 Cu，其熔点分别为 1455℃、1495℃、962℃和 1083℃。由于陶瓷刀具材料的烧结温度一般在 1400℃以上，因此在烧结时 Ag 和 Cu 会过早熔化，造成金属包覆固体润滑剂复合粉体的核壳结构破坏，影响包覆效果。又考虑到 Co 为稀缺和战略性资源，难以广泛应用，而 Ni 的资源丰富，因此初选 Ni 作为包覆层金属。

对于添加 h-BN@ Ni 复合粉体的刀具材料，包覆层金属分别与固体润滑剂和陶瓷相要有良好的界面结合状况。为此需要满足良好的化学和物理相容性，以及较好的润湿性。

（1）化学相容性分析

目前文献已对 Al_2O_3 和 (W,Ti)C 的化学相容性进行了分析，结果表明两者在 2000K 以下不发生化学反应①。因此，本节主要分析金属 Ni 分别与基体 Al_2O_3、增强相 (W,Ti)C 和固体润滑剂 h-BN 的化学相容性。按文献里应用的物质吉布斯自由能函数法进行化学相容性分析，计算结果如表 2-1 所示。可见在自润滑陶瓷刀具材料的烧结温度（取最高值 2000K）下可能发生化学反应的标准吉布斯自由能计算值 ΔG_T^θ 均大于 0，因此在烧结温度时金属 Ni 与刀具材料中的陶瓷相和固体润滑剂不会发生化学反应，满足化学相容性要求。

表 2-1　烧结温度下可能发生的化学反应及其标准吉布斯自由能（J/2000K）

编号	可能发生的反应	ΔG_T^θ	反应是否发生
1	$3Ni+Al_2O_3=3NiO+2Al$	>0	否
2	$2Ni+Al_2O_3=Ni_2O_3+2Al$	>0	否
3	$3Ni+WC=Ni_3C+W$	>0	否
4	$3Ni+TiC=Ni_3C+Ti$	>0	否
5	$3Ni+BN=Ni_2B+NiN$	>0	否

（2）物理相容性分析

物理相容性要求各组分具有微小差异的热膨胀系数（α）和弹性模量（E），因为这种差异过大会导致材料内部产生缺陷。添加 h-BN@Ni 复合粉体的自润滑陶瓷刀具材料各组分的物性参数，如表 2-2 所示。可见各相的热膨胀系数存在差异，因此材料在烧结后存在残余热应力。由于 h-BN@Ni 复合粉体中的芯核 h-BN 的热膨胀系数小于包覆层 Ni，则 h-BN 产生压应力，Ni 产生拉应力。此外，包覆层 Ni 的热膨胀系数比 Al_2O_3/(W,Ti)C 基体大，产生的压应力会对基体起到增韧补强作用。

表 2-2　自润滑陶瓷刀具材料各组分的物性参数

组分	密度（ρ）/ $g\cdot cm^{-3}$	弹性模量（E）/ GPa	泊松比 ν	热膨胀系数（α）/ $\times10^{-6}K^{-1}$	导热系数（k）/ $W\cdot(m\cdot K)^{-1}$
Al_2O_3	3.99	380	0.26	8.50	40.37
(W,Ti)C	9.56	550	0.19	5.80	26.74
h-BN	2.27	84	0.20	6.30	25.10
Ni	8.90	207	0.29	13.20	90.00
MgO	3.58	250	0.36	13.80	36.00
Y_2O_3	5.01	172	0.30	9.30	13.60

① 2000K（开氏度）= 1726.85℃，1K = −272.15℃。

(3) 润湿性分析

在液-固-气三相的接触点处，在平衡条件下，由杨氏方程可得：

$$\gamma_{SG}-\gamma_{SL}=\gamma_{LG}\cos\theta \tag{2-1}$$

式中：γ_{SG} 为固-气的界面张力、γ_{SL} 为固-液的界面张力、γ_{LG} 为液-气的界面张力，θ 为接触角。若 $\theta<90°$，表示可以润湿；若 $\theta>90°$，表示不能润湿。$\theta=0°$和 $\theta=180°$分别为完全润湿和完全不润湿。

由上述化学相容性分析可知，在烧结温度下，包覆层金属与陶瓷相不发生反应。在这种情况下，可用黏附功来衡量金属/陶瓷的结合强度：

$$W_a=\gamma_{SG}+\gamma_{LG}-\gamma_{SL}=\gamma_{LG}(1+\cos\theta) \tag{2-2}$$

式中：W_a 为黏附功，其数值越大则两相黏合性越好。可见，接触角越小则两相间的润湿性越好，黏附功越大。

由表 2-3 可知，金属 Ni 在真空和烧结温度下与 WC 和 TiC 的接触角分别为 0°和 38°，均远小于 90°。因此，Ni 与 WC 和 TiC 的润湿性良好，由此推断出 Ni 能较好地润湿(W,Ti)C。虽然 Ni 与 Al_2O_3 的接触角为 128°，润湿性较差，但相关研究表明 Al_2O_3/Ni 金属陶瓷仍具有较好的烧结性能和力学性能。Ni 与 h-BN 的接触角大于 90°，液态 Ni 不能润湿 h-BN，但由于增强相(W,Ti)C 在液态 Ni 中具有一定的溶解度，形成成分包括 Ni、W、Ti、C 等元素的共晶液相，活性金属元素 Ti 的溶入会降低液态 Ni 的表面张力和液-固界面能，从而在一定程度上降低与 h-BN 的接触角，改善润湿性。

表 2-3　　真空条件下 Ni 与陶瓷相的接触角

金属相	陶瓷相	温度/℃	接触角/ (°)
Ni	Al_2O_3	1500	128
Ni	WC	1500	0
Ni	TiC	1500	38
Ni	h-BN	1500	135

根据上述 Ni 与陶瓷相的化学相容性、物理相容性和润湿性的分析，选用 Ni 为包覆层金属。

2.1.1.6　刀具材料组分含量的确定

当基体中含有两种添加相，并且各添加相的热膨胀系数均小于基体时，由径向裂纹不贯穿的极限条件，可得两种添加相的极限体积分数需满足的条件为：

$$\sigma_{01}\left(\frac{V_{1max}}{1+V_{1max}}\right)^3+\sigma_{02}\left(\frac{V_{2max}}{1+V_{2max}}\right)^3=-\frac{\sigma_m}{13.5} \tag{2-3}$$

式中：V_{1max} 和 V_{2max} 分别为两种添加相的极限体积分数，σ_m 为基体的强度，σ_{01} 和 σ_{02} 分别为两种添加相与基体的界面处的径向残余热应力，按下式计算：

$$\sigma_{01}=\frac{(\alpha_1-\alpha_m)\ \Delta T}{\frac{1+\nu_m}{2E_m}+\frac{1-2\nu_1}{2E_1}} \tag{2-4}$$

$$\sigma_{02}=\frac{(\alpha_2-\alpha_m)\ \Delta T}{\frac{1+\nu_m}{2E_m}+\frac{1-2\nu_2}{2E_2}} \tag{2-5}$$

其中：E 为弹性模量；α 为热膨胀系数；ν 为泊松比；下标 m 表示基体，下标 1、2 分别表示两种添加相，ΔT 为烧结温度与室温之差。

由式（2-3）可见，两种添加相的极限体积分数 V_{1max} 和 V_{2max} 相互依存，只要先确定其中一相的含量，就可确定另一相的极限体积分数。自润滑陶瓷材料的基体与增强相的体积比对其微观结构和力学性能有重要影响。因此需先确定基体与增强相的体积比。自润滑陶瓷材料的增强相和固体润滑剂分别当成添加相 1 和添加相 2，则基体与增强相的体积比 R 为：

$$R=\frac{1-V_{1max}-V_{2max}}{V_{1max}} \tag{2-6}$$

则：

$$R=\frac{1-V_{2max}}{1+R} \tag{2-7}$$

将式（2-3）与式（2-7）联立，得：

$$\sigma_{01}\left(\frac{V_{2max}}{2+R-V_{2max}}\right)^3+\sigma_{02}\left(\frac{V_{2max}}{1+V_{2max}}\right)^3=-\frac{\sigma_m}{13.5} \tag{2-8}$$

本节的自润滑陶瓷刀具材料的基体、添加相 1 和添加相 2 分别为 Al_2O_3、(W,Ti)C 和 h-BN。研究表明，当 Al_2O_3 与(W,Ti)C 的体积比为 55∶45 时，Al_2O_3/(W,Ti)C 陶瓷的综合力学性能最好，因此采用该比例，即 $R=1.22$。将表 2-2 中的物性参数代入式（2-4）与（2-5），取 $\sigma_m=380$MPa，$\Delta T=1625$℃，由式（2-8）计算得到 h-BN 的极限体积分数为：V_{max}(h-BN) = 26%。

固体润滑剂的含量在满足极限体积分数的前提下，还要考虑刀具材料的力学性能和减摩性能的平衡。试验表明添加 15vol. %微米 h-BN 或纳米 h-BN 粉体的刀具材料的硬度已相当低（10～13GPa），难以满足高硬度工件的切削加工要求。因此，本节制备分别添加 5vol. %、10vol. %和 15vol. % 3 种含量的微米 h-BN 或纳米 h-BN 粉体以及两者对应的 h-BN@ Ni 复合粉体的刀具材料，对比研究固体润滑剂含量对刀具材料力学性能、微观结构和摩擦磨损性能的影响。

Lee 等制备了分别添加 1vol. %、2vol. %和 3vol. %h-BN 纳米片（BNNS）的 Si_3N_4 基陶瓷材料，研究表明添加 1vol. %BNNS 的材料的维氏硬度和抗弯强度最高；BNNS 添加量为 3vol. %时，其在陶瓷基体中严重团聚，力学性能明显降低。同时考虑到 BNNS 的比表面积大，添加较多的 BNNS@ Ni 会引入过多的金属 Ni，进一步削弱刀具材料的硬度。因此，本节制备分别添加 1vol. %BNNS 粉体和 BNNS@ Ni 复合粉体的刀具材料，对比研究添加 BNNS@ Ni 复合粉体对刀具材料力学性能、微观结构和摩擦磨损性能的影响。

2. 1. 2　h-BN@Ni 核壳自润滑陶瓷刀具材料的微观结构设计

2. 1. 2. 1　包覆型复合粉体结构的确定

图 2-2(a) 为传统自润滑陶瓷刀具的微观结构示意图，即固体润滑剂和陶瓷相粉末都未包覆，其中片状固体润滑剂有较多的团聚现象。如图 2-2（b）~（d）所示，添加金属包覆型复合粉体的刀具材料按被包覆粉体的种类可分为以下几个类型：

（1）固体润滑剂和陶瓷相粉末都包覆

如图 2-2(b) 所示，这类刀具材料的优点是可以防止固体润滑剂与陶瓷基体发生化学反应，提高两者的结合强度，还能改善固体润滑剂在陶瓷基体中的分散性。其缺点为：一方面，由于将固体润滑剂和陶瓷粉末都包覆，由此引入的金属量过多，会很大程度降低刀具材料的硬度。同时，生产包覆型粉体的工时和成本很大。另一方面，材料的硬度等性质主要取决于内部质点的结合方式与结合力。由于将陶瓷相粉末用金属包覆时，会改变陶瓷相晶粒的结合方式，减小结合力，从而削弱刀具材料的高温力学性能。

（2）包覆陶瓷相粉末、不包覆固体润滑剂粉末

如图 2-2(c) 所示，这类刀具材料的优点是防止固体润滑剂与陶瓷基体发生化学反应，提高两者的结合强度，其不足之处在于：首先，不能改善固体润滑剂在陶瓷基体中的分散性；其次，由包覆层引入的金属量较多，对刀具材料硬度的削弱作用较大，并且生产包覆型粉体的工时和成本较大；最后，将陶瓷相粉末用金属包覆时，会削弱刀具材料的高温力学性能。

（3）包覆固体润滑剂粉末、不包覆陶瓷相粉末

如图 2-2(d) 所示，这类刀具材料既具有第一类材料的优点，还避免了其缺点：一方面，由于只包覆固体润滑剂，引入的金属量较少，对刀具材料硬度的削弱作用较小，并且生产包覆型粉体的工时和成本较小；另一方面，由于未包覆陶瓷相粉末，刀具材料具有较高的高温力学性能。因此，本节采用包覆型粉体，即制备添加金属包覆固体润滑剂复合粉体的自润滑陶瓷刀具。

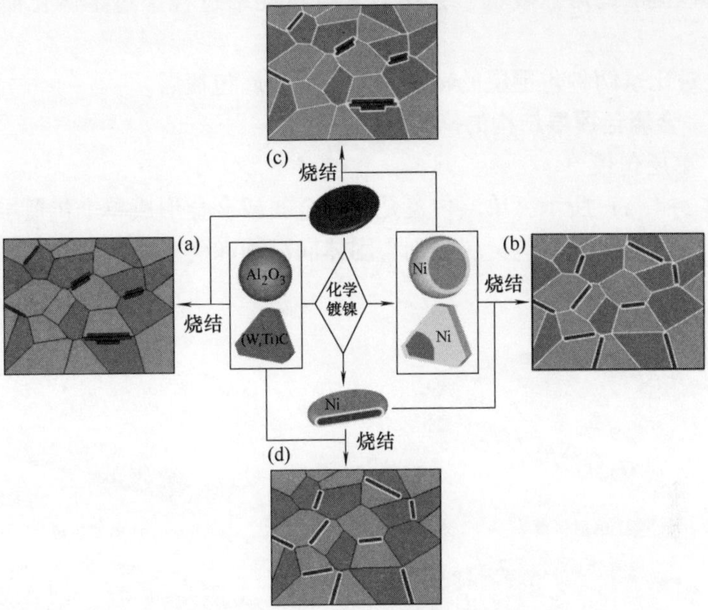

图 2-2　不同的被包覆粉体对应的刀具材料的微观结构示意图

2.1.2.2　金属包覆层种类的确定

（1）纯金属包覆

如图 2-3(a) 所示，纯金属包覆是指包覆层为单一种类金属 A，不含其他金属或非金属元素。这类包覆的优点是包覆层熔点相对于合金包覆较高，在刀具材料烧结过程中不会过早熔化而破坏核壳结构。不足之处是如果固体润滑剂和陶瓷基体的表面能相差很大，则不易同时满足对两者的润湿性要求。

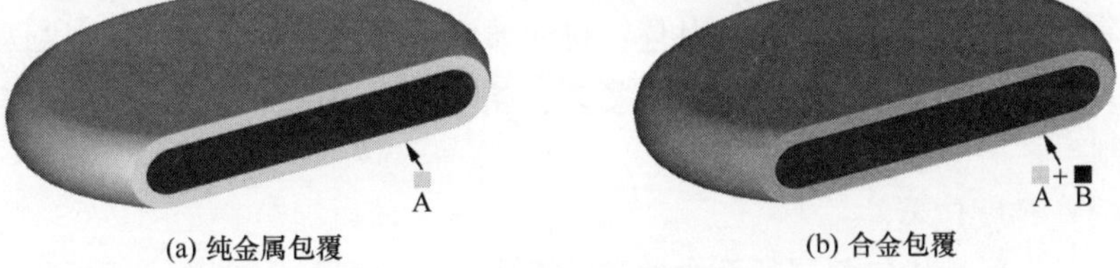

(a) 纯金属包覆　　(b) 合金包覆

图 2-3　金属包覆层种类示意图

（2）合金包覆

如图 2-3(b) 所示，合金包覆是指包覆层除了主相金属 A 外，还包含其他金属或非金属元素 B。加入某些合金元素可以降低主相金属液相的表面张力或参与界面反应，改善包覆层对固体润滑剂和陶瓷基体的润湿性。然而，合金元素与主相金属可能生成脆性的金属间化合物，从而削弱刀具材料的性能。此外，合金包覆层的熔点较低，会在刀具材料烧结过程中过早熔化而破坏核壳结构。

通过对比这两种包覆层的特点，采用纯金属包覆层。

2.1.2.3 金属包覆层结构的确定

（1）单层包覆

如图2-4(a)所示，单层包覆是用纯金属或合金形成单个包覆层，优点是工艺简单，不足之处是包覆层分别与固体润滑剂和陶瓷基体的物理相容性不能兼顾。

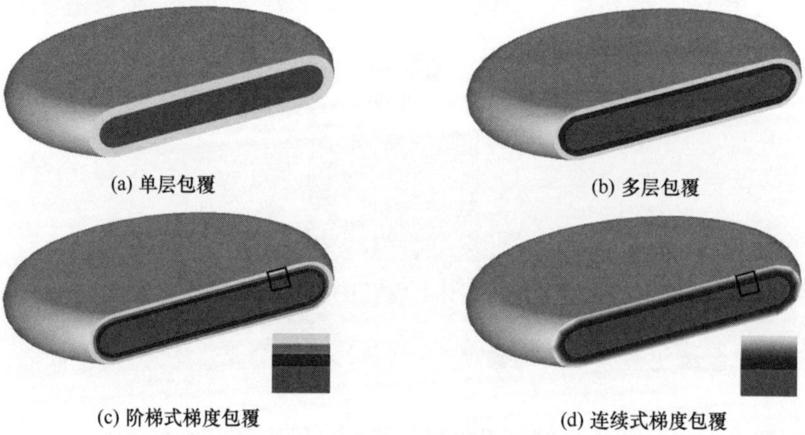

图2-4 金属包覆层结构示意图

（2）多层包覆

如图2-4(b)所示，多层包覆是指依次用不同的金属或合金包覆而产生多个包覆层。多层包覆的优点是能根据固体润滑剂和陶瓷基体的物理性质选择不同的金属或合金作为里层和外层，进而兼顾包覆层分别与固体润滑剂和陶瓷基体的物理相容性。缺点是工艺较复杂，相邻包覆层中的金属之间的合金化不易控制。

（3）梯度包覆

梯度包覆是指包覆层的至少两种元素由里向外呈梯度变化。该类包覆又可分为阶梯式梯度包覆和连续式梯度包覆。前者形成元素含量阶梯变化的多个包覆层，如图2-4(c)所示；后者形成元素含量连续变化的单个包覆层，如图2-4(d)所示。梯度包覆的优点是能合理控制包覆层中的不同金属之间的合金化，还可兼顾包覆层分别与固体润滑剂和陶瓷基体的物理相容性，缺点是工艺复杂、生产成本高。

从工艺繁简和生产成本等方面考虑，本书采用单层包覆。

2.1.2.4　金属包覆层理论厚度的计算

一方面，金属包覆层要达到一定厚度和完整性，才能对固体润滑剂起到增韧补强作用，而且金属会在真空热压烧结过程中发生少量的挥发损失，因此包覆层金属量不能太小；另一方面，由于金属包覆固体润滑剂复合粉体用于制备刀具材料，而硬度是刀具材料性能的一个关键指标，由于加入复合粉体而引入过多的金属会影响刀具材料的常温和高温硬度，甚至会使切削刃出现塑性特征的磨损，因此包覆层金属量不能过大。

对于化学镀工艺，假设金属盐中的金属离子 M^{n+} 完全被还原成金属 M 并均匀地沉积在固体润滑剂粉体表面，则金属包覆层的理论厚度 H（m）可由下式计算：

$$H=\frac{m}{\rho S}=\frac{C\omega}{\rho TA} \tag{2-9}$$

式中　m——包覆层金属 M 的质量，g；

ρ——金属 M 的密度，g/m^3；

S——固体润滑剂粉体的总表面积，m^2；

C——化学镀液中的金属盐浓度，g/L；

ω——金属盐中的金属元素 m 的质量分数，wt. %；

A——固体润滑剂粉体的比表面积，m^2/g；

T——化学镀时固体润滑剂粉体的装载量，g/L。

由金属包覆层的厚度可计算由包覆层引入的金属在刀具材料中的质量分数：

$$\phi=\frac{\rho HAt}{1+\rho HAt}\times 100\% \tag{2-10}$$

其中：H、ρ、A 同式（2-9）；t 为刀具材料中固体润滑剂的质量分数，由下式计算：

$$t=\frac{\rho_3\psi_3}{\rho_1\psi_1+\rho_2\psi_2+\rho_3\psi_3+\rho_4\psi_4+\rho_5\psi_5} \tag{2-11}$$

其中：ρ、ψ 分别为密度和体积分数，下标 1、2、3、4、5 分别表示基体、增强相、固体润滑剂、烧结助剂 1 和烧结助剂 2。

本节中的包覆层金属为 Ni，金属盐为 $NiSO_4\cdot 6H_2O$，刀具材料的基体和增强相分别为 Al_2O_3 和 (W,Ti)C，固体润滑剂为 h-BN，各个参数值为：$\rho=8.9\times 10^6 g/m^3$，$\omega=22.3\%$，$\rho_1=3.99g/cm^3$，$\psi_1=0.55(1-\psi_3-\psi_4-\psi_5)$，$\rho_2=9.56g/cm^3$，$\psi_2=0.45(1-\psi_3-\psi_4-\psi_5)$，$\rho_3=2.27g/cm^3$，$\rho_4=3.58g/cm^3$，$\psi_4=0.5\%$，$\rho_5=5.01g/cm^3$，$\psi_5=0.5\%$。对于微米 h-BN：$A=7.12m^2/g$（产品参数），$C=25g/L$，$T=4g/L$，$\psi_3$ 分别取 5%、10%和 15%；对于纳米 h-BN：$A=31.5m^2/g$

（产品参数），$C=25\text{g/L}$，$T=4\text{g/L}$，ψ_3 分别取 5%、10%和 15%。对于 h-BN 纳米片：$A=278\text{m}^2/\text{g}$，$C=15\text{g/L}$，$T=0.35\text{g/L}$，$\psi_3=1\%$。

将上述参数分别带入式（2-9）~（2-11）可得：

对于微米 h-BN 粉体：$H=22.0\text{nm}$；当 ψ_3 分别取 5%、10%和 15%时，φ 分别为 2.46%、4.97%和 7.51%。

对于纳米 h-BN 粉体：$H=5.0\text{nm}$；当 ψ_3 分别取 5%、10%和 15%时，φ 分别为 2.46%、4.97%和 7.51%。

对于 h-BN 纳米片粉体：$H=3.9\text{nm}$；φ 为 3.26%。

2.2 h-BN@SiC 核壳自润滑陶瓷刀具材料设计

2.2.1 h-BN@SiC 核壳自润滑陶瓷刀具核壳固体润滑剂设计

直接将固体润滑剂添加到陶瓷基体中制备得到的自润滑陶瓷刀具在得到良好润滑性能的同时，也会因为固体润滑剂润湿性差、易团聚和较低的力学性能导致刀具的力学性能显著下降，这无疑会降低刀具的切削性能和使用寿命。为解决这一问题，在固体润滑剂颗粒表面包覆一层具有较高强度的陶瓷材料，制备一种以固体润滑剂为核、高性能陶瓷材料为壳的复合粉体；将包覆后的固体润滑剂添加到陶瓷刀具材料基体中，将固体润滑剂与基体材料隔离开，改善固体润滑剂的润湿性和分散性，减缓或抵消添加固体润滑剂对材料力学性能的影响，并利用壳材料的高强度在固体润滑剂造成材料力学性能下降的地方对材料进行增强，进而提高陶瓷刀具材料的整体力学性能。

碳化硅（SiC）是一种导热系数高、热膨胀系数小、强度大、化学性能稳定，且硬度仅次于金刚石的陶瓷材料，因此可以选作 h-BN 的包覆层材料。但直接将 SiC 包覆在 h-BN 颗粒表面不易实现，因为 SiC 没有适合的前驱体来实现直接包覆。而 SiO_2 作为目前应用较为广泛的包覆材料之一，可以与碳通过碳热还原反应生成 SiC。因此本节选用 SiO_2 作为初步包覆层材料，以正硅酸乙酯［TEOS，$Si(OC_2H_5)_4$］作为前驱体，通过其水解缩合反应制得 h-BN@SiO_2 复合粉体。

2.2.2 h-BN@SiC 核壳自润滑陶瓷刀具材料设计

首先利用制备的 h-BN@SiO_2 复合粉体，通过碳热还原反应将 SiO_2 还原成 SiC，制备出 h-BN@SiC 复合粉体，然后将 h-BN@SiC 引入氧化铝基陶瓷刀具材料中，通过真空热压烧结工艺，制备添加包覆型固体润滑剂的自润滑陶瓷刀具材料。

氧化铝（Al_2O_3）陶瓷是目前应用较广泛的陶瓷刀具材料之一，但其强度较低、断裂韧性较差，因此需要添加其他材料相对其进行增韧。碳化钛（TiC）是氧化铝基陶瓷材料常用的增韧相之一，可以使材料硬度、断裂韧性和抗弯强度都有不同程度的提高，因此本节采用 Al_2O_3/TiC 作为基体材料，以 h-BN@ SiC 作为固体润滑剂，以 MgO 为烧结助剂制备 Al_2O_3/TiC/h-BN@ SiC 自润滑陶瓷刀具材料。

2.3　h-BN@ Al_2O_3 核壳自润滑陶瓷刀具材料设计

Si_3N_4 晶体中 Si—N 强共价键是由 Si 原子和 N 原子之间结合起来的，这使得 Si_3N_4 陶瓷材料具有高强度、高硬度、耐高温、耐腐蚀等一系列优良性能，是结构陶瓷中研究较为广泛深入的材料之一。

2.3.1　包覆层材料的选择

将包覆型固体润滑剂加入陶瓷基体中，首先要保证的是包覆层材料要有良好的硬度、强度等力学性能；其次要保证包覆层材料与基体晶粒结合紧密，才能起到提高整个陶瓷刀具材料力学性能的作用。氧化铝是可以溶于强酸强碱溶液，难溶于水且不溶于非极性有机溶剂的白色粉末，无毒无气味，在自然界中大量存在，由于其存在一些独特的性能，如高强度和韧性、多孔性、硬度高、高耐火性等，被广泛用于催化剂、研磨剂、材料添加剂、阻燃剂等。氧化铝的晶格形态有很多种，其过渡相多达 10 余种，其中最典型的是稳态结构 α-Al_2O_3，它是一种重要的无机非金属材料，在陶瓷、耐火材料等行业具有广泛用途，其本身优异的物理化学性能主要有高强度、高硬度、高熔点和良好的化学稳定性。相关研究证明，$Al(OH)_3$ 在煅烧温度为 400℃ 条件下脱除 $Al(OH)_3$ 的羟基缩合生成的水，且在脱水的同时开始生成 γ-Al_2O_3；随着温度的升高，当煅烧温度为 900℃ 时，晶型开始由 γ-Al_2O_3 向 β-Al_2O_3 转变；当温度继续升高到 1200℃ 时，β-Al_2O_3 逐渐转变为 α-Al_2O_3，最终形成具有稳定结构的晶型结构体。为了平衡刀具润滑性能和力学性能的关系，采取非均匀成核法制备了以 h-BN 为核、Al_2O_3 为壳（h-BN@ Al_2O_3）的核壳结构纳米固体润滑剂。

2.3.2　烧结助剂的确定

由于 Si_3N_4 是强共价键化合物，其扩散系数、致密化所必须的体积扩散及晶界扩散速度以及烧结驱动力都很小，只有当烧结温度接近 Si_3N_4 分解温度时，原子迁移才有足够的速度。这决定了纯 Si_3N_4 不能靠常规固相烧结达到致密化，所以需要加入一定量的烧结助剂与 Si_3N_4 粉末表面的 SiO_2 反应形成液相，通过粒子重排—溶解—再析出和晶粒长大机制烧成致密材料。关于 Si_3N_4 陶瓷材料在液相烧结中烧结助剂的选用，近年来学者们做了很多研究，其中研究及使用最多的是 $Y_2O_3-Al_2O_3$ 复合烧结助剂。黄新平等对 $Y_2O_3-Al_2O_3$ 复合烧结助剂在 Si_3N_4 基复合陶瓷材料制备中的作用做了较为系统的研究，研究结果表明，$Y_2O_3-Al_2O_3$ 复合烧结助剂含量的增加可使 Si_3N_4 陶瓷材料的致密度和烧结性能提高。但是，在 Si_3N_4 陶瓷材料中加入烧结助剂的量要合适，而且形成的液相应该有较高的耐火度，以使 Si_3N_4 强度不会降低过多。如果烧结助剂含量过低，在烧结过程中烧结助剂形成的液相量不足，则无法填充材料中的气孔，导致气孔率较高，减弱材料内部晶粒之间的结合力并降低材料的致密度，造成其强度降低。若烧结助剂加入得过多，超过了合适的含量，则会在烧结后材料的晶界处残留大量的玻璃相。当存在大量晶界玻璃相时，材料的力学性能会由非晶态的晶界控制，降低材料的力学性能。因此，烧结助剂的含量对 Si_3N_4 陶瓷材料的力学性能至关重要。根据学者的研究结果，选用体积分数为 8%（$Y_2O_3$4. 8%+$Al_2O_3$3. 2%）的 $Y_2O_3-Al_2O_3$ 复合烧结助剂，以期制得高强度、高韧性 Si_3N_4 基陶瓷刀具材料。

2. 3. 3　第二相的确定

Si_3N_4 陶瓷的硬度高，热硬性好，并且能在超过 1000℃ 的高温下维持其高强度的特性，但是纯 Si_3N_4 陶瓷应用于刀具进行切削时，尤其在切削金属时，其前刀面极易产生月牙洼磨损，限制了其应用范围。田春艳采用热压烧结工艺，分别研究了将 TiC、TiN、WC 作为添加相加入 Si_3N_4 陶瓷材料后的力学性能。研究结果表明，添加适量的 TiN 可以提高 Si_3N_4 陶瓷材料的断裂韧性和抗弯强度，分别在 TiN 添加量为 10wt. %和 15wt. %时达到最大值。添加适量 WC 可以提高 Si_3N_4 陶瓷材料的断裂韧性和抗弯强度，但其硬度会降低。当 TiC 添加量为 10wt. %时，Si_3N_4 陶瓷材料的断裂韧性和抗弯强度均达到最大值。同时，氮化硅陶瓷材料的硬度随 TiC 添加量的增加而提高。较高的硬度在陶瓷刀具切削过程中可提高刀具的抗磨损性能。吕志杰同样以 TiC 作为第二相添加到 Si_3N_4 陶瓷刀具材料基体中，制备出抗弯强度 1025MPa，断裂韧性 8. 5MPa · $m^{1/2}$ 的高力学性能陶瓷刀具。将硬度、断裂韧性和抗弯强度三者综合考虑，选用 TiC 作为 Si_3N_4 陶瓷刀具材料的第二相。

2. 3. 4　纳米添加相的确定

纳米复相陶瓷材料的力学性能较单一组分的陶瓷材料有较大幅度的提高。何钢等利用反应烧结机制，引入微量的纳米 Si_3N_4 后，发现复相 Si_3N_4 陶瓷刀具的致密度有所提高，力学性能提高幅度较大。衣明东采用热压烧结工艺，将自制纳米固体润滑剂 CaF_2 加入 Al_2O_3 基复相陶瓷自润滑刀具材料中。结果表明，添加纳米 CaF_2 后的自润滑刀具材料的性能显著高于添加微米 CaF_2 的自润滑刀具材料，并且其断裂韧性高于不含固体润滑剂 CaF_2 的自润滑刀具材料。烧结后纳米 CaF_2 主要位于 Al_2O_3 基体晶粒内部，少量分散在基体晶界处，形成了晶内型纳米结构。董英鸽等以亚微米 Si_3N_4 为陶瓷基体，加入纳米 Si_3N_4 作为增强相，用氧化铝和氧化钇作为烧结助剂经无压烧结制备出性能优良的 Si_3N_4 复相陶瓷，并且研究了不同纳米 Si_3N_4 的添加量与 Si_3N_4 陶瓷的显微气孔率、抗弯强度、洛氏硬度及断裂韧性的关系。研究结果表明，随着纳米 Si_3N_4 加入量的增加，材料的显微组织会得到细化，但纳米 Si_3N_4 的加入量过多会导致材料气孔率的增加，力学性能显著下降。本章选用纳米 Si_3N_4 作为纳米相，选择陶瓷基体体积分数的 10%作为添加量，将其分散均匀后加入 Si_3N_4 基陶瓷基体中，以提高其抗弯强度和断裂韧性。

2.4　h-BN@ Al_2O_3 核壳自润滑金属陶瓷刀具材料设计

当 h-BN 作为固体润滑剂加入时，润滑性能和抗磨性能往往不能兼得。此外，由于 h-BN 的片状结构和低扩散系数导致 h-BN 作为陶瓷基体中的固体润滑剂时，复合材料的致密性较差。(W,Ti)C 基金属陶瓷刀具中添加的无论是纳米 h-BN 还是微米 h-BN，其相对密度和力学性能都出现了明显的下降，且随着 h-BN 含量的增加而进一步下降。这是由于 h-BN 作为弱质相，拥有较低的固相扩散系数及其本身特殊的片状结构，在烧结过程中会阻碍(W,Ti)C 基金属陶瓷刀具中晶粒的重排以及抑制 Ni-Mo-Co 金属相在液相烧结时的液相流动，导致(W,Ti)C 晶粒间的气体不能及时排出，在材料内部形成孔洞及间隙，增加了材料内部的气孔率，使得添加 h-BN 的(W,Ti)C 基金属陶瓷刀具的相对密度减小，进而导致其力学性能下降。因此，为了解决以上问题，选用 h-BN@ Al_2O_3 核壳结构复合粉体作为固体润滑剂，避免 h-BN 添加到金属陶瓷基体中带来的一系列问题。

采用(W,Ti)C 作为基体相，以 3.5vol.%Ni-6.5vol.%Mo-5vol.%Co 作为金属相，研究 h-BN@ Al_2O_3 核壳固体润滑剂对 h-BN@ Al_2O_3 核壳自润滑金属陶瓷刀具力学性能和微观组织的影响。

第 3 章　h-BN 系核壳固体润滑剂复合粉体制备与表征

本章采用化学镀工艺制备 h-BN@ Ni、水解缩合法制备 h-BN@ SiC，以及非均匀成核法制备 h-BN@ Al_2O_3 3 种复合粉体，并表征与分析了其物相组成和微观形貌。

3.1　h-BN@ Ni 复合粉体的制备与表征

3.1.1　实验原料

实验所用的化学试剂：无水乙醇（C_2H_5OH）、二水氯化亚锡（$SnCl_2 \cdot 2H_2O$）、一水氯化钯（$PdCl_2 \cdot H_2O$）、六水硫酸镍（$NiSO_4 \cdot 6H_2O$）、二水柠檬酸钠（$Na_3C_6H_5O_7 \cdot 2H_2O$）、二水 EDTA（乙二胺四乙酸）二钠（$Na_2C_{10}H_{14}N_2O_8 \cdot 2H_2O$）、硼酸（$H_3BO_3$）、硫酸铵［$(NH_4)_2SO_4$］、氢氧化钠（NaOH）、碘化钾（KI）、聚乙烯吡咯烷酮（$C_6H_9NO)_n$（PVP）、异丙醇［$(CH_3)_2CHOH$］（以上试剂纯度均为分析纯），以及 37wt. % 的盐酸（HCl）、80wt. % 的水合肼（$N_2H_4 \cdot H_2O$）和六方氮化硼粉体（BN）（d_{50} = 10μm，2μm，80nm）。

3.1.2　h-BN@Ni 复合粉体的制备工艺

3.1.2.1　h-BN 粉体的预处理

（1）h-BN 粉体的粗化

分别用氢氧化钠、硝酸、氢氟酸等溶液对 h-BN 原料粉体（平均粒径为 2μm）进行粗化，但由于 h-BN 的化学性质稳定，扫描电子显微镜（SEM）测试下显示粗化效果（即 h-BN 表面被化学刻蚀）不明显，而且 h-BN 粉体经酸或碱的溶液处理再清洗干燥后发生了较严重的团聚现象。因此，本章省去 h-BN 粉体的粗化步骤。

（2）h-BN 粉体的敏化

由于 h-BN 粉体不具备催化活性，本章采用敏化—活化两步法对其进行活化处理。传统的敏化液为酸基敏化液，即氯化亚锡与盐酸的水溶液。由于 h-BN 具有疏水性，不能被该敏化液很好地润湿，进而影响敏化效果。相关研究证实，二价锡的吸附并非在敏化液中，而是在用水清洗时二价锡水解而产生微溶物，化学反应方程式如式（3-1）~（3-3）所示。据此，本节提出用醇基敏化液对 h-BN 粉体进行敏化，即用无水乙醇代替盐酸溶液。同时，无水乙醇还可以清洗去除 h-BN 原料粉体表面吸附的有机物杂质。

$$SnCl_2+H_2O \longrightarrow Sn(OH)Cl\downarrow+HCl \tag{3-1}$$

$$SnCl_2+2H_2O \longrightarrow Sn(OH)_2\downarrow+2HCl \tag{3-2}$$

$$Sn(OH)Cl+Sn(OH)_2 \longrightarrow Sn_2(OH)_3Cl\downarrow \tag{3-3}$$

h-BN 粉体的敏化过程如下：

① 配制敏化液：将 2g $SnCl_2\cdot 2H_2O$ 溶于 50mL 无水乙醇中，然后加无水乙醇至 100mL，即得敏化液。

② 敏化：将 2g h-BN 原料粉体加到上述敏化液中，超声震荡 2min 后进行离心分离，然后用无水乙醇进行 1 次清洗，洗去游离的 Sn^{2+}离子，再用蒸馏水进行 1 次清洗，使 Sn^{2+}离子发生水解反应，生成胶体吸附在 h-BN 粉体表面。

（3）h-BN 粉体的活化

① 配制活化液：将 0.5g $PdCl_2$ 溶于 10mL 浓盐酸中，加蒸馏水至 100mL，即得活化液。

② 活化：将敏化的 h-BN 粉体加到活化液中，超声震荡 5min 后进行离心分离，用无水乙醇进行 3 次清洗。

③ 干燥：在真空干燥箱 40℃条件下干燥 10h，即得活化的 h-BN 粉体。

在活化过程中，Pd^{2+}被 Sn^{2+}还原为具有催化活性的金属 Pd 颗粒，吸附在 h-BN 粉体上。活化化学反应方程式为：

$$Sn_2(OH)_3Cl+2PdCl_2+3HCl \longrightarrow 2Pd\downarrow+2SnCl_4+3H_2O \tag{3-4}$$

3.1.2.2　h-BN 粉体的化学镀

（1）化学镀工艺

目前，化学镀镍主要用次亚磷酸盐、硼氢化物、硼烷衍生物和肼作为还原剂。前三种还原剂会不可避免地发生 Ni 与 P 或 B 的共沉积，得到的镀镍层是镍磷合金或镍硼合金。一方面，合金镀层的熔点较低，导致核壳结构在刀具材料烧结过程中提前破坏。另一方面，在烧结过程中，会在镀层中产生脆硬的金属间化合物 Ni_3P 或 Ni_3B，降低金属镀层对刀具材料的增韧作用。采用化学镀工艺以次亚磷酸钠（$Na_2H_2PO_2\cdot H_2O$）为还原剂制备的 Ni-P 合金包覆 h-BN（即 h-BN@ Ni-P）复合粉体，如图 3-1 所示，可见 Ni-P 镀层出现了裂纹，在边缘处发生剥落翘曲现象。这说明 Ni-P 镀层中存在较大的应力，并且与 h-BN 的结合力较小，导致 h-BN@ Ni-P 复合粉体的核壳结构在制备刀具材料的球磨混料等工序中易于损坏，进而偏离刀具材料的设计方案。因此，次亚磷酸盐不适合用作 h-BN 粉体化学镀镍的还原剂。

以肼为还原剂的化学镀镍反应方程式如式（3-5）所示，可见肼将 Ni^{2+}离子还原成 Ni 原子的同时其氧化产物为 N_2 和 H_2O，获得的 Ni 镀层的纯度很高（可达 99.5%以上），不含对金属增韧作用有害的 P 或 B 等元素，进而有利于刀具材料断裂韧性的提升。肼通常以水合肼（$N_2H_4 \cdot H_2O$）形式出售，因此本章采用水合肼为还原剂。

$$2Ni^{2+}+N_2H_4+4OH^- \longrightarrow 2Ni\downarrow +N_2+4H_2O \tag{3-5}$$

(a) SEM照片　　(b) 背散射照片

图 3-1　h-BN@ Ni-P 复合粉体的微观形貌

化学镀液的配制过程如下：

① 称取 NaOH 并溶于适量的蒸馏水中，然后加蒸馏水定容，制成浓度为 80g/L 的 NaOH 溶液，即 pH 调节剂。

② 称取 $NiSO_4 \cdot 6H_2O$、$Na_3C_6H_5O_7 \cdot 2H_2O$ 和 H_3BO_3 并分别溶于适量的蒸馏水中，三者浓度分别为 25g/L，50g/L 和 30g/L。

③ 将 $NiSO_4 \cdot 6H_2O$ 溶液边搅拌边缓慢加入 $Na_3C_6H_5O_7 \cdot 2H_2O$ 溶液中，得到溶液 A。

④ 将 H_3BO_3 溶液边搅拌边缓慢加入溶液 A 中，得到溶液 B。

⑤ 将 pH 调节剂在搅拌的条件下逐滴加入溶液 B 中，使 pH 达到设定值（pH=11），得到溶液 C。

⑥ 在搅拌的条件下向溶液 C 中滴加按比例量取的水合肼，得到溶液 D。

⑦ 向溶液 D 加入蒸馏水定容，然后按比例加入聚乙烯吡咯烷酮（PVP）试剂（5mg/L）和 KI（0.5g/L），搅拌均匀，得到化学镀液。

按装载量称取活化后的微米 h-BN（h-BNμ）粉体，放入到一定量的化学镀液中，在超声震荡和恒温水浴的条件下施镀。随时滴加 pH 调节剂使镀液的 pH 为设定值。施镀完毕后，离心分离出固态颗粒，用蒸馏水清洗至中性后用无水乙醇进行 2 次清洗，最后在真空干燥箱 50℃条件下干燥 10h，得到镍包覆微米 h-BN（即 h-BNμ@ Ni）复合粉体。

（2）化学镀工艺参数的影响

还原剂浓度、pH、温度是化学镀镍最为重要的工艺参数。因此，本章在金属盐 $NiSO_4 \cdot 6H_2O$ 浓度为 25g/L、络合剂 $Na_3C_6H_5O_7 \cdot 2H_2O$ 浓度为 50g/L、缓冲剂 H_3BO_3 浓度为 30g/L、微米 h-BN 粉体装载量为 4g/L 的条件下，分别对水合肼浓度、pH 和温度进行单因素试验，考察其对反应孕育期、反应速率和镀层形貌的影响。反应速率（V，g/min）由以下公式计算：

$$V=(W_2-W_1)/t \tag{3-6}$$

式中：W_2 和 W_1 分别为微米 h-BN 粉体在化学镀前和镀后的质量（g）；t 为反应时间（min）。

• 水合肼浓度的影响

当 pH 为 11、温度为 80℃ 时，水合肼浓度对反应孕育期和反应速率的影响如图 3-2 所示。可以看出反应孕育期随着水合肼浓度的增加而变短，这是由于水合肼的还原性能在浓度较低时较弱；当其浓度增大时，还原能力增强。由图 3-2 可见，当水合肼浓度增大时，反应速率先增大后减小。这是因为水合肼的浓度过大时，其与 Ni^{2+} 的浓度比太高，与游离的 Ni^{2+} 离子形成络合物，阻碍反应进行。当水合肼浓度为 70mL/L 时，反应停止后，镀液呈浅蓝色，表明镀液中剩余较多 Ni^{2+} 离子未被还原。

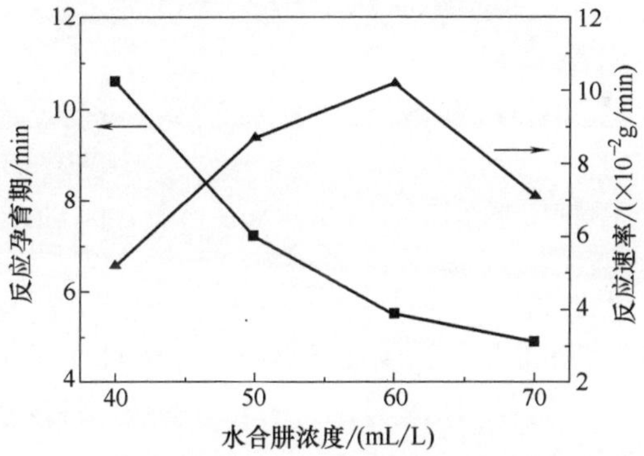

图 3-2　水合肼浓度对反应孕育期和反应速率的影响

在 pH 为 11、温度为 80℃、不同水合肼浓度条件下制备的 h-BNμ@Ni 复合粉体的微观形貌，如图 3-3 所示。由图 3-3(a) 可见，当水合肼浓度为 40mL/L 时，微米 h-BN 粉体表面的 Ni 粒子较小，但分布不均，比较稀疏，包覆不够完整。如图 3-3(b) 所示，当水合肼浓度为 50mL/L 时，Ni 粒子较小，分布均匀、致密，包覆比较完整。如图 3-3(c) 所示，当水合肼浓度为 60mL/L 时，Ni 镀层也比较完整、致密，但 Ni 粒子较大，不太均匀。如图 3-3(d) 所示，当水合肼浓度为 70mL/L 时，由于镀液中较多 Ni^{2+} 离子未被还原，微米

h-BN 粉体表面只有稀疏的 Ni 粒子，出现较多游离 Ni 粒子。

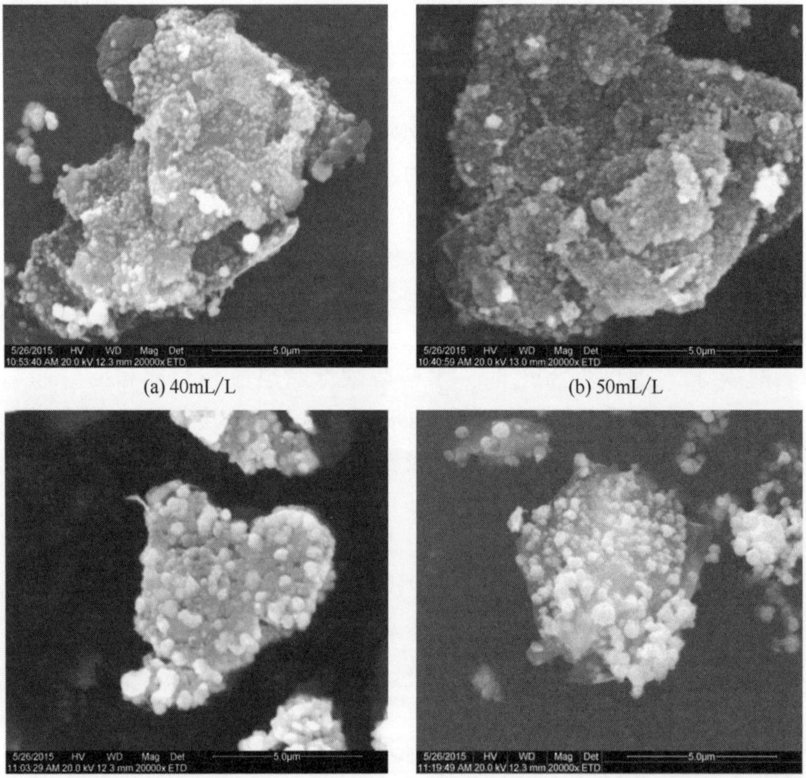

(a) 40mL/L　(b) 50mL/L

(c) 60mL/L　(d) 70mL/L

图 3-3　不同水合肼浓度条件下 h-BNμ@ Ni 复合粉体的微观形貌

• pH 的影响

当水合肼浓度为 50mL/L、温度为 80℃时，pH 对反应孕育期和反应速率的影响如图 3-4 所示。随着 pH 的增大，水合肼的还原性能提高，因此反应孕育期随着 pH 的升高而变短。pH 对反应速率的影响也较大，随着 pH 的增加，反应速率增大，但是过高的 pH 会使镀液发生分解。当 pH 为 13 时，反应速率很高，反应开始后不久就出现镀液自分解现象，即有大量海绵状黑色 Ni 粒子出现，反应停止后镀液变成无色。

在水合肼浓度为 50mL/L、温度为 80℃、不同 pH 条件下制备的 h-BNμ@ Ni 复合粉体的微观形貌分别如图 3-3(b) 和图 3-5 所示。如图 3-5(a) 所示，当 pH 为 10 时，微米 h-BN 表面只有稀疏的 Ni 粒子，未形成完整镀层，这是由于此时水合肼的还原能力较低。如图 3-3(b) 所示，当 pH 为 11 时，镀层的 Ni 粒子细小、均匀、包覆较完整，极少有游离的 Ni 粒子。如图 3-5(b) 所

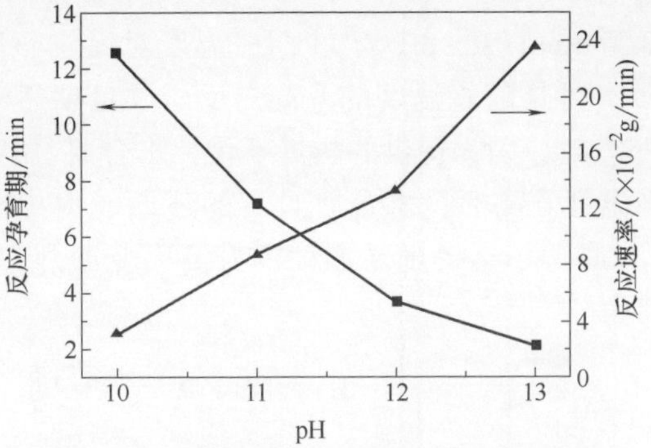

图 3-4　pH 对反应孕育期和反应速率的影响

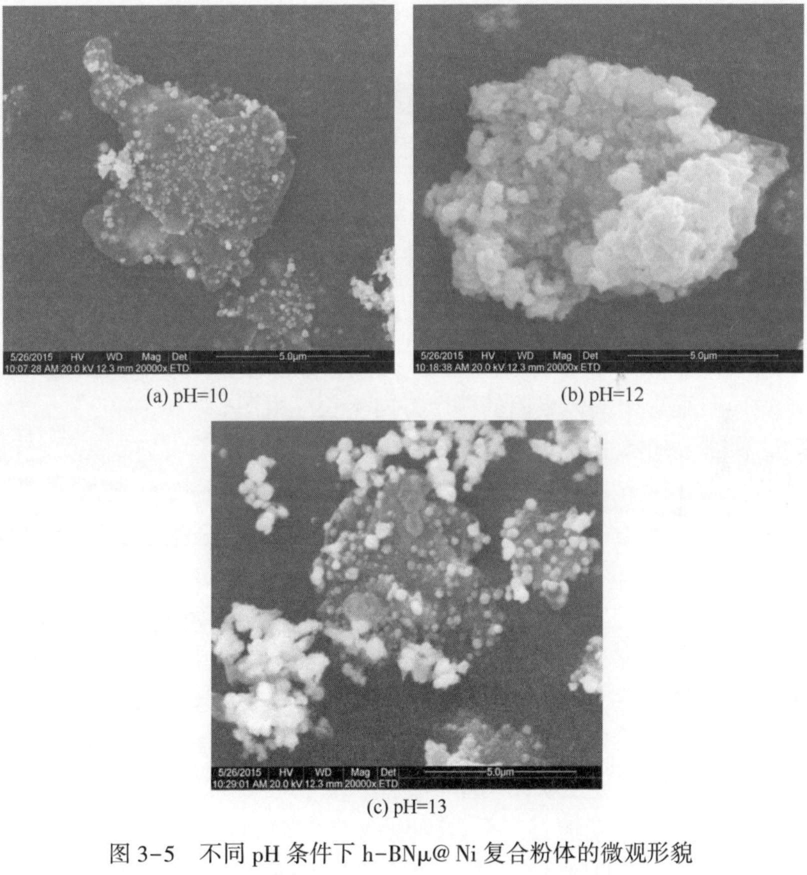

(a) pH=10

(b) pH=12

(c) pH=13

图 3-5　不同 pH 条件下 h-BNμ@ Ni 复合粉体的微观形貌

示，当 pH 为 12 时，Ni 镀层不均匀、不完整，Ni 粒子又在镀层上沉积成不规则的胞状物，即次生镀层。如图 3-5(c) 所示，当 pH 为 13 时，由于镀液自分解，微米 h-BN 上仅有稀疏的 Ni 粒子，并有大量的游离 Ni 粒子。

• 温度的影响

当水合肼浓度为 50mL/L、pH 为 11 时，温度对反应孕育期和反应速率的影响如图 3-6 所示。可见随着温度的升高，反应孕育期逐渐缩短、反应速率增大。当温度为 75℃时，因为提供的热量不足，水合肼具有较弱的还原能力，反应进行缓慢。当温度升高后，水合肼具有的还原能力提高，反应加快。此外，Ni^{2+}离子与水合肼分子运动随着温度的升高而变激烈，两者的碰撞增多，从而使反应速率增大。

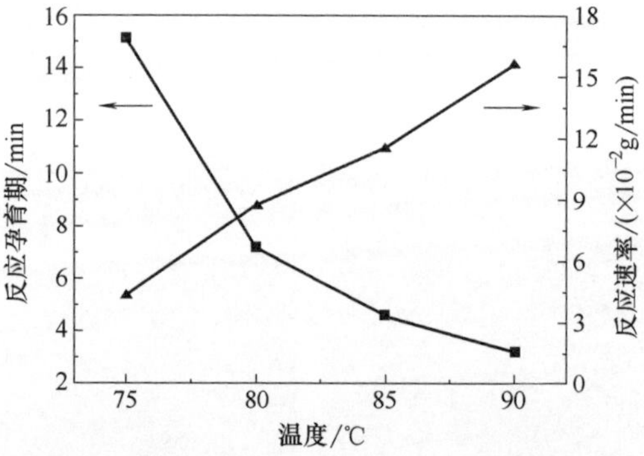

图 3-6　温度对反应孕育期和反应速率的影响

在水合肼浓度为 50mL/L、pH 为 11、不同温度条件下制备的 h-BNμ@ Ni 复合粉体的微观形貌分别如图 3-3(b) 和图 3-7 所示。化学镀层通常沿平行于基体表面和垂直于基体表面的两个方向生长。由图 3-7(a) 可见，当温度为 75℃时，微米 h-BN 粉体上分布着岛状 Ni 粒子簇，其表面呈丝絮状，可知 Ni 镀层是从分布在微米 h-BN 粉体上的催化活性点开始生长的，沿平行于微米 h-BN 表面方向的生长速率大于垂直于其表面方向的生长速率，以片层方式生长。如图 3-3(b) 所示，当温度为 80℃时，Ni 镀层均匀完整，没有次生镀层。如图 3-7(b) 所示，当温度为 85℃时，由于反应速率较快，Ni 粒子沉积在已形成的镀层上，形成不均匀的次生镀层。如图 3-7(c) 所示，当温度为 90℃时，Ni 粒子沿垂直于基体表面的生长速率高于平行于基体表面的生长速率，以球胞方式生长。此外，由于反应速率过快，较小的微米 h-BN 粉体被“复合镀”到较大的微米 h-BN 粉体表面。

(3) 分段恒温化学镀

由于纳米 h-BN 粉体 (h-BNn) 的比表面积大，在化学镀中期反应异常激烈，镀液呈“沸腾”状，伴有大量气泡冒出，容易造成镀液不稳定甚至分解。此外，反应过快容易将较小的纳米 h-BN 粉体“复合镀”到较大的纳米 h-BN 粉体表面，造成复合粉体的团聚。由以上实验可知，温度和 pH 的升高都能提

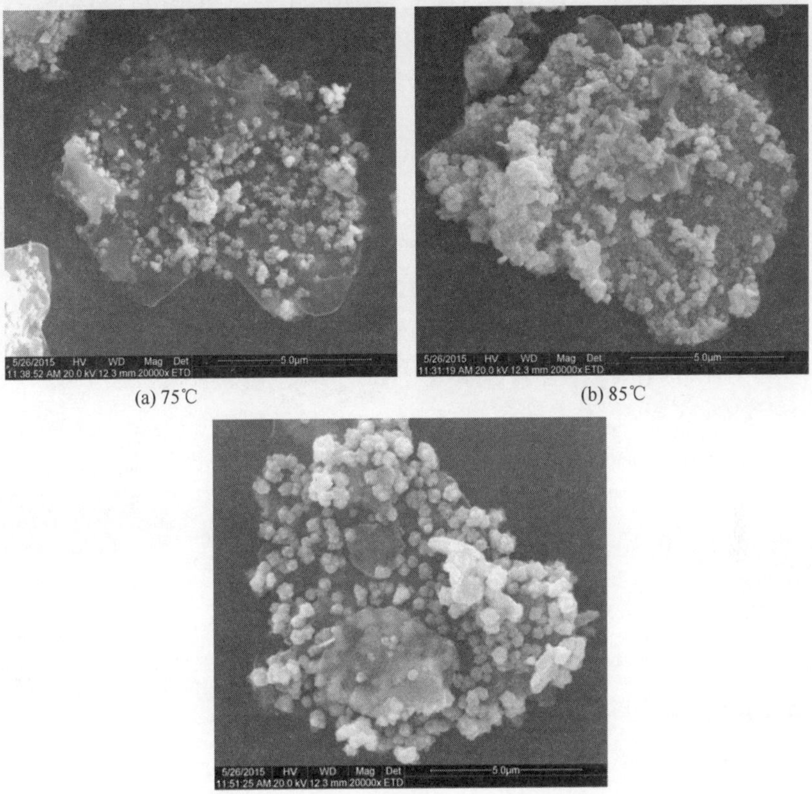

(a) 75℃　　(b) 85℃　　(c) 90℃

图 3-7　不同温度条件下 h-BNμ@ Ni 复合粉体的微观形貌

高水合肼的还原能力，使得反应孕育期缩短和反应速率加快。由此可知：一方面，如要实现相同的反应孕育期和反应速率，当温度较高时，需要较低的 pH；当 pH 较高时，需要较低的温度；反之亦然。另一方面，当化学镀反应开始后，已沉积在纳米 h-BN 粉体表面上的 Ni 也起到催化作用，使得反应速率逐渐加快，所以化学镀开始后便不再需要高温或高 pH，在较低的温度和 pH 下即可维持反应进行。

因此，本节提出分段恒温化学镀工艺并用其对纳米 h-BN 粉体进行化学镀。与制备 h-BNμ@ Ni 复合粉体的传统化学镀工艺相比，新工艺化学镀液成分不变，不同之处在于分为高温和低温两个阶段施镀，并且水合肼分两次滴加，即在配制化学镀液时滴加 1/2 用量，在高温阶段结束时滴加另 1/2 用量。具体施镀步骤如下：

称取 2g 活化后的纳米 h-BN 粉体加入含有 25mL 水合肼、pH 为 10 的 500mL 镀液中，在 90℃恒温和超声震荡条件下施镀。当化学镀反应开始即镀液中有较多气泡冒出时，调节水浴温控装置至 60℃。当水浴自然降温到该温度时，滴加 25mL 水合肼，在 60℃、pH 为 10 和超声震荡的条件下施镀。施镀完毕后，得到 h-BNn@ Ni 复合粉体。

3.1.3 h-BNμ@Ni 复合粉体的表征

（1）表征分析方法

采用 D8 ADVANCE 型的 X 射线衍射仪（XRD）测试 h-BNμ@ Ni 复合粉体的物相组成，采用 FEI-quanta 200 型环境扫描电子显微镜和 SUPRA™ 55 型场发射扫描电子显微镜观测 h-BN@ Ni 复合粉体的微观形貌。采用 FEI Tecnai G2 F30 型场发射透射电子显微镜观测 h-BN@ Ni 复合粉体的包覆形貌。

（2）XRD 分析

图 3-8 为微米 h-BN 原料粉体和 h-BNμ@ Ni 粉体的 XRD 谱图。可以看出，微米 h-BN 原料粉体具有较高的纯度和结晶度。对于 h-BNμ@ Ni 复合粉体，只有 h-BN 和 Ni 两相的衍射峰，没有杂质峰。Ni 镀层在 $2\theta=44.5°$、51.8°和 76.4°处显示出 3 个衍射峰，分别对应于 Ni（111）、Ni（200）和 Ni（220）晶面，这说明 Ni 镀层呈面心立方晶体结构。此外，h-BNμ@ Ni 粉体中的 h-BN 相的衍射强度远低于微米 h-BN 原料粉体的衍射强度，表明 h-BNμ@ Ni 粉末具有核壳结构，且微米 h-BN 核完全被 Ni 壳包覆。

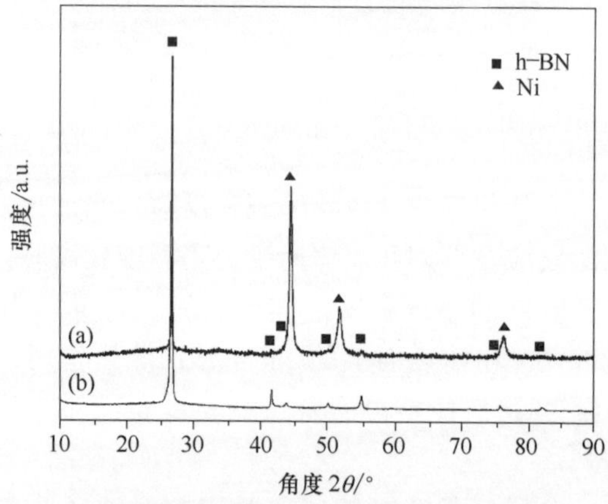

图 3-8 （a）h-BNμ@ Ni 复合粉体和（b）微米 h-BN 原料粉体的 XRD 谱图

（3）SEM 分析

从图 3-9(a) 和（b）可以看出，微米 h-BN 原料粉体呈多边形的片状结构，表面平整，沿晶体 c 轴方向堆叠在一起，分散性较差。由于微米 h-BN 片状结构的径厚比很大、表面粗糙度较小，因而有层叠团聚的倾向。由图 3-9（c）可见，h-BNμ@ Ni 复合粉体也呈片状，没有明显的层叠现象，分散性较好。图 3-9（d）显示 h-BNμ@ Ni 复合粉体具有粗糙的表面，这是由纳米 Ni 粒子组成的镀层。可见 Ni 镀层完整、均匀、致密，与微米 h-BN 的结合较好，没出现裂纹和剥落现象。与微米 h-BN 原料粉体相比，h-BNμ@ Ni 复合粉体的径厚比减小、表面粗糙度增大，因而层叠团聚的倾向较小，所以化学镀 Ni 改善了微米 h-BN 粉体的分散性。

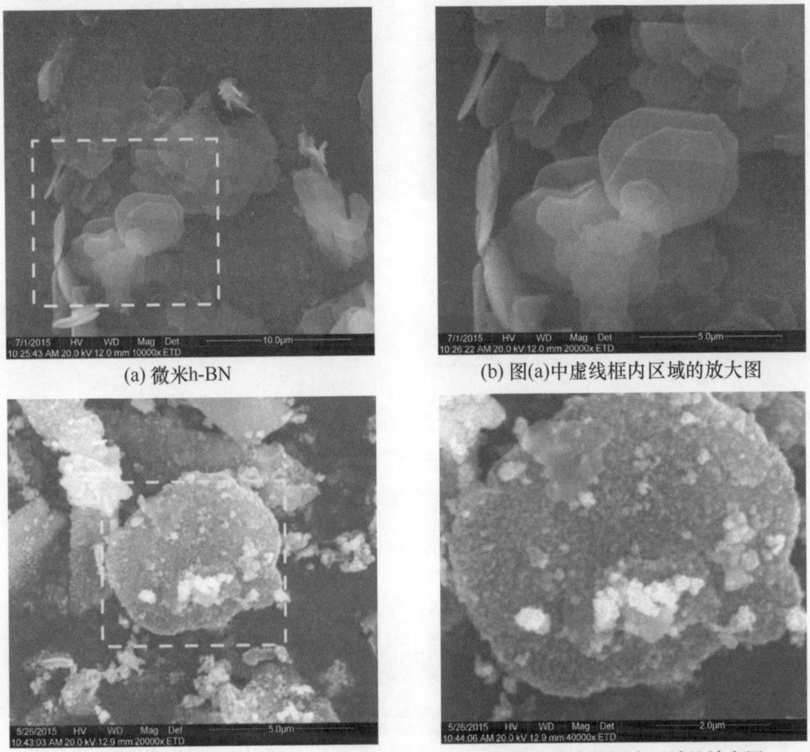

(a) 微米h-BN　(b) 图(a)中虚线框内区域的放大图

(c) h-BNμ@Ni　(d) 图(c)中虚线框内区域的放大图

图 3-9　微米 h-BN 原料粉体和 h-BNμ@ Ni 复合粉体的 SEM 照片

（4）TEM 分析

图 3-10 为 h-BNμ@ Ni 复合粉体的透射电子显微镜（TEM）照片。由图 3-10（a）可见，片状的微米 h-BN 粉体表面上聚集着大量的细小颗粒，基本上被完全覆盖。在选区电子衍射（SAED）谱图中，形成了同心的 4 个明亮的衍射环，经测量其与衍射中心的距离并计算得出这 4 个衍射环由内向外分别对应 Ni（111）、（200）、（220）和（311）晶面，表明细小颗粒是晶态的 Ni 粒子。由图 3-10(b) 中的高分辨率透射电子显微镜（HRTEM）照片可见细小颗粒呈现间距为 0.2nm 和 0.17nm 的晶格条纹，分别对应 Ni（111）和 Ni（200）晶面，也表明细小颗粒为晶态的金属 Ni。

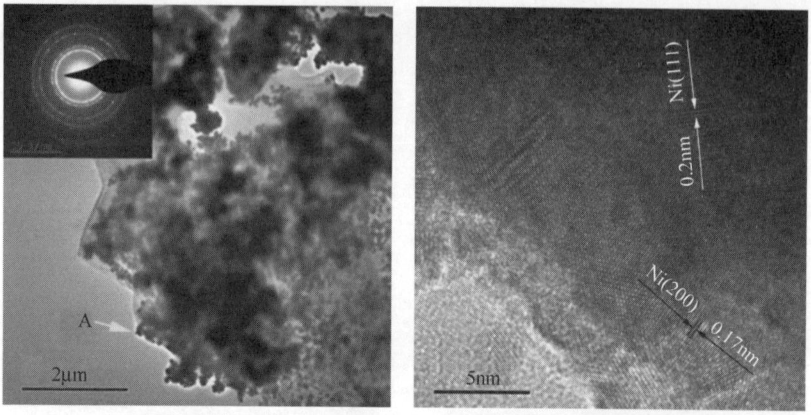

(a) TEM照片　　(b) 图(a) 中A处的HRTEM照片

图 3-10　h-BNμ@ Ni 复合粉体的 TEM 照片

3.1.4　h-BNn@Ni 复合粉体的表征

图 3-11 分别为纳米 h-BN 原料粉体的 SEM 照片和 TEM 照片。由图 3-11（a）可见，纳米 h-BN 粉体呈细小的圆板状，粒径比较均匀，多数片径在 100nm 以下，沿厚度方向团聚在一起。从图 3-11(b) 也可以看出，纳米 h-BN 粉体呈不规则的类圆形，因厚度较小而呈半透明状态。

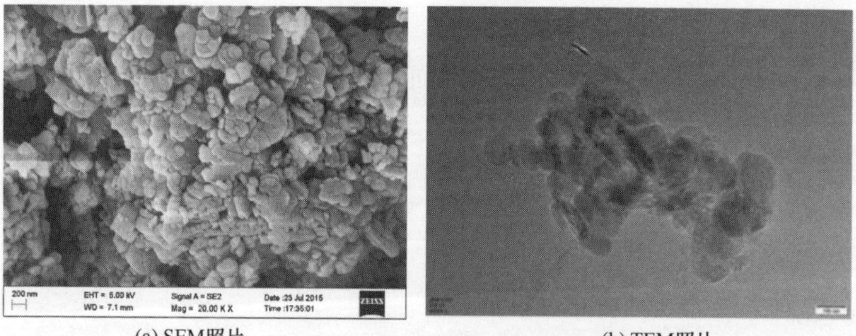

(a) SEM照片　　(b) TEM照片

图 3-11　纳米 h-BN 原料粉体的微观形貌

（1）XRD 分析

图 3-12 为纳米 h-BN 原料粉体和 h-BNn@ Ni 粉体的 XRD 谱图。可以看出，纳米 h-BN 原料粉体的纯度和结晶度很高。与图 3-8 中微米 h-BN 的 XRD 谱图相比，纳米 h-BN 的衍射峰出现了“宽化”现象，表明其粒径较小。对于 h-BNn@ Ni 复合粉体，只有 h-BN 和 Ni 两个衍射峰，没有杂质峰。在 $2\theta=44.5°$、$51.8°$和 $76.4°$处显示了对应 Ni（111）、（200）和（220）晶面的 3 个

衍射峰，表明镀层为晶态 Ni。此外，h-BNn@ Ni 复合粉体中的纳米 h-BN 的衍射强度低于纳米 h-BN 原料粉体的衍射强度，表明纳米 h-BN 粉体被 Ni 包覆，形成了核壳结构。

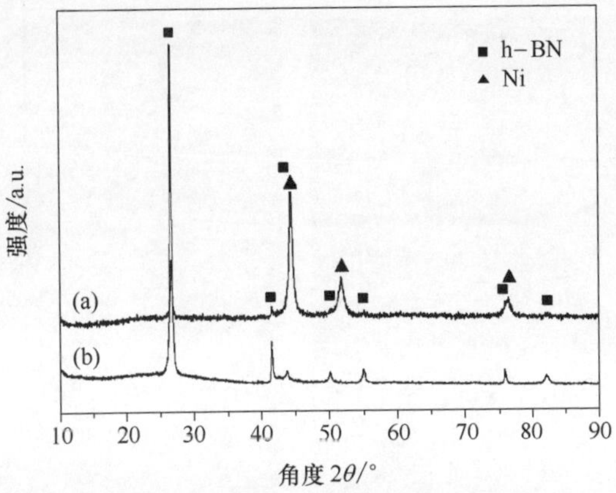

图 3-12（a）h-BNn@ Ni 复合粉体和（b）纳米 h-BN 原料粉体的 XRD 谱图

（2）电镜（SEM）分析

如图 3-13(a) 所示，h-BNn@ Ni 复合粉体呈聚集状态，可见大量细小的颗粒附着在较大颗粒周围。经 EDS 检测可知小颗粒为 Ni，大颗粒为纳米 h-BN。由图 3-13(b) 可见，片状的纳米 h-BN 粉体上覆盖有类球形的 Ni 颗粒，从纳米 h-BN 粉体的侧边可见 Ni 镀层与其结合紧密。

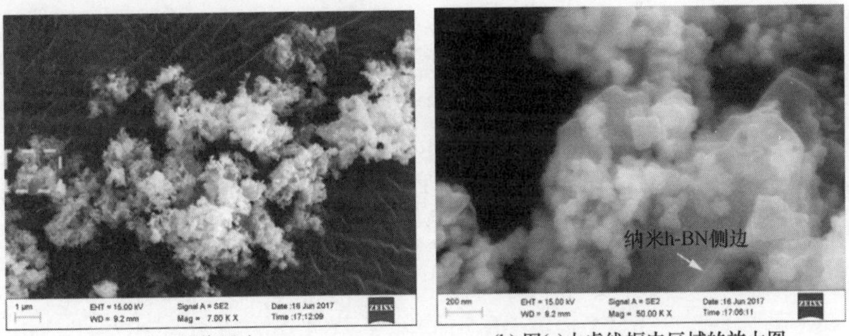

(a) 低倍照片　(b) 图(a)中虚线框内区域的放大图

图 3-13　h-BNn@ Ni 复合粉体的 SEM 照片

（3）TEM 分析

图 3-14 为 h-BNn@ Ni 复合粉体的 TEM 照片。可见纳米 h-BN 颗粒被 Ni 镀层所覆盖，灰黑色处的镀层较厚，浅灰色处的镀层较薄。由 SAED 谱图可知，4 个衍射环由内向外分别对应 Ni（111）、（200）、（220）和（311）晶面，表明 Ni 镀层也呈晶态。h-BNn@ Ni 复合粉体的 HRTEM 照片如图 3-14

（b）所示，晶格条纹清晰平直，照片中间的晶格条纹的间距为 0.34nm，对应 h-BN（002）晶面。照片右上方的晶格条纹的间距为 0.2nm，对应 Ni（111）晶面，可见 Ni 镀层与纳米 h-BN 结合紧密。

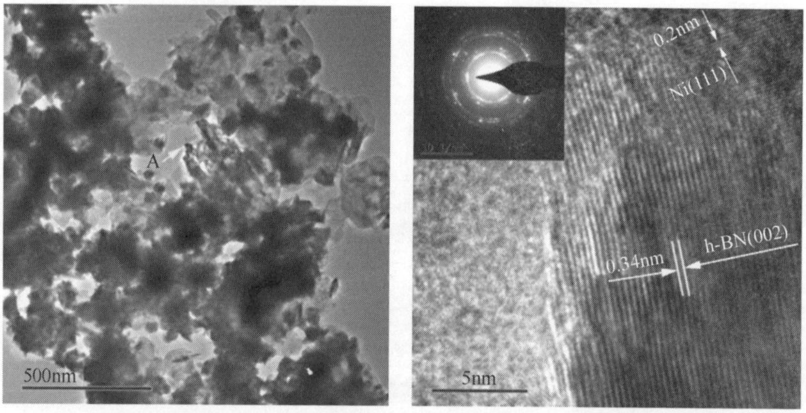

(a) TEM照片　　(b) 图(a) 中A处的HRTEM照片

图 3-14　h-BNn@ Ni 复合粉体的 TEM 照片

3.1.5　BNNS@Ni 复合粉体的制备与表征

3.1.5.1　BNNS（六方氮化硼纳米片）的制备

与石墨烯已经大规模市场化相比，目前商用的 h-BN 纳米片（BNNS）价格昂贵，片径较小，且多以浓度很低的分散液形式出售，品质和价格成本不能满足制备自润滑陶瓷刀具材料的要求。因此，本节使用自制的 BNNS。BNNS 的制备方法可分为“自下而上”法和“自上而下”法两大类，在“自下而上”法中，硼和氮原子形成少层的 h-BN，在“自上而下”法中，块状 h-BN 被剥离和/或减薄。第一大类包括化学合成方法和沉积方法。第二大类包括物理剥离方法、化学剥离方法和物理化学剥离方法。物理剥离法的设备工艺比较简易、成本较低、绿色环保，超声法和球磨法是其中常用的方法。超声法生产的 BNNS 品质较高，但由于 h-BN 层间除了范德华力以外，还存在“lip-lip”相互作用，使得 h-BN 较石墨难于剥离，而超声提供的剥离力较小，因此产率低；球磨法的产率较高，但生产的 BNNS 片径小、晶格缺陷多，并且通常需要采用超声进行后处理。为了利用这两种方法的优点并克服其缺点，提出一种纯剪切球磨与超声协同制备 BNNS 的装置与方法。

（1）制备装置

如图 3-15(a) 所示，该制备装置由纯剪切球磨组件、超声组件、支撑组件、施压组件和连接附件组成。其中，纯剪切球磨组件包括调速电机 9、球磨

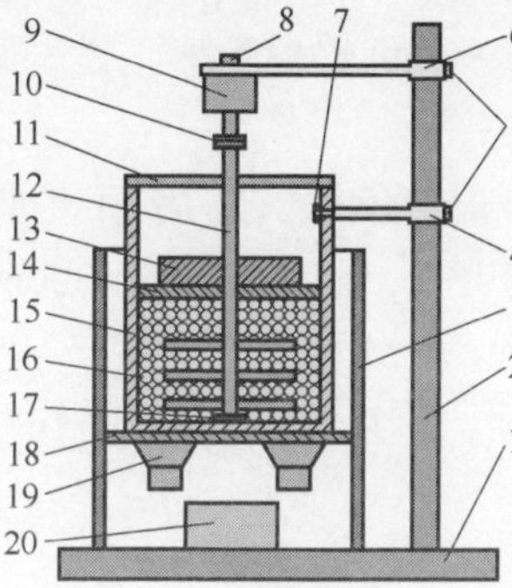

(a) 结构示意图

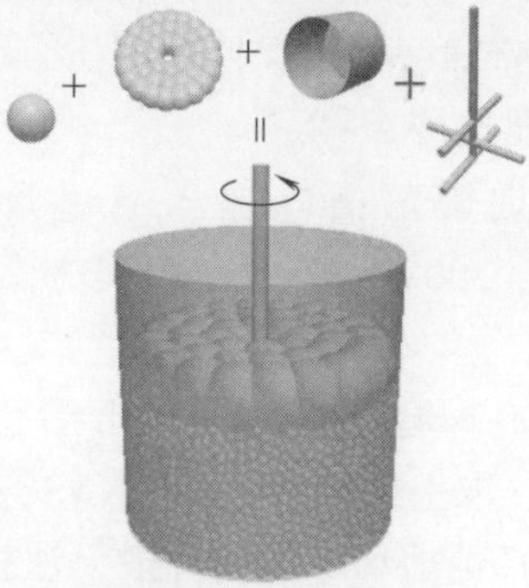

(b) 纯剪切球磨的 DEM 模型

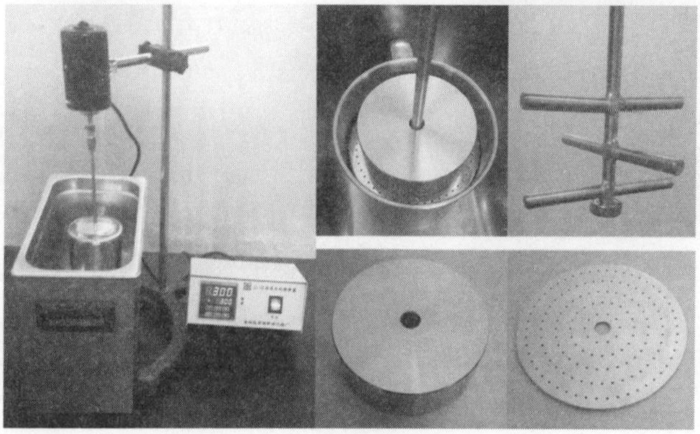

(c) 实物照片

图 3-15　制备装置的结构示意图、DEM 模型和实物照片

1—底座　2—垂直支撑杆　3—震荡槽　4—保持架　5—顶紧螺栓　6—横梁　7—锁紧螺母
8—悬挂螺栓　9—调速电机　10—联轴器　11—球磨桶盖　12—搅拌器　13—压块　14—压板
15—球磨桶　16—磨球　17—支撑轴承　18—隔板　19—超声波换能器　20—超声波发生器

桶盖 11、搅拌器 12、球磨桶 15 和磨球 16；超声组件包括震荡槽 3、隔板 18、超声波换能器 19 和超声波发生器 20；支撑组件包括底座 1、垂直支撑杆 2、保持架 4、横梁 6 和支撑轴承 17；施压组件包括压块 13 和压板 14；连接附件包括顶紧螺栓 5、锁紧螺母 7、悬挂螺栓 8 和联轴器 10。用于实验室小规模生产 BNNS 的协同制备装置的实物照片，如图 3-15(c) 所示。

（2）制备方法

制备 BNNS 的步骤如下：

① 将球磨桶放置于震荡槽中，放入搅拌器，使其下端与支撑轴承连接。

② 将磨球加入球磨桶中，磨球层堆积的高度约为球磨桶高度的 1/2，依次安放压板（其上有多个小通孔）和质量为 1kg 的压块。

③ 将 0.5g h-BN 原料粉体（平均粒径 10μm）和 0.05g PVP 分散剂超声

分散在 250mL 异丙醇中，然后将 h-BN 分散液倒入球磨桶中。

④ 将球磨桶用保持架固定，盖上球磨桶盖，再将搅拌器上端与调速电机用联轴器连接。

⑤ 向震荡槽内加入适量自来水作为超声介质，开启超声波发生器（40kHz、300W）进行超声震荡，并开启调速电机，调节转速 $n=300r/min$，进行球磨。

⑥ 在球磨和超声震荡 5h 后，分离出磨球，所得球磨液以 5000r/min 的转速离心，取上层清液，即 BNNS 悬浮液。

（3）纯剪切球磨的离散元法模拟

相关研究表明，传统球磨中的物料细化主要是靠磨球产生的冲击型应力和剪切型应力的作用。纯剪切球磨是使剪切型应力占主导地位，而冲击型应力被消除或最小化。纯剪切球磨与传统球磨的不同之处在于在磨球上依次放置一个压板和压块，压块将自身的重力作为竖向载荷通过压板施加给磨球。显而易见，磨球间的切向力和接触数分别决定了施加在 BN 粉体上的剪切力的大小和频次，进而影响 BNNS 的产率。因此，利用 EDEM™ 软件（英国 DEM-Solution 公司）进行离散元法（DEM）模拟，研究由压块产生的竖向载荷对磨球间的平均切向力、平均法向力和接触数的影响。在图 3-15(b) 所示的 DEM 模型中，各零部件的材质均为不锈钢，其中球磨桶的内径为 90mm，磨球的直径为 3mm、数量为 1.6×10^4 个，搅拌器的横杆长 80mm，压板由直径为 20mm 的球形颗粒的组合体来模拟。为了建模简便，用压板的重力施加竖向载荷，并通过改变压板的密度来调整载荷大小。DEM 模拟采用 Hertz-Mindlin（no slip）接触模型，材料性能和相互作用参数列于表 3-1 中。

表 3-1　　DEM 模拟输入的材料性能和接触参数

项目	密度/(g/cm^3)	剪切模量/GPa	泊松比	恢复系数	静摩擦因数	滚动摩擦因数
数值	7800	73	0.3	0.6	0.3	0.01

图 3-16 为 300r/min 搅拌速度下由压块产生的竖向载荷对磨球的平均切向力和法向力的影响。可以看出，平均切向力随着竖向载荷的增加而增加。与竖向载荷为 0N 的情况（即传统球磨，此时没有压板和压块）相比，当竖向载荷为 5N、10N 和 15N 时的平均切向力分别增加了 7.2%、11.3%和 17.1%。对于传统的球磨，一旦选定搅拌速度，平均切向力的大小是不可改变的。

相比之下，纯剪切球磨的平均切向力的大小可以通过更换不同质量的压块来调节。同时，随着竖向载荷的增加，平均法向力也呈上升趋势。与传统球磨相比，当竖向载荷为 5N、10N 和 15N 时的平均法向力分别增加了 6.8%、11.1%和 18.8%。实质上，竖向载荷的增加导致磨球间法向力的增加，然后在

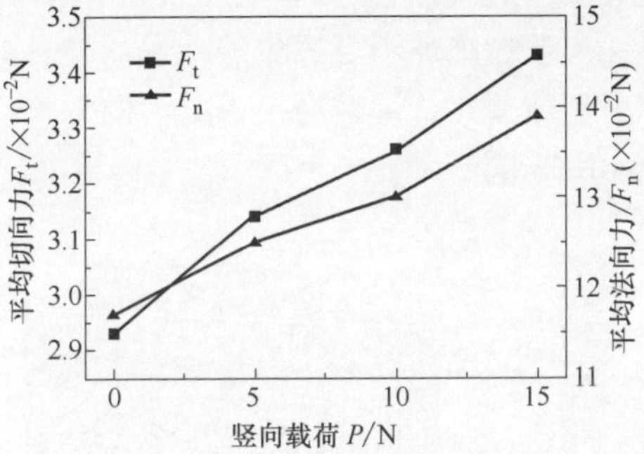

图 3-16　平均切向力和法向力随竖向载荷的变化

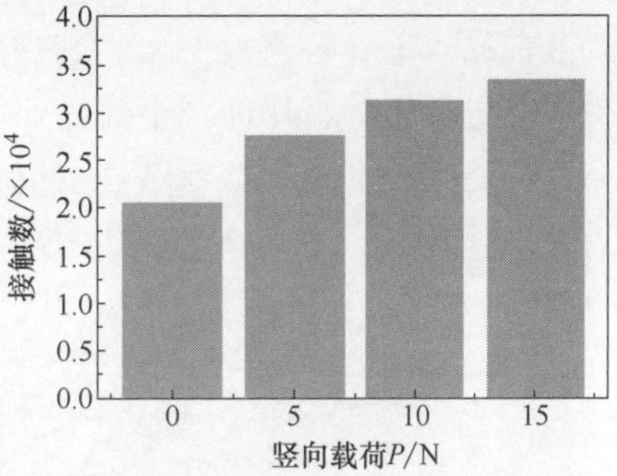

图 3-17　接触数随竖向载荷的变化

搅拌磨球时产生较大的切向力。图 3-17 为 300r/min 的搅拌速度下竖向载荷对磨球间接触数的影响。可以看出，随着竖向载荷的增加，接触数增大，但增大趋势变缓。与传统球磨相比，当竖向载荷为 5N、10N 和 15N 时的接触数分别增加了 34.3%、52%和 64.1%。接触数的增加应归因于竖向载荷的增加导致磨球排列更加紧密。

为了研究传统球磨和纯剪切球磨中磨球的运动特性，提取了模拟结果的半剖视图和切片视图。如图 3-18(a)(b) 所示，两种球磨方法中的磨球运动显著不同。对于传统球磨，磨球运动不规则，相互之间不紧密。因此，磨球间的接触数较少，并且有剧烈的冲击。此外，如图 3-16(c) 所示，位于上部的磨球由于离心力而向磨桶壁移动，在搅拌器的垂直杆附近形成漏斗形空腔，这进一步减少了磨球间的接触数。对于纯剪切球磨，磨球在压板下有规律地移动，并且比较紧凑。因此，磨球间的接触数较大，并且可以减轻冲击作用。此外，如图 3-16(d) 所示，在搅拌器的垂直杆附近没有漏斗形空腔，这有利于增加磨球间的接触数。磨球的这种运动模式导致它们之间没有强烈的冲击作用，使得纯剪切球磨与传统球磨具有本质区别，即比较柔和。

由图 3-18 还可以看出，对于这两种球磨方法，磨球的速率先沿着球磨桶的径向方向增加，并且在横杆的端点处达到最大值，然后由于球磨桶内壁的摩擦阻力作用而在内壁处减小到较低值。相邻磨球的速率差产生相对运动，进而产生切向力。纯剪切球磨中磨球的整体速率略低于传统球磨。从图 3-18(a) 和 (c) 可以看出，传统球磨中的大多数磨球的速率在 0.563~0.841m/s 的范围内。速率最低的磨球分布在搅拌器的垂直杆附近。如图 3-18(b) 和 (d) 所示，纯剪切球磨中的大多数磨球的速率在 0.541~0.810m/s 的范围内。速率最低的磨球分布在搅拌器的垂直杆和压板的下表面附近。由于磨球的运动，压板发生速率为 2.89mm/s 的移动，并且倾斜了一个角度。

由上述模拟结果可知：在纯剪切球磨过程中，磨球在压板下相互压靠，可以减轻或消除磨球对 h-BN 颗粒的冲击效应，进而减轻对 BNNS 片径和晶体结构的损伤；而在传统球磨中，磨球对 h-BN 颗粒施加不可避免的冲击而使其断裂，会导致 BNNS 片径减小。此外，纯剪切球磨比传统球磨提供更大的平均切向力和更多的磨球间接触数，可以提高 BNNS 的产率。

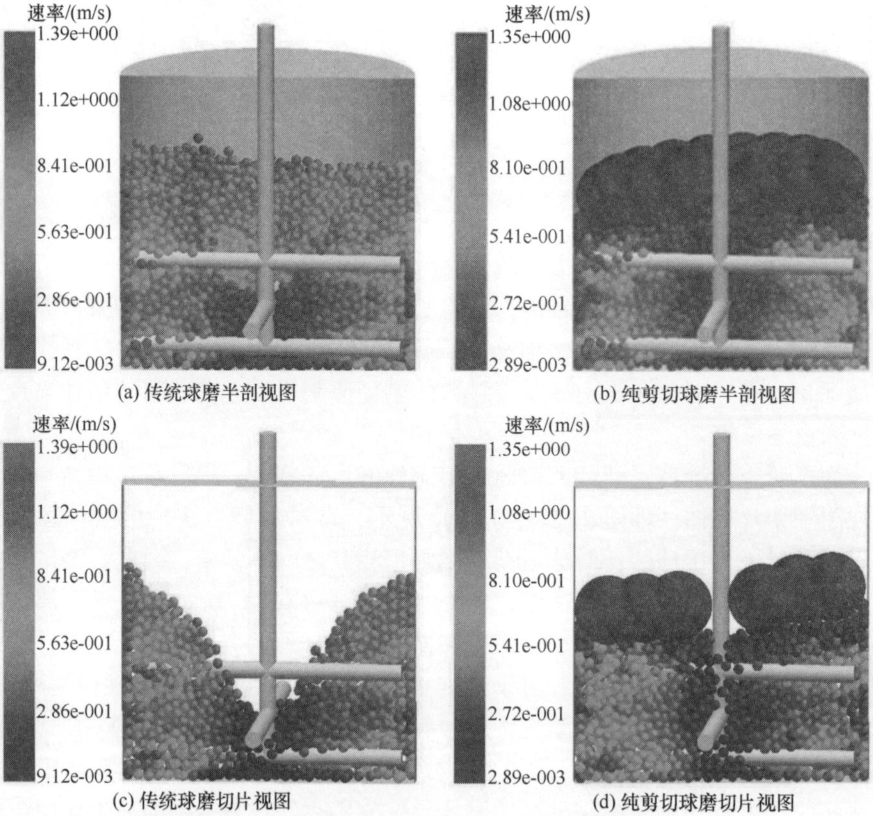

(a) 传统球磨半剖视图　(b) 纯剪切球磨半剖视图

(c) 传统球磨切片视图　(d) 纯剪切球磨切片视图

图 3-18　传统球磨和纯剪切球磨的模拟结果图

3. 1. 5. 2　BNNS 的表征

（1）SEM 分析

如图 3-19(a) 所示，h-BN 原料粉体呈厚度为数百纳米的片状结构。由图 3-19(b) 可见，BNNS 呈薄片状并且堆叠在一起。图 3-19(b) 的插图（Ⅰ）表现出了一个半剥离的 h-BN 颗粒，可以观察到两种剥离模式：第一种模式是块状剥离，如区域 A 所示。在这种模式下，首先从 h-BN 粉体上剥离下块体，然后该块体可以进一步剥离成 BNNS。第二种模式是片状剥离，如区域 B 所示。在这种模式下，直接从 h-BN 粉体上剥离下 BNNS，见图 3-19(b) 插图（II)(区域 B 的放大图)。这两种模式在剥离 h-BN 的过程中共存。这一观察结果验证了由 Gould 等在理论上对层状块体系统进行分层时的两种形式：即划分为两个子块体（劈裂）和从块体表面去除一层（剥离）。同时，Gould 等还通过理论计算指出，剥离是一个比劈裂耗能少的过程。由此可知，对 h-BN 粉体施加较高能量的纯剪切球磨主要产生块状剥离，以较高的产率制备出多层 BNNS。而对 h-BN 粉体施加较低能量的超声处理主要产生片状剥离，以较低的产率制备出单层或少层 BNNS。因此，本书将纯剪切球磨和超声处理相结合，以发挥两者的优势。

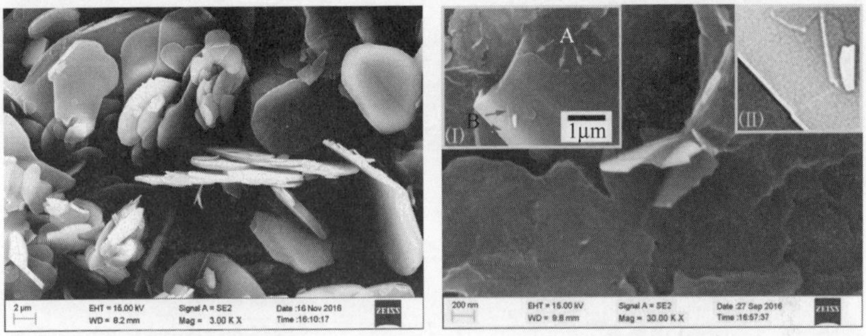

(a) h-BN原料粉体　　(b) BNNS粉体

图 3-19　h-BN 原料粉体和 BNNS 粉体的 SEM 照片

（2）TEM 分析

图 3-20 为制备的 BNNS 的 TEM 照片。由图 3-20(a) 可见，BNNS 具有不规则的形状，片径在 200～400nm，并且非常薄，呈半透明状、出现叠合或卷曲，并且与碳膜衬底显示出低对比度。图 3-20(b) 为在 BNNS 的 A 区域的高分辨率透射电子显微镜（HRTEM）照片。可见晶格条纹平直且排列均匀，并且产生了一些小损伤。这些损伤表明磨球对 h-BN 粉体的侧表面施加了作用力。用黄色和蓝色标记的晶格间距分别为 0.34nm 和 0.22nm，分别接近 h-BN 材料的（002）和（100）晶面的距离。BNNS 的 B 区域的选定区域电子衍射（SAED）图谱［图 3-20(b) 插图］显示出六边形对称分布，表明 BNNS 为良好的晶体结构。

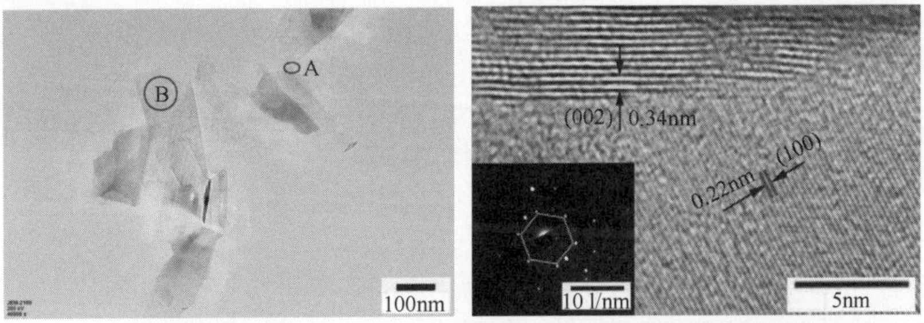

(a) 低倍TEM照片　　(b) HRTEM和SAED照片

图 3-20　BNNS 的 TEM 照片

(3) AFM 分析

BNNS 的原子力显微镜（AFM）分析如图 3-21 所示。从图 3-21(a) 中可以看出，具有较大片径的 BNNS 发生卷曲，较小的 BNNS 平铺在基底上。由图 3-21(b) 可见，测量线 A、B、C 对应的 BNNS 的厚度为 3~6nm。

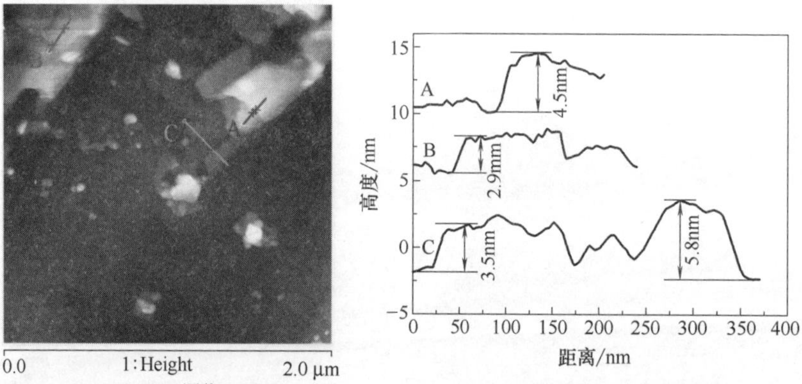

(a) AFM 图像　　(b) (a) 中标记处的高度分析

图 3-21　BNNS 的 AFM 分析

与传统球磨结合超声法［使用图 3-15(a) 所示装置但不包含压板和压块］和超声法［使用图 3-15(a) 所示装置中的超声组件］相比，纯剪切球磨与超声协同制备方法制备的 BNNS 厚度相当、片径较大、产率较高。

3.1.5.3　BNNS@Ni 复合粉体的制备

按 3.1.2 工艺对 BNNS 粉体进行敏化、活化和分段恒温化学镀，得到 Ni 包覆 BNNS（即 BNNS@Ni）复合粉体。敏化、活化时 BNNS 的装载量分别为 1g/L 和 0.7g/L。表 3-2 列出了化学镀液的成分和工艺参数。

表 3-2　制备 BNNS@Ni 复合粉体的化学镀液的成分和工艺参数

成分或条件	化学试剂	参数
金属盐	六水硫酸镍($NiSO_4 \cdot 6H_2O$)	15g/L
还原剂	水合肼($N_2H_4 \cdot H_2O$)	30mL/L
络合剂	二水 EDTA 二钠($Na_2C_{10}H_{14}N_2O_8 \cdot 2H_2O$)	50g/L
缓冲剂	硫酸铵[$(NH_4)_2SO_4$]	40g/L
pH 调节剂	氢氧化钠溶液(NaOH,80g/L)	适量
分散剂	聚乙烯吡咯烷酮[$(C_6H_9NO)_n$]	5mg/L
稳定剂	碘化钾(KI)	0.2mg/L
施镀温度	—	①90℃;②60℃
pH	—	10
装载量	—	0.35g/L
超声搅拌	—	150W,40kHz

3.1.5.4　BNNS@Ni 复合粉体的表征

（1）XRD 分析

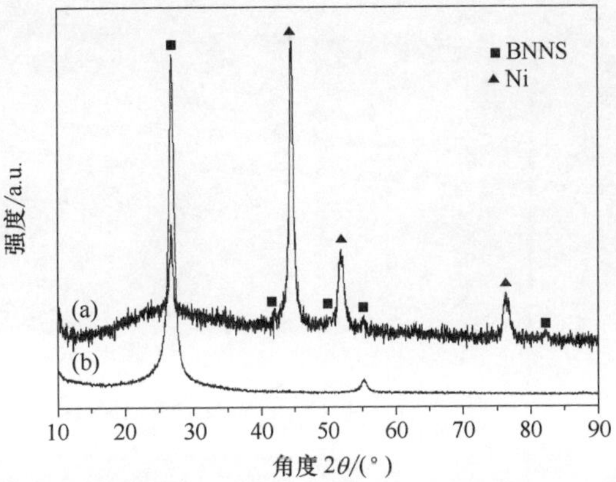

图 3-22（a）BNNS@ Ni 复合粉体和（b）BNNS 粉体的 XRD 谱图

如图 3-22 所示，BNNS 粉体的 XRD 谱图只出现两个衍射峰，分别对应 h-BN（002）和（004）晶面。这是由于 BNNS 的层数较少，并且平铺在 XRD 测试基底上。BNNS@ Ni 复合粉体的 XRD 谱图具有 BNNS 和 Ni 两相的衍射峰。其中，BNNS 出现多个衍射峰，分别对应 h-BN（002）、(100)、(102)、(004）和（112）晶面，表明 BNNS 在纯剪切球磨和超声协同制备过程中保持了晶体结构，并且镀镍使得 BNNS 不再平铺在测试基底上。Ni 的衍射峰出现在 2θ=44.5°、51.8°和 76.4°处，分别对应 Ni（111）、Ni（200）和 Ni（220）晶面，并且都出现了“宽化”现象，表明 Ni 镀层的晶粒很小，并且呈晶态。

（2）SEM 分析

BNNS 粉体的 SEM 照片，如图 3-23(a）所示。可见 BNNS 表面光洁，发生了卷曲和叠层团聚现象。图 3-23(b）为 BNNS@ Ni 复合粉体的 SEM 照片。可见 BNNS 由于很薄而呈半透明状，其表面附着细小的颗粒。

（3）TEM 分析

图 3-24 为 BNNS@ Ni 复合粉体的 TEM 照片。如图 3-24(a）所示，BNNS 平铺在 TEM 样品支撑碳膜上，由于其厚度很薄，在电子束照射下几乎透明，并出现叠层和边缘卷曲现象。在 BNNS 表面较均匀地分布着纳米级的颗粒，从 SAED 谱图中可以看到由衍射点形成的 4 个同心环。经分析可知标记为 1~4 的衍射环分别对应 Ni（111）、(200)、(220）和（311）晶面，这表明 BNNS 上的细小颗粒为晶态的金属 Ni。Ni 镀层在 BNNS@ Ni 复合粉体叠层数较少处呈现浅灰色，在叠层数较多处呈现灰黑色。如图 3-24(b）所示，在 BNNS 的边缘可见间距为 0.34nm 的晶格条纹，对应 BNNS（002）晶面。在 BNNS 的表面

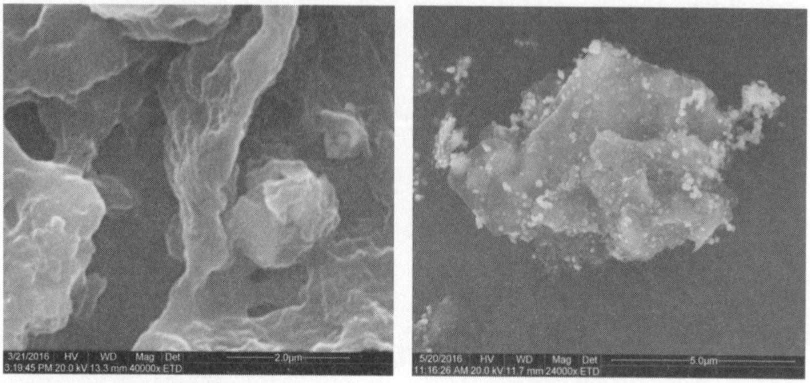

(a) BNNS粉体　　(b) BNNS@Ni复合粉体

图 3-23　BNNS 粉体与 BNNS@ Ni 复合粉体的 SEM 照片

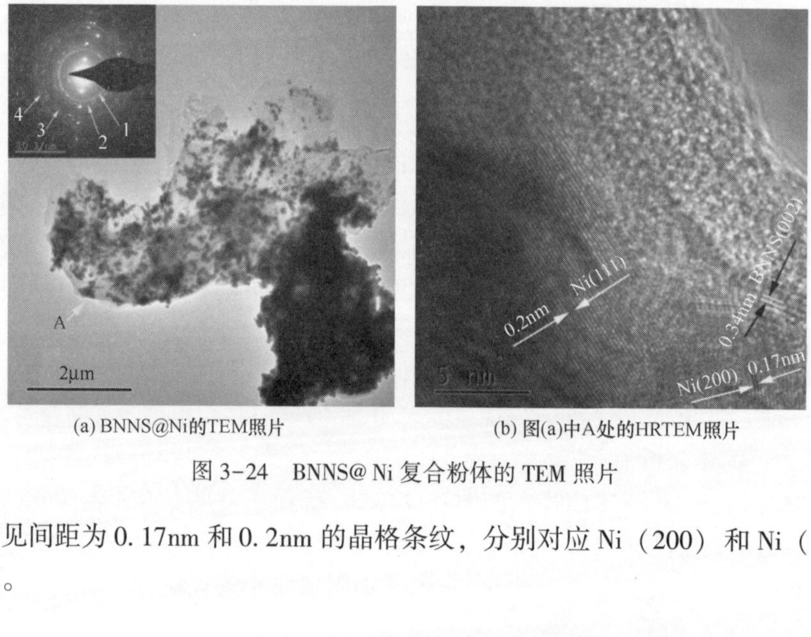

(a) BNNS@Ni的TEM照片　　(b) 图(a)中A处的HRTEM照片

图 3-24　BNNS@ Ni 复合粉体的 TEM 照片

上可见间距为 0. 17nm 和 0. 2nm 的晶格条纹，分别对应 Ni（200）和 Ni（111）晶面。

3. 2　h-BN@ SiC 复合粉体的制备与表征

3. 2. 1　实验原料

本节以 SiO_2 作为初步包覆层材料，以正硅酸乙酯［TEOS, $Si(OC_2H_5)_4$］作为前驱体，通过其水解缩合反应制备 h-BN@ SiO_2 复合粉体，原料为平均粒径 5μm，纯度>99. 0%的片状 h-BN，SiO_2 含量≥28. 5wt. %的 TEOS 溶液，NH_3 含量为 25～28wt. %的氨水，无水乙醇以及蒸馏水，以上试剂纯度均为分析纯。

3.2.2　h-BN@SiO_2 复合粉体的制备

以 TEOS 为前驱体，通过 TEOS 的水解与缩合反应在 h-BN 表面生成一层 SiO_2 包覆层。TEOS 反应生成 SiO_2 的过程非常复杂，涉及很多中间反应，这些反应可以概括为 4 类主要反应，即生成硅醇（Si—OH）的水解反应、生成水的缩合反应、生成乙醇的缩合反应和最后生成 SiO_2 的聚合反应。这 4 种反应可用官能团表示为：

$$\text{Si—OR+HOH} \longrightarrow \text{Si—OH+ROH} \tag{3-7}$$

$$\text{Si—OH+HO—Si} \longrightarrow \text{Si—O—Si+HOH} \tag{3-8}$$

$$\text{Si—OR+HO—Si} \longrightarrow \text{Si—O—Si+ROH} \tag{3-9}$$

$$x(\text{Si—O—Si}) \longrightarrow (\text{Si—O—Si})x \tag{3-10}$$

其中，$R=C_2H_5$。

需要注意的是，TEOS 与 H_2O 之间的反应在没有催化剂的情况下进行得非常缓慢，而如果在体系中添加少量氨水，反应速度将大大增加，可以提高包覆的效率，使包覆过程在短时间内完成。

h-BN@SiO_2 复合粉体制备的具体步骤如下：

① 将适量 h-BN 置于 100mL 无水乙醇中，加入一定量蒸馏水，机械搅拌并超声分散 10min 后放入到恒温水浴锅中磁力搅拌并加热，得到 h-BN 悬浮液，记为悬浮液 A。

② 按以下 3 种方式向悬浮液 A 中添加氨水与 TEOS：a. 将适量氨水加入 A 液中并混合均匀得到悬浮液 B，然后向其中缓慢逐滴加入一定剂量的 TEOS；b. 将 TEOS 平均分为 3 份，每隔一段时间向悬浮液 B 中缓慢逐滴添加一份 TEOS，滴加完成后再反应一段时间，使滴加的 TEOS 充分反应后再进行下一次滴加；c. 将适量氨水与 TEOS 分别平均分为 3 份，每隔一段时间向悬浮液 A 中同时缓慢滴加一份氨水与 TEOS，滴加完成后同样反应一段时间再进行下一次滴加。

③ 反应结束后，将反应产物在 2000r/min 的转速下离心分离 10min，并用无水乙醇重复清洗 3 次以去掉氨水等反应残留物，离心后的产物在电热真空干燥箱 40℃下干燥 24h 得到 h-BN@SiO_2 复合粉体。

通过对比不同实验参数下制备的包覆粉体，得到制备 h-BN@SiO_2 复合粉体的最优工艺为：将氨水一次性加入 h-BN、水与无水乙醇的混合分散液中；TEOS 均分为 3 份，反应开始时逐滴缓慢滴加一份，滴加一份的时间约为 1.5h，滴加完成后再反应 0.5h，即反应进行到 2h 时再次滴加一份，最后一份在反应进行到 4h 时滴加，总反应时间为 6h；反应温度为 30~45℃；h-BN、SiO_2（以 TEOS 中所含 SiO_2 计，下同）、氨水、蒸馏水的摩尔比为 1∶1∶0.7∶10。

制得的 h-BN@ SiO_2 复合粉体用德国布鲁克 AXS 公司生产的 D8-ADVANCE X 射线衍射仪对复合粉体进行物相分析；用日本岛津公司生产的 IR-Prestige-21 傅里叶变换红外光谱仪进行红外光谱分析；用日本电子株式会社生产的 JEM-1400 型透射电子显微镜和 SUPRA™55 场发射扫描电子显微镜观察 h-BN@ SiO_2 复合粒子的表面形貌，并用其配备的牛津 X 射线电制冷能谱仪进行元素成分分析。

图 3-25 为实验制备的 h-BN@ SiO_2 复合粉体与相同条件下制备的纯 SiO_2 粉体的 X 射线衍射谱图（XRD）。对比 h-BN 标准谱图，可以看到 h-BN@ SiO_2 复合粉体的衍射峰与 h-BN 的标准谱图十分吻合，且图谱中 h-BN 峰形尖锐，结构完整，没有发现其他相的衍射峰或杂峰，但在 25°附近存在一个低矮的峰包，且纯 SiO_2 粉体的图谱中也没有衍射峰，在 25°附近有一个与 h-BN@ SiO_2 复合粉体相似的馒头峰，这可能是非晶 SiO_2 的特征馒头峰。而片状 h-BN 的择优取向让 h-BN 的主峰显得太高，所以只能看到一个低矮的峰包。将谱图 15°~35°部分做局部放大后显示在图 3-25 右上角的位置，可以看到在 20°~30°有一个明显的峰包，这正是非晶 SiO_2 的特征馒头峰，说明反应生成的 SiO_2 是以非晶态形式存在的。

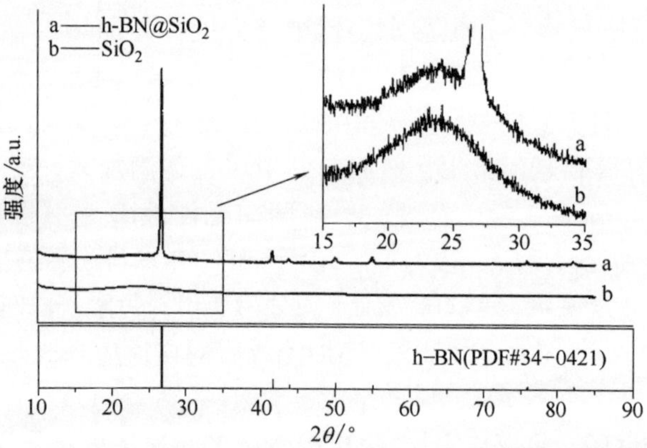

图 3-25 h-BN@ SiO_2 复合粉体与 SiO_2 粉体的 XRD 谱图

包覆后的复合粉体与 h-BN 粉体的红外光谱（IR）图，如图 3-26 所示，可以看出 h-BN 粉体只在波数 812 和 1381 处有 h-BN 的特征峰出现，而在 h-BN@ SiO_2 复合粉体的 IR 图谱中可以看到除 h-BN 的特征峰外，在波数 1091 处存在 Si-O-Si 特征峰，在 952 处有 Si-OH 的特征峰，这说明复合粉体中存在 SiO_2。

图 3-27 为包覆前 h-BN 粒子在场发射扫描电子显微镜下的表面形貌照片，可以看到 h-BN 粒径大小在 10μm 左右，成薄片状。虽然可能由于生产工艺等

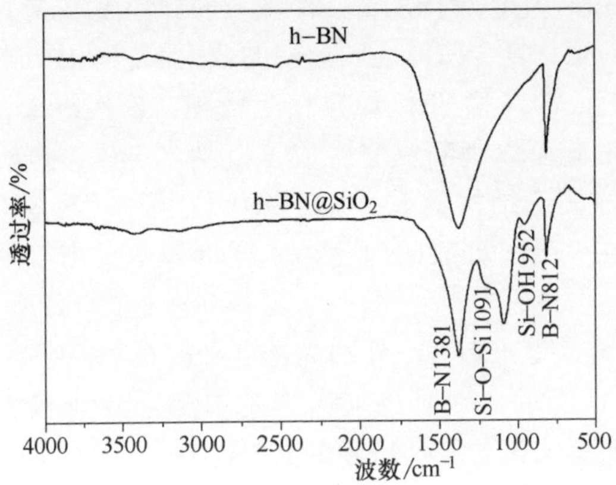

图 3-26 h-BN@ SiO_2 复合粉体与 h-BN 粉体的 IR 谱图

原因造成 h-BN 颗粒表面存在一些小的 h-BN 碎片，但其表面整体上较为平整、光滑，而且片厚较薄，这一点在图 3-27(b) 中 h-BN 颗粒表面的高倍扫描电子显微镜照片下更为明显。

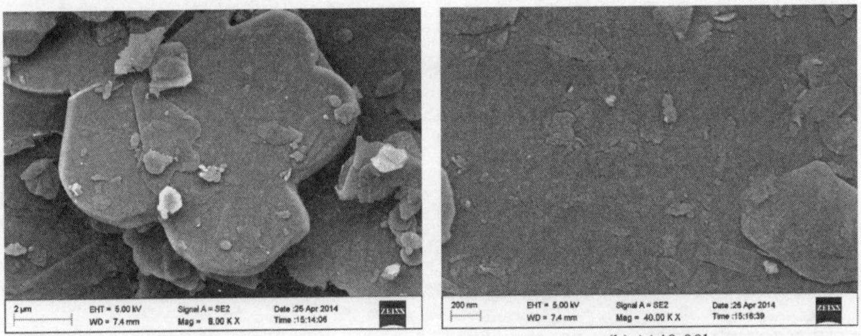

(a) ×8.00k　(b) ×40.00k

图 3-27 包覆前 h-BN 颗粒的扫描电子显微镜照片

图 3-28 为按第二种氨水与 TEOS 添加方式反应所得到的、经研磨破坏部分包覆层后的 h-BN@ SiO_2 复合粒子的扫描电子显微镜照片。从图 3-28(a) 中可以看出包覆后的 h-BN@ SiO_2 颗粒依然保持了 h-BN 的片状结构，且粒径大小没有明显变化，但表面附着了一层由许多球状颗粒堆叠而成的包覆层，从包覆层的破坏处可以看到，包覆层与 h-BN 结合紧密；将 h-BN@ SiO_2 复合粉体分散于无水乙醇中超声分散 15min，包覆层依然完整，未被超声波破坏，说明包覆层与 h-BN 结合牢固，存在一定强度。包覆层被破坏后裸露出的部分与图 3-27 中 h-BN 的表面形貌一致，因此可以推断 h-BN 表面形成了一层包覆层。由前面对包覆粉体 XRD 及 IR 分析的结果可知，这一层物质为非晶态 SiO_2，从图中也可以看到包覆后的复合粉体表面不再光滑而变得粗糙，片厚也

有所增加，与图 3-27 中包覆前的 h-BN 颗粒表面形貌形成了鲜明对比。图 3-28(b) 为 h-BN@ SiO_2 复合粉体表面形貌的放大图，从中可以看到包覆层由许多粒径在 50~100nm 的球状 SiO_2 颗粒相互堆积、连接组成，包覆层致密、完整、厚度均匀。由此可以判断反应生成了以纳米 SiO_2 为壳、片状微米 h-BN 为核的、具有良好核壳结构的 h-BN@ SiO_2 粒子。同时还观察到在 h-BN@ SiO_2 颗粒表面存在少量单分散的白色纳米球形 SiO_2，由于扫描电子显微镜的边缘效应呈现出亮白色。

图 3-29(a) 与图 3-29(b) 分别为图 3-28 (a) 中 S1 与 S2 处的能谱分析。如图 3-29(a) 所示，S1 处的能谱中基本全是 B 与 N 元素，Si 元素和 O 元素含量都非常低。结合对复合粉体的 XRD 分析，可以判定包覆层被破坏后裸露出的部分为 h-BN 基体。图 3-29(b) 中 S2 处的能谱中 B、N、Si 和 O 元素同时存在，且 Si 元素与 N 元素含量都很高。对比 S1 处的谱图不难发现 S2 处同时存在 h-BN 和 SiO_2，进一步说明了 h-BN 表面包覆的一层物质是 SiO_2。

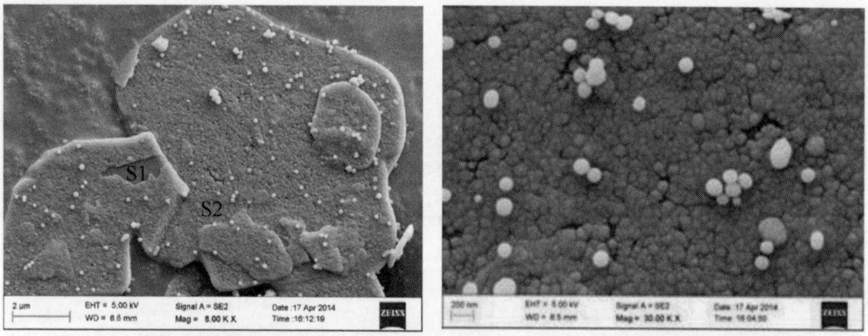

(a) ×8.00k　(b) ×40.00k

图 3-28　破坏部分包覆层后的 h-BN@ SiO_2 颗粒的扫描电子显微镜照片

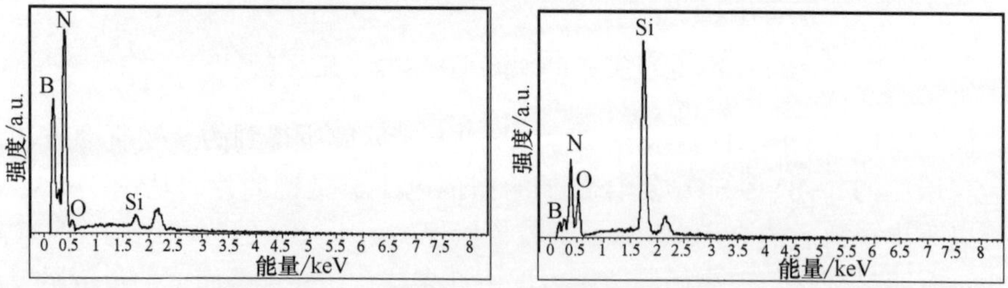

(a) S1　(b) S2

图 3-29　h-BN@ SiO_2 复合粉体的电子能谱图

图 3-30 为 h-BN@ SiO_2 复合粉体的透射电子显微镜照片，可以看到 h-BN 表面及边缘附着了一层粒径为 50~100nm 的球状颗粒，由前面的分析可知，这些包覆在 h-BN 表面的球状颗粒就是 SiO_2。

通过以上分析可知，SiO_2 在 h-BN 表面形成了一层致密、均匀的包覆层，

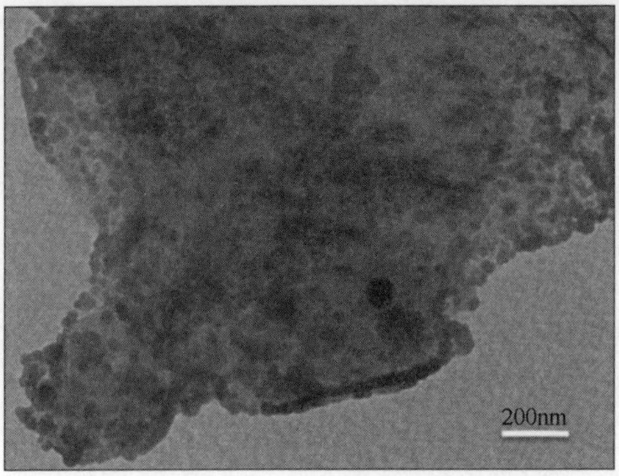

图 3-30　h-BN@ SiO_2 复合粉体的 TEM 照片

由纳米级 SiO_2 球状颗粒相互堆积、连接而成。通过对比包覆前后的粉体质量，计算得到包覆型复合粉体中 h-BN 与 SiO_2 的质量比为 1∶1 左右。

3.2.3　工艺参数对包覆效果的影响

TEOS 的水解、缩合反应过程的复杂性使得包覆粉体的包覆效果受众多因素的影响，在已经发表的文献中，影响 SiO_2 包覆结果的主要因素有：TEOS 用量、水硅比 R_H、催化剂用量、反应温度、反应时间等。每个参数的变化都会对 TEOS 的水解缩合反应产生很大影响，进而影响包覆效果，因此有必要研究各参数对包覆效果的影响。而 TEOS 与氨水的添加方式对包覆过程也有影响，因此还需考察滴加方式对包覆效果的影响。为系统研究各参数对包覆效果的影响，进行了一系列对比实验，各实验参数与条件，如表 3-3 所示。

表 3-3　h-BN@ SiO_2 粉体制备的实验参数与实验条件

考察参数 \ 实验参数	编号	添加方式*	温度/℃	时间/h	氨硅比 R_A	水硅比 R_H	氮硅比 R_N
添加方式	1	1	45	6	0.7	10	1
	2	2	45	6	0.7	10	1
	3	3	45	6	0.7	10	1
温度	4	2	30	6	0.7	10	1
	5	2	45	6	0.7	10	1
	6	2	60	6	0.7	10	1
时间	7	2	45	3	0.7	10	1
	8	2	45	6	0.7	10	1
	9	2	45	9	0.7	10	1
	10	2	45	12	0.7	10	1

续表

实验参数 / 考察参数	编号	添加方式*	温度/℃	时间/h	氨硅比 R_A	水硅比 R_H	氮硅比 R_N
氨硅比 R_A	11	2	45	6	0.175	10	1
	12	2	45	6	0.35	10	1
	13	2	45	6	0.7	10	1
	14	2	45	6	1.4	10	1
水硅比 R_H	15	2	45	6	0.7	5	1
	16	2	45	6	0.7	10	1
	17	2	45	6	0.7	20	1
氮硅比 R_N	18	2	45	6	0.7	10	0.5
	19	2	45	6	0.7	10	1
	20	2	45	6	0.7	10	2

* 添加方式 1~3 分别指 3.2.2 中第 1~3 种氨水与 TEOS 添加方式；氨硅比 R_A、水硅比 R_H、氮硅比 R_N 分别为 TEOS 所含 SiO_2 与氨水（以其中所含 NH_3 计算）、蒸馏水、h-BN 的摩尔比。

3.2.3.1 氨水与正硅酸乙酯添加方式对包覆效果的影响

图 3-31 为按 3 种不同添加方式添加氨水与 TEOS 反应所得复合粉体的扫描电子显微镜照片，3 种添加方式中反应条件均为 h-BN、TEOS、氨水、蒸馏水的摩尔比为 1∶0.7∶10∶1，反应温度 45℃，反应时间 6h，只有添加方式不同，即表 3-3 中实验 1~3 的条件。图 3-31(a) 为按第一种添加方式添加氨水与 TEOS 反应所得复合粉体的扫描电子显微镜照片，可以看到有部分粒径非常小的 SiO_2 包覆在 h-BN 颗粒表面，但包覆层不是完全致密。将反应结束后所得到的悬浮液在 2000r/min 的转速下离心 10min 后上层液体依然呈现乳白色。这可能是因为 TEOS 一次性加入 h-BN 悬浮液中，虽然滴加速度很慢，反应初期 TEOS 水解缩合生成的 SiO_2 在 h-BN 表面成核，但在滴加中后期，体系中 TEOS 含量逐渐增大。

在 Stöber 法中，TEOS 水解缩合生成 SiO_2 晶核，后续生成的 SiO_2 在 SiO_2 晶核上成核长大，生成单分散的纳米 SiO_2 球状颗粒。而在本实验中，由于体系中 h-BN 微粒的存在，就有 SiO_2 在 SiO_2 晶核上成核与在 h-BN 微粒表面上成核的竞争，即均匀成核与非均匀成核的竞争，而非均匀成核由于所需表面自由能小于均匀成核，所以更容易发生。但体系中 TEOS 浓度过大时，会导致短时间内生成的 SiO_2 过多，不再满足非均匀成核的条件，后期生成的 SiO_2 不能继续在 h-BN 表面成核，而自成核为单分散 SiO_2 纳米颗粒，这可能也是包覆在 h-BN 表面的 SiO_2 粒径特别小的原因。自成核的 SiO_2 粒径在 100nm 左右，2000r/min 的离心速度不足以使其离心，所以离心后上层液体依然呈现乳白色。

(a) 先加氨水，再滴加TEOS(1号)

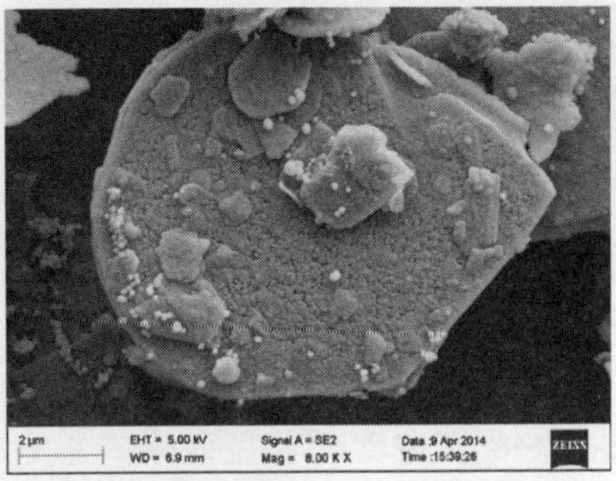

(b) 先加氨水，再分次滴加TEOS(2号)

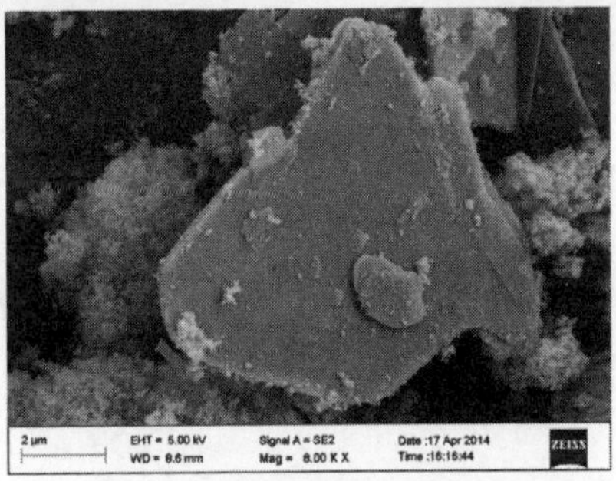

(c) 氨水与TEOS同时分别滴加(3号)

图 3-31　氨水与 TEOS 不同添加方式对包覆效果的影响

按照第二种氨水与 TEOS 添加方式反应所得到的复合粉体的表面形貌如图 3-31(b) 所示，可以看到包覆层完整、致密，由纳米级球形 SiO_2 球状颗粒堆积而成的包覆层几乎完全覆盖了 h-BN 颗粒表面，此时的包覆效果最为理想。

图 3-31(c) 为按照第三种添加方式滴加氨水与 TEOS 反应所得复合粉体的扫描电子显微镜照片，图中可以观察到 SiO_2 并没有在 h-BN 表面形成包覆而是以无定型絮状物的形式存在，这可能是因为氨水与 TEOS 分别同时滴加，反应前期体系中氨水浓度过低，不足以催化 TEOS 发生水解与缩合反应，随着氨水与 TEOS 的不断滴加，体系中 TEOS 和氨水越来越多，导致悬浮液中 TEOS 的量逐渐增加，当氨水达到一定浓度时，积累的 TEOS 开始迅速反应，发生均匀成核，生成了无定形的絮状 SiO_2，并没有在 h-BN 表面形成包覆层。

对比 3 种氨水与 TEOS 添加方式，可以发现第二种添加方式得到的包覆效果最好，这是由于先将氨水加入 h-BN 的乙醇悬浮液中，氨水作为催化剂，不参与反应，所以在反应过程中氨水浓度是不变的；而 TEOS 分次缓慢滴加，且每次滴加完成后均间隔一段时间再进行下一次滴加，这就使得 TEOS 有充分的时间以相对均匀且缓慢的反应速率水解缩合成 SiO_2，而每次滴加完一份 TEOS 后间隔一段时间再进行下一次滴加可以使 TEOS 充分反应，避免了体系中

TEOS 浓度的增加，使其浓度控制在一定值内。而在第一和第三种滴加方式中，反应后期 TEOS 浓度过高，反应速率太快，不再符合非均匀成核的条件。所以采用第一种滴加方式时，只有在反应前期 SiO_2 是在 h-BN 表面成核，而后期则发生均匀成核，即自身成核；而第三种添加方式中反应前期由于氨水含量过少，TEOS 反应非常慢，不足以在 h-BN 表面形成包覆层，当后期氨水浓度足以催化 TEOS 反应的时候，体系中 TEOS 浓度已非常高，以至于直接发生了均匀成核，而没有在 h-BN 表面形成包覆。

3.2.3.2 反应温度对包覆效果的影响

图 3-32 为 30℃、45℃和 60℃条件下制备的 h-BN@ SiO_2 复合粉体的扫描电子显微镜照片，其实验条件分别对应表 3-3 中的 4~6 号实验。30℃和 45℃下制备的包覆粉体的扫描电子显微镜照片分别如图 3-32(a) 和 3-32(b) 所示，可以看到在 30℃和 45℃条件下均得到了包覆效果良好的复合粉体，且30℃条件下的包覆层比 45℃得到的包覆层更细腻，即组成包覆层的纳米球形 SiO_2 粒径更小，且表面白色的单分散 SiO_2 更少。这可能是因为 30℃条件下 TEOS 的水解与缩合反应更加缓慢，所以使生成的 SiO_2 有足够的时间有规律地包覆在 h-BN 颗粒表面，而 45℃条件下 TEOS 的水解缩合反应速度较 30℃条件下有所增加，形成包覆层的时间比 30℃条件下短，所以导致包覆层没有 30℃条件下得到的包覆层细腻。在 30℃和 45℃下制得的 h-BN@ SiO_2 均为以 SiO_2 为壳、h-BN 为核的复合粉体，且包覆层完整。

图 3-32(c) 为 60℃条件下制备得到的复合粉体的扫描电子显微镜照片，在 h-BN 表面上可以看到有 SiO_2 附着，但并没有形成完整的包覆层，还可以看到未被包覆的 h-BN 颗粒表面，且可以看到已经有单分散的白色 SiO_2 球状颗粒生成。从图 3-32(d) 中的放大照片可以看到，生成的 SiO_2 有的在 h-BN 表面上分散分布，虽然有 SiO_2 的堆积和连接，但仅连接形成了 SiO_2 小片，并没有连接成完整的包覆层，且不均匀、不致密，依然有大部分 h-BN 表面没有被包覆。

温度在 60℃时，由于温度较高，TEOS 的水解和缩合反应速度显著加快，因此体系中活性硅的生成速度也随之加快。体系中活性硅相互碰撞的频率剧烈增加，不能在 h-BN 表面缓慢、有序地沉积形成均匀、致密和完整的包覆层，而是相互团聚，生成了单分散的 SiO_2 球状颗粒。由于短时间内体系中生成的单分散 SiO_2 球状颗粒过多，这些球状颗粒又相互堆积、团聚，生成了图 3-32(e) 中的 SiO_2 不规则团聚物。

反应温度的高低直接影响 TEOS 的水解、缩合反应的反应速率，进而影响到复合粉体的包覆效果。由以上分析可知，当反应温度较低时，TEOS 的水解与缩合反应速率较低，可以使活性硅在 h-BN 表面实现缓慢、有序地沉积，从

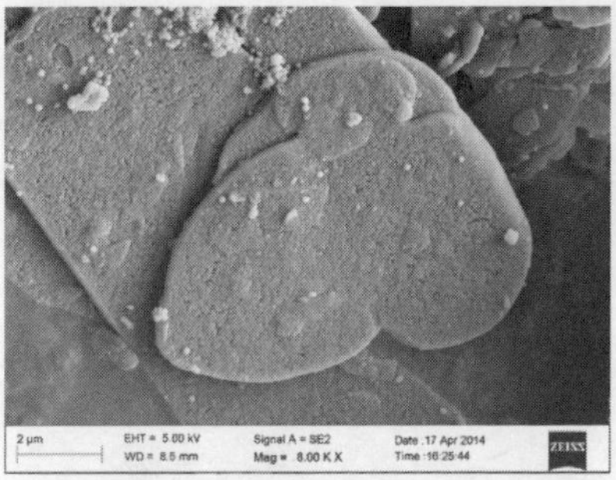

(a) 30℃(4号)

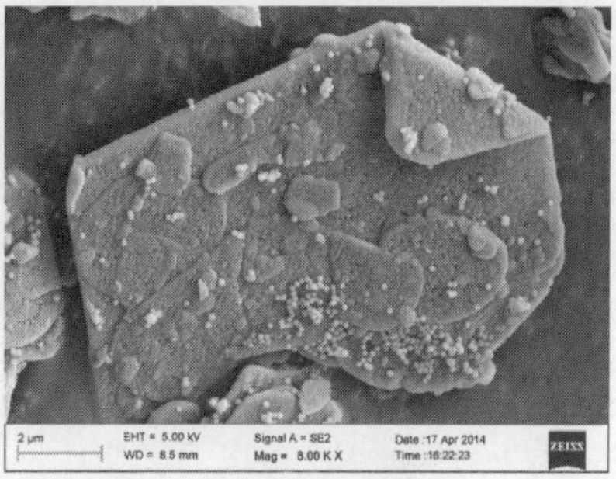

(b) 45℃(5号)

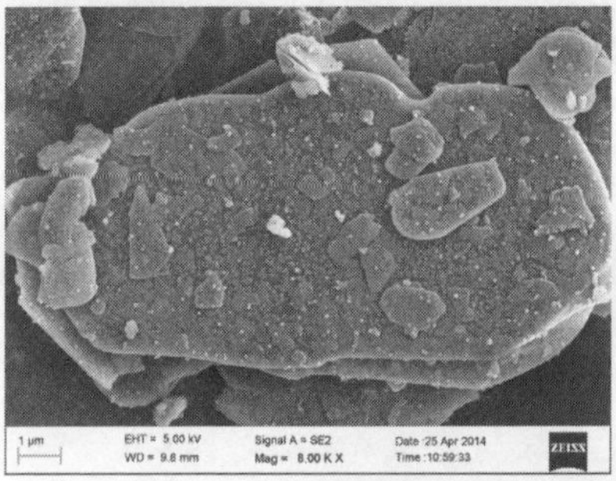

(c) 60℃(×8.00k, 6号)

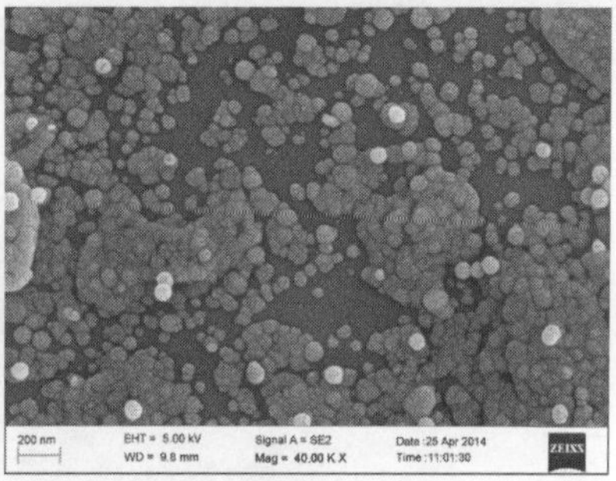

(d) 60℃(×40.00k, 6号)

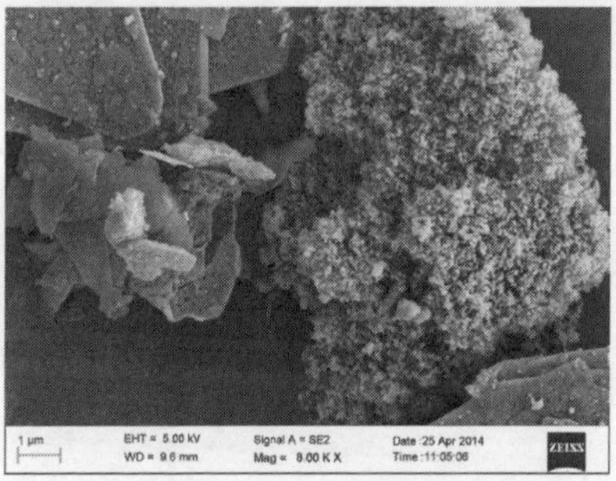

(e) 60℃(×8.00k, 6号), SiO_2球状颗粒的自身堆积与成核

图 3-32　不同反应温度对包覆效果的影响

而生成完整的 SiO_2 包覆层。但当温度过高时，活性硅生成速率大大增加，仅有少量可沉积在 h-BN 表面，大量活性硅相互堆积、团聚，生成不规则的团聚体。因此，要实现良好的包覆效果，须保证包覆过程中包覆物的生成速率缓慢和均匀。

3.2.3.3　反应时间对包覆效果的影响

反应时间是对包覆效果产生显著影响的又一重要参数，反应时间太短则来不及形成完整、致密的包覆层，而反应时间太长则会降低包覆效率，且长时间的剧烈搅拌也会对包覆层产生一定的破坏。因此，选择合适的包覆时间对获得良好的包覆粉体十分重要。

图 3-33 为反应时间为 3h、9h 和 12h 时得到的复合粉体的扫描电子显微镜照片，实验条件分别对应表 2-2 中 7 号、9 号、10 号实验。反应时间为 3h 时［图 3-33(a)］，在图左方可以看到 h-BN 表面已经形成了一层比较致密、完整的 SiO_2 包覆层，但图右方形成了由 SiO_2 纳米球堆积而成的大团聚体。这可能是因为与反应时间为 6h 时相比 TEOS 的滴加速度增加，且第一次滴加完成后仅 10min 后就继续第二次滴加，在反应前期由于 TEOS 也是逐滴、缓慢进行添加，所以反应进行得缓慢均匀。由于时间太短，第一次滴加的 TEOS 还没有完全反应，体系中又加入了新的 TEOS，第三次滴加时体系中未反应的 TEOS 更多，导致包覆实验后期体系中 TEOS 含量过高。虽然反应温度较低，但由于 TEOS 含量过高，也导致反应速度大大加快，形成了与反应温度过高时类似的 SiO_2 不规则团聚体。

反应时间为 6h 时的实验为表 3-3 中的 8 号实验，其反应条件与 2 号实验和 5 号实验相同，得到了包覆效果良好的复合粉体，包覆层均匀、致密并且完整。

(a) 3h(7号)

(b) 9h(9号)

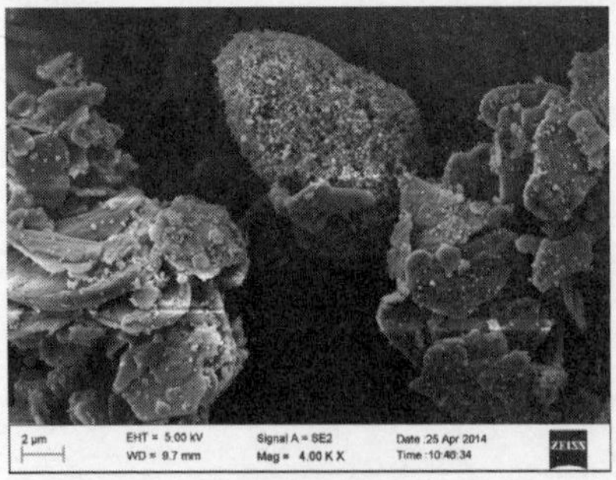

(c) 12h(10号)

图 3-33　不同反应温度对包覆效果的影响

图 3-33(b) 是包覆时间为 9h 时制得的包覆型复合粉体的扫描电子显微镜照片。可以看到，反应时间的进一步增加并没有得到更加理想的包覆效果，

SiO_2 包覆层出现了破裂和脱落。从图 3-33（b）中可以清晰地看到包覆层上的裂纹和脱落的包覆层碎片，且右边 h-BN 颗粒表面上的包覆层已经完全脱落，呈现出光滑、平整的 h-BN 表面。反应时间的进一步增加，虽然有足够的时间让 TEOS 反应完全，避免反应过程中 TEOS 浓度过高，但由于实验过程中的剧烈搅拌，使已经形成的包覆层被破坏，出现裂纹与脱落。如果再进一步增加反应时间至 12h，所制得的包覆型复合粉体的扫描电子显微镜照片如图 3-33(c) 所示，h-BN@ SiO_2 包覆颗粒相互黏结、团聚在一起，同时也存在由 SiO_2 组成的不规则团聚体。反应时间为 12h 时包覆型复合粉体的分散性明显下降，这对复合粉体的后续使用是非常不利的，显然也不是理想的包覆效果。

由以上分析可知，反应时间为 6h 时制备的包覆型复合粉体效果最理想，得到的包覆粉体既没有 SiO_2 团聚体，也没有产生包覆层破裂、脱落的现象。

3.2.3.4　氨硅比 R_A 对包覆效果的影响

氨水作为 TEOS 水解、缩合反应的催化剂，对反应的重要性毋庸置疑，所以氨水相对于 TEOS 的量，即硅氨比的大小对 h-BN 的包覆效果有着重要影响。氨水量太少则反应速度太慢，导致包覆效率太低；氨水太多则反应速度太快，形成不了均匀、致密的包覆。

图 3-34 为氨硅比（$R_A = NH_3/Si$）分别为 0.175、0.35 和 1.4 时制备得到的复合粉体的扫描电子显微镜照片，反应条件分别对应表 3-3 中的 11 号、12 号和 14 号实验。当氨硅比 $R_A = 0.175$ 时，基本上看不到 SiO_2 的痕迹，绝大部分是光滑的 h-BN，只在少量的 h-BN 颗粒上看到零星分布的 SiO_2 颗粒，如图 3-34(a) 和 3-34(b) 中所示。图 3-34(a) 中 h-BN 颗粒表面的大部分依然保持包覆前的光滑、平整，没有 SiO_2 的包覆，只有左上角部分有少许非常微细的 SiO_2 附着在 h-BN 上。图 3-34(b) 为这一部分的放大图，可以看到 h-BN 颗粒表面的 SiO_2 粒径非常小，在 10nm 以下，且呈分散状态，没有堆积、连接在一起，这时制备的复合粉体基本上没有形成包覆。这是因为当氨硅比 $R_A = 0.175$ 时，体系中氨水的含量太小，不能为 TEOS 的水解和缩合反应提供足够的 OH^-，所以反应进行得十分缓慢，导致反应结束时仅有少量的 TEOS 被反应掉，因此生成的 SiO_2 很少，且粒径非常小。

当氨硅比 $R_A = 0.35$ 时，所制备的复合粉体的扫描电子显微镜照片如图 3-34(c) 和 3-34(d) 所示。体系中催化剂氨水含量的增加明显提高了 TEOS 的反应速度，在相同反应时间里，氨硅比 $R_A = 0.35$ 时，h-BN 表面的 SiO_2 明显增加，几乎每个 h-BN 颗粒表面都均匀附着了“一层” SiO_2 颗粒，如图 3-34(c) 所示。虽然此时 SiO_2 颗粒在 h-BN 表面分布均匀，但也没有形成足够的 SiO_2 包覆层，从图 3-34(d) 中可以看到 SiO_2 颗粒依然呈分散分布，但已有堆积和相互连接的趋势，且粒径较 $R_A = 0.175$ 时有所增加。所以当氨硅比 $R_A =$

0. 35 时，体系中的氨水含量依然偏低。

氨硅比 R_A = 0. 7 时的实验为表 3-3 中的 13 号实验，其反应条件与 2 号和 5 号实验相同，得到了包覆效果良好的复合粉体，包覆层均匀、致密并且完整，说明氨硅比 R_A = 0. 7 时体系中的氨水含量适宜，可以使 TEOS 得到适合包覆的反应速率，得到最佳的包覆结果。

当氨硅比 R_A = 1. 4 时，体系中的氨水含量进一步增加，所得到的复合粉体如图 3-34(e) 所示，复合粉体出现了严重的团聚现象并存在由 SiO_2 颗粒组成的团聚体。这是因为当氨硅比 R_A = 1. 4 时体系中的氨水含量过高，导致 TEOS 反应速度过快，虽然 TEOS 是逐滴缓慢滴加的，但氨水含量太高，以至于滴加的 TEOS 来不及在体系中分散均匀就已经完全反应，所以局部 SiO_2 的浓度很大，发生了严重的团聚与自成核现象。

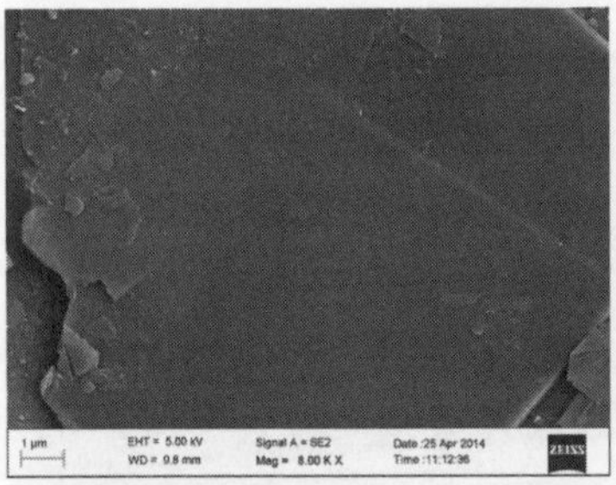

(a) R_A=0.175(×8.00k, 11号)

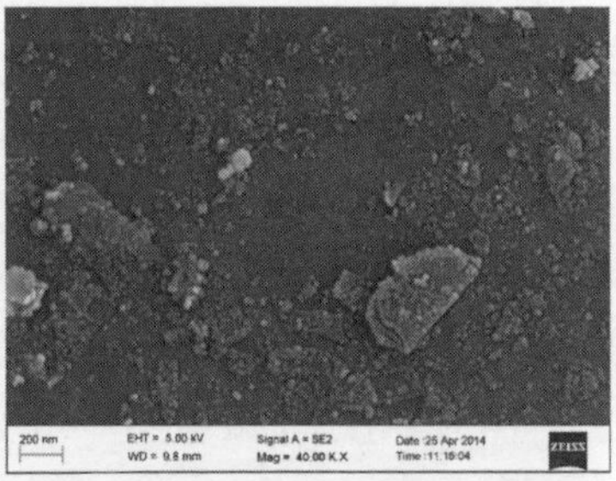

(b) R_A=0.175(×40.00k, 11号)

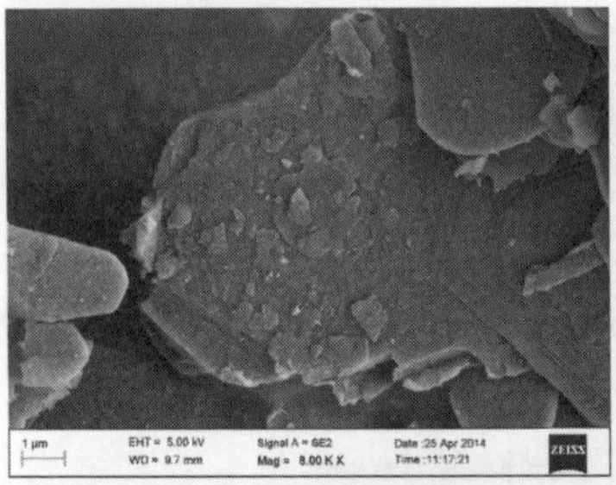

(c) R_A=0.35(×8.00k, 12号)

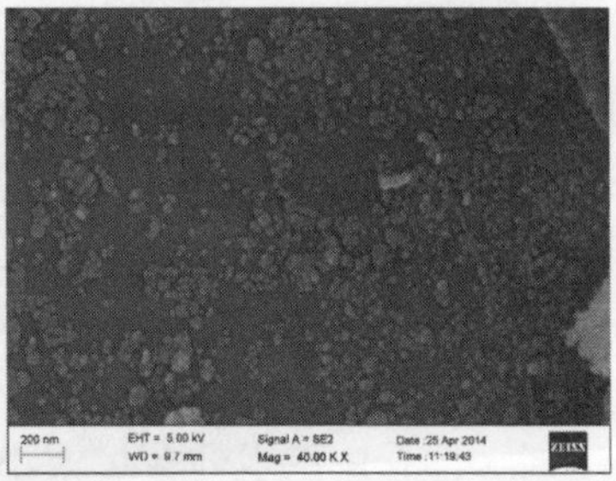

(d) R_A=0.35(×40.00k, 12号)

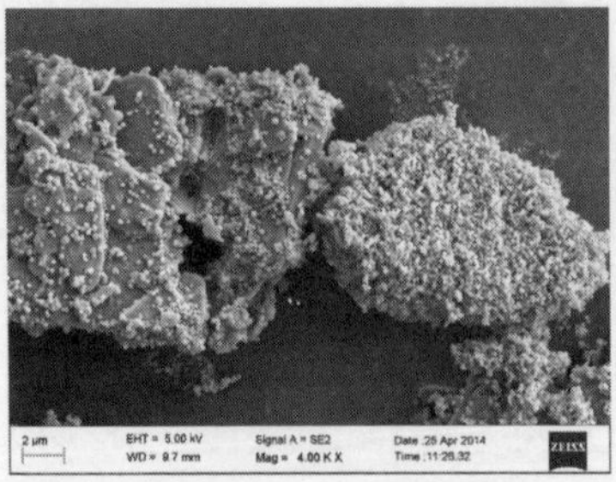

(e) R_A=1.4(14号)

图 3-34　氨硅比对包覆效果的影响

由以上分析可知，当氨硅比 R_A<0.7 时，反应速度太慢，需要很长时间才能完成包覆，这会造成包覆效率的下降；当氨硅比 R_A>0.7 时，反应速度则太快，容易造成包覆颗粒的团聚和 SiO_2 的自成核。因此，当氨硅比 R_A = 0.7 时，TEOS 水解与缩合反应的速率适合包覆；既能得到良好的包覆效果，避免团聚与 SiO_2 自成核的发生，又能缩短包覆过程的时间。

3.2.3.5　水硅比 R_H 对包覆效果的影响

体系中水的含量对 TEOS 水解、缩合反应有重要影响，因为水既是反应物也是反应产物。因此确定合适的水硅比（R_H = H_2O/Si，体系中的水由两部分组成，直接添加的蒸馏水和氨水中所含的水）对实现 h-BN 良好的包覆十分重要。

图 3-35 为水硅比 R_H = 5 和 R_H = 20 时制备得到的复合粉体的扫描电子显微镜照片，反应条件分别对应表 3-3 中的 15 号和 17 号实验。在图 3-35(a) 中，R_H = 5 时，可以看到 h-BN 颗粒表面均匀分散着粒径非常小的 SiO_2 纳米颗粒，但还没有连接成包覆层。这是因为 R_H = 5 时体系中水的含量虽然足够使 TEOS 完全反应生成 SiO_2，但由于溶剂无水乙醇的存在，体系中水的浓度非常低，水与 TEOS 接触的概率就非常小，整体反应速率低，所以并没有在 h-BN 表面形成完整的包覆层。

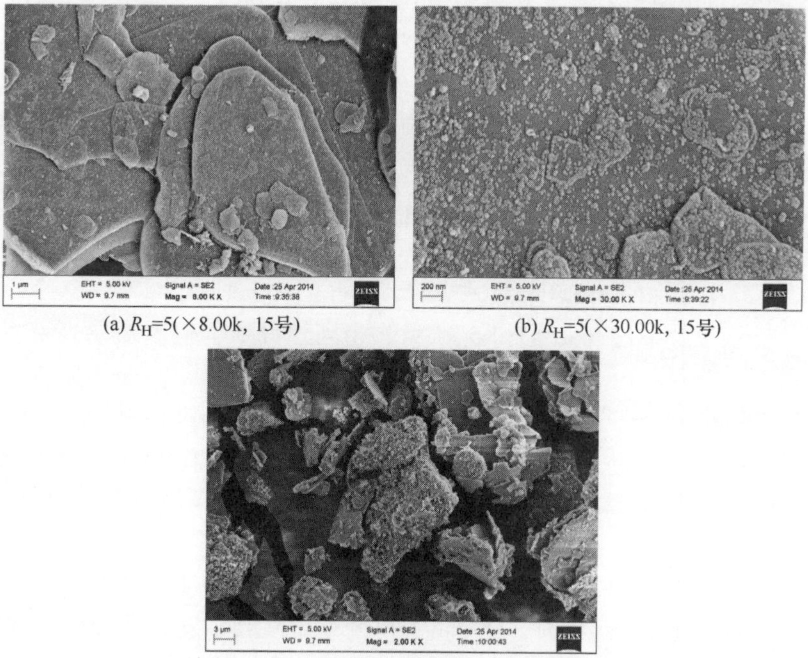

(a) R_H=5(×8.00k, 15号)　　(b) R_H=5(×30.00k, 15号)

(c) R_H=20(17号)

图 3-35　水硅比对包覆效果的影响

水硅比 $R_H = 10$ 时的实验为表 3-3 中的 16 号实验，其反应条件与 2 号和 5 号实验相同，得到了包覆效果良好的复合粉体，包覆层均匀、致密并且完整，说明水硅比 $R_H = 10$ 时体系中的水含量适宜，可以使 TEOS 得到适合包覆的反应速率，得到最佳的包覆效果。

当水硅比 $R_H = 20$ 时，体系中水含量过高，导致 TEOS 水解、缩合反应速率大大增加。从图 3-35(c) 中可以看到 $R_H = 20$ 时制备的复合粉体中也存在着包覆颗粒的团聚现象，且有的 h-BN 颗粒表面没有形成包覆层。

因此当水硅比 $R_H = 10$ 时，体系中的水含量与水浓度适合 h-BN 的包覆；当水硅比 $R_H < 10$ 时，体系中水的浓度太低，水与 TEOS 接触概率太小，导致反应速度太慢，这时生成的 SiO_2 在 h-BN 表面可以实现缓慢有序地沉积，但短时间内不能形成完整、致密的包覆；当水硅比 $R_H > 10$ 时，体系中水的浓度过高，水与 TEOS 的接触概率大大提高，反应速度太快，造成包覆不均匀，有的 h-BN 颗粒上形成包覆而有的没有形成包覆，且引起包覆颗粒的团聚。

3.2.3.6 氮硅比 R_N 对包覆效果的影响

TEOS 与 h-BN 的相对含量对包覆效果有着最直接的影响，TEOS 太少，则生成 SiO_2 的量就少，TEOS 的水解、缩合反应速率再合适也形成不了完整的包覆，而如果 TEOS 量太多，则又容易造成包覆颗粒的团聚和 SiO_2 的自身成核。所以要想制备出包覆效果良好的 h-BN@ SiO_2 复合粉体，需要选择合适的氮硅比（$R_N = \text{h-BN}/SiO_2$）。

图 3-36 为氮硅比 $R_N = 0.5$ 和 $R_N = 2$ 时制备得到的复合粉体的扫描电子显微镜照片，反应条件分别对应表 3-3 中的 18 号和 20 号实验。$R_N = 0.5$ 时，由于 TEOS 的浓度过高，含量过大，导致生成的 SiO_2 量多且生成速率过快，从而造成包覆颗粒的团聚，如图 3-36(a) 所示，自成核的 SiO_2 与包覆颗粒团聚在一起，形成不规则的团聚体。

当实验中添加的 TEOS 继续减少时，氮硅比 $R_N = 1$ 时，实验为表 3-3 中的 19 号实验，反应条件与 2 号和 5 号实验相同，得到了包覆效果良好的复合粉体。

当添加的 TEOS 进一步减少到氮硅比 $R_N = 2$ 时，从图 3-36(b) 中可以看到，h-BN 表面几乎没有生成包覆层，只是与未包覆的 h-BN 颗粒相比表面模糊了一些，不那么光滑。将其表面放大后可以看到 h-BN 颗粒表面均匀分布着一些极其细小的 SiO_2 颗粒。这是因为体系中 TEOS 浓度太低，含量太少，水解与缩合反应速度过慢，不能生成足够的 SiO_2 包覆在 h-BN 表面。

因此当氮硅比 $R_N = 1$ 时，体系中 TEOS 的含量与浓度最适合形成包覆层。当氮硅比 $R_N < 1$ 时，体系中 TEOS 的浓度过高，反应速度大大提高，造成自成核的 SiO_2 与包覆颗粒团聚在一起，形成不规则的团聚体；当氮硅比 $R_N > 1$ 时，体系中 TEOS 的浓度过低，TEOS 与水及催化剂氨水的接触概率太小，导致反应速度慢，形成不了完整、致密的包覆。

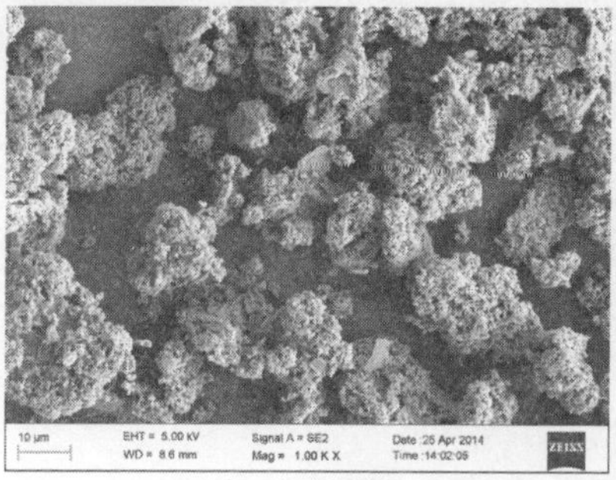

(a) R_N=0.5(18号)

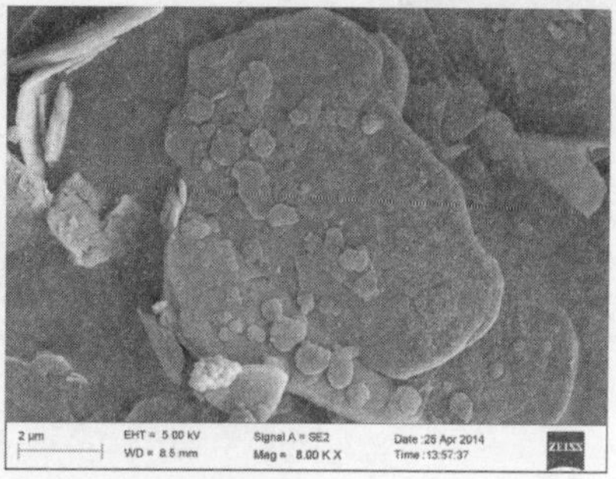

(b) R_N=2(×8.00k, 20号)

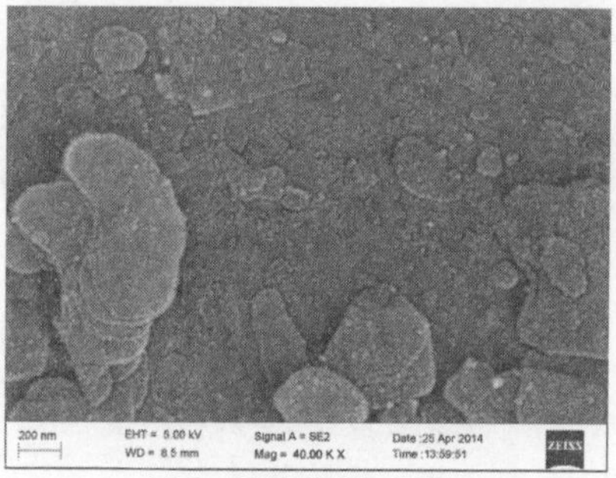

(c) R_N=2(×40.00k, 20号)

图 3-36　氮硅比对包覆效果的影响

3.2.4　SiO_2 包覆层生成过程分析

本章通过研究 h-BN 表面 SiO_2 包覆层的生长过程，验证了 SiO_2 优先在 h-BN 表面成核，形成致密的包覆层以后才开始均匀成核，生成单分散的纳米级 SiO_2 球状颗粒，这对如何实现理想的包覆有重要的指导意义。

实验过程中，将 TEOS 均分为三份，分别在反应开始和反应进行到 2h 和 4h 时向混合液缓慢滴加 TEOS，并在每次滴加后反应 0.5h 以保证反应充分进行，总反应时间为 6h。将样品在 0h、0.2h、0.5h、1h、2h、6h 时进行取样，并分别标记为 a~i。

图 3-37 为不同反应时间时 SiO_2 在 h-BN 颗粒表面形成的包覆层的形貌。从图 3-37(a) 到图 3-37(i) 可以看到，随着反应的进行，h-BN 颗粒表面的 SiO_2 颗粒逐渐聚集、长大，最终形成致密、完整的包覆膜。反应进行到 0.2h 时，已经有少量的、极其微细的 SiO_2 颗粒沉积在 h-BN 颗粒表面；反应进行到 0.5h 时，h-BN 颗粒表面的 SiO_2 颗粒粒径较 0.2h 时有所长大，开始有相互

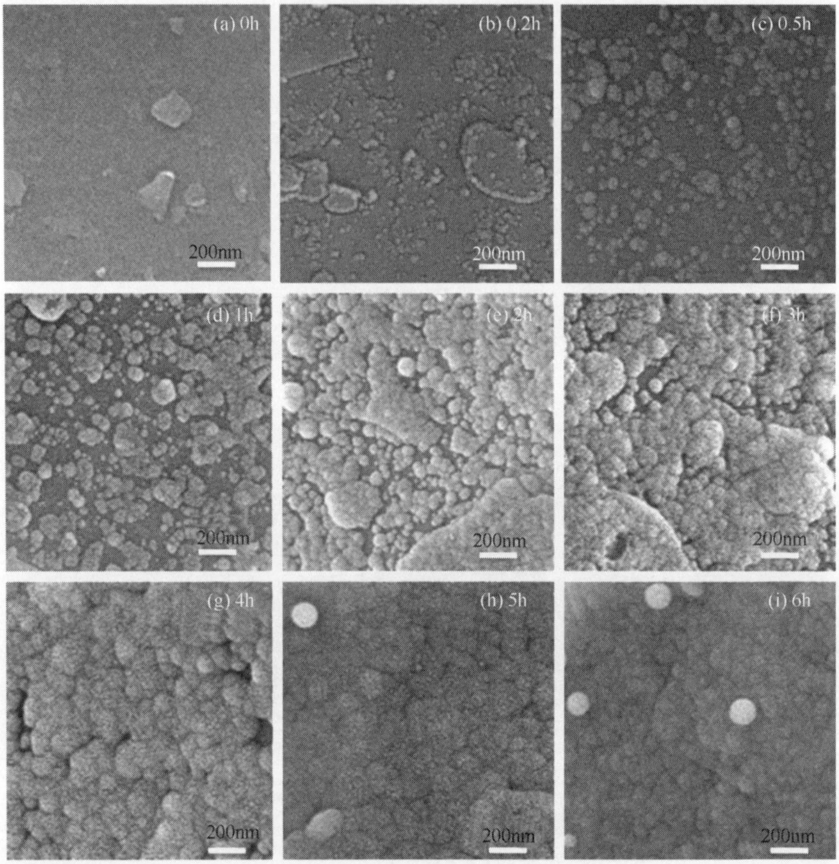

图 3-37 SiO_2 包覆层在 h-BN 表面的生成过程分析

堆积、连接的倾向；当反应进行到 1h 时，第一份 TEOS 已经滴加完成 2/3，在图 3-37(d) 中可以看到 h-BN 颗粒表面的 SiO_2 进一步长大，并初步连接成了片状，但还有将近 1/2 的 h-BN 表面没有被 SiO_2 覆盖；当反应进行到 2h 时，h-BN 颗粒表面的 SiO_2 明显增多，有更多的 SiO_2 颗粒连接成片，已初步形成了包覆层，但还不够致密，仍有部分 h-BN 表面没有完全被包覆；随着反应的进行与 TEOS 添加量的增加，h-BN 颗粒表面包覆层越来越致密，反应进行到 4h 时形成了比较致密的包覆层，如图 3-37(g) 所示；当反应进行到 5h 时，包覆层变得更加致密，且开始出现少量的单分散纳米级 SiO_2 球状颗粒；当反应进行到 6h 时，包覆反应结束，如图 3-37(i) 所示，此时包覆层更加致密、完整，但单分散的纳米级 SiO_2 球状颗粒数量也随之增多。由以上分析可知，当 SiO_2 在 h-BN 颗粒表面形成完整的包覆层后才开始自身成核，这一现象与非均匀成核理论是一致的。

3.2.5　h-BN@SiC 复合粉体的制备

利用 SiO_2 的碳热还原反应生成 SiC 的反应过程非常复杂，且各反应受温度影响非常大，研究者对 SiO_2 的碳热还原反应进行了大量实验，试图探索其反应过程，并取得了相应进展。由 SiO_2 作为硅源生成 SiC 的碳热还原反应的总反应方程式为：

$$SiO_2+3C=SiC+2CO\uparrow \tag{3-11}$$

该反应的中间过程非常多，也是使反应过程变得复杂的主要原因。目前大多数研究者认为反应分为两个步骤进行，但针对其中间产物则存在着较大争议，有的学者认为其中间产物是单质硅（Si），而有的学者则认为其中间产物为一氧化硅（SiO）。

Changhong Dai 等认为反应中间产物是 SiO，在 SiO_2 的碳热还原反应的第一步由 C 和 SiO_2 反应生成 SiO 和 CO 或 SiO_2 在高温下分解生成 SiO 和 O_2，即：

$$SiO_2+2C=SiO+2CO\uparrow \tag{3-12}$$

和/或

$$2SiO_2=2SiO+O_2\uparrow \tag{3-13}$$

反应（3-13）中生成的 O_2 被 C 消耗生成 CO：

$$2C+O_2=2CO\uparrow \tag{3-14}$$

碳热还原反应的第二步由 SiO 与 CO 和 C 发生反应生成 SiC：

$$SiO+2C=SiC+CO\uparrow \tag{3-15}$$

$$SiO+3CO=SiC+2CO_2\uparrow \tag{3-16}$$

而反应产生的 CO_2 与 C 反应再次生成 CO：

$$C+CO_2=2CO\uparrow \tag{3-17}$$

而有的学者则认为中间产物为 Si，SiO_2 首先被 C 还原成 Si，生成的 Si 与 C 反应生成 SiC，主要涉及下列反应：

$$SiO_2+C=Si+CO_2\uparrow \tag{3-18}$$

$$Si+C=SiC \tag{3-19}$$

同时还存在着：

$$2Si+CO=SiC+SiO \tag{3-20}$$

虽然 SiO_2 的碳热还原反应生成 SiC 的反应过程复杂、中间产物多，但已有很多学者通过控制反应条件制备出了高纯度的 SiC 粉体。

SiO_2 的碳热还原反应中可以选用的碳源有很多，炭黑、活性炭、蔗糖、酚醛树脂、秸秆等都可以作为碳源，生成高纯度的 SiC。但如果所选碳源颗粒过大，由于和 SiO_2 混合不均匀，需要更多反应时间和更高的温度才能使 SiO_2 完全转换为 SiC，且难以保证碳热还原后生成的 SiC 依然包覆在 h-BN 颗粒表面。而有机物比较容易与 h-BN@ SiO_2 粉体混合均匀，甚至将 h-BN@ SiO_2 包覆其中，然后经过高温热解生成热解碳，为碳热还原反应提供碳源。残炭率高（40%~70%）和成炭能力强使酚醛树脂（PF）成为热解碳材料比较优良的前驱体，因此选择酚醛树脂作为碳源。

碳热还原反应的具体步骤为：首先将酚醛树脂溶解在一定剂量的乙醇溶液中，加入包覆粉体，搅拌并加热，蒸发掉乙醇，使酚醛树脂与包覆粉体均匀混合，确保酚醛树脂生成的热解碳与包覆粉体的质量比为 1∶3（保证包覆粉体中的 SiO_2 与酚醛树脂生成碳的摩尔比大于 3），以保证有足够的碳使 SiO_2 完全反应，得到 h-BN@ SiO_2@ PF 双层包覆的复合粉体。真空高温条件下酚醛树脂热解为碳，与 SiO_2 发生碳热还原反应，生成 SiC，将得到的产物在马弗炉中加热去除多余碳，得到 h-BN@ SiC 复合粉体。

反应温度和保温时间是碳热还原反应的两个重要参数，温度太低则反应无法进行，保温时间太短则 SiO_2 转换不彻底；温度过高或保温时间太长会导致生成的 SiC 颗粒过分长大。现有文献中，SiO_2 的碳热还原反应温度一般在 1500~1600℃，保温时间在 2~4h，由于选择酚醛树脂作为碳源，与其他碳源比可以和 SiO_2 混合得更加均匀，因此本实验初步选择的温度是 1500℃，真空条件下保温 2h。考虑到 h-BN 的存在可能会对 SiO_2 的碳热还原反应产生影响，因此将纯 SiO_2 与 h-BN@ SiO_2 在相同条件下进行碳热还原反应，并用酚醛树脂、酚醛树脂先经 1000℃ 真空碳化 2h 后的热解碳以及炭黑作为碳源进行对比。

图 3-38 为 SiO_2 在 1500℃、真空条件下保温 2h，选用 3 种不同碳源进行的碳热还原反应所得产物的 XRD 谱图。对比 SiC 的标准 PDF 卡片（#29-1129），3 种碳源条件下都生成了 SiC，但选用炭黑作为碳源时，26°左右有一个 SiO_2 的馒头峰，说明 SiO_2 并没有反应完全，依然有非晶态的 SiO_2 存在。同样，当碳源是酚醛树脂先经 1000℃ 真空碳化 2h 后的热解碳时，也出现了 SiO_2 的衍射峰，说明此时 SiO_2 也没有完全反应。当直接采用酚醛树脂作为碳源时，产物的 XRD 谱图中只有 SiC 的衍射峰，说明 SiO_2 已经完全反应并生成了 SiC。因此在相同的反应条件下，选择酚醛树脂作为碳源更容易使 SiO_2 完全转化成 SiC。

图 3-39 为 h-BN@ SiO_2 在 1500℃、真空条件下保温 2h，选用 3 种不同碳源进行的碳热还原反应所得产物的 XRD 谱图，从图中可以看到，3 种碳源条件下都生成了 SiC，且 XRD 谱图中已经没有 SiO_2 衍射峰，说明 SiO_2 已经完全反应，h-BN 的存在并不会对 SiO_2 的碳热还原反应产生影响，反而会促进 SiO_2 完全转化为 SiC。因此，以酚醛树脂为碳源，在真空条件下加热到 1500℃ 并保温 2h 可以将 h-BN@ SiO_2 中的 SiO_2 全部转化为 SiC。

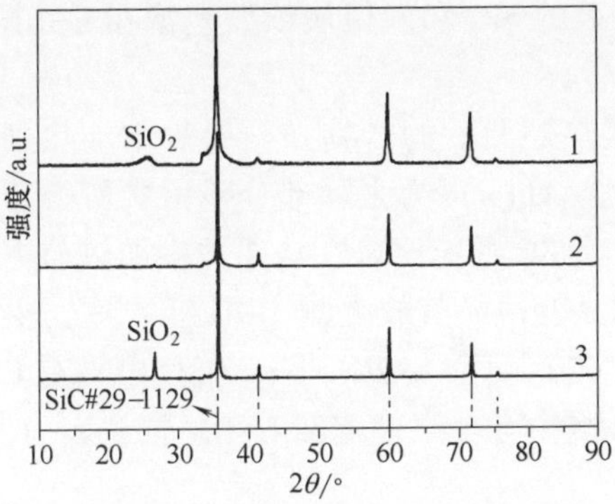

图 3-38　SiO_2 碳热还原后的 XRD 谱图

1—SiO_2& 炭黑　2—SiO_2@ PF

3—Calcined SiO_2@ PF

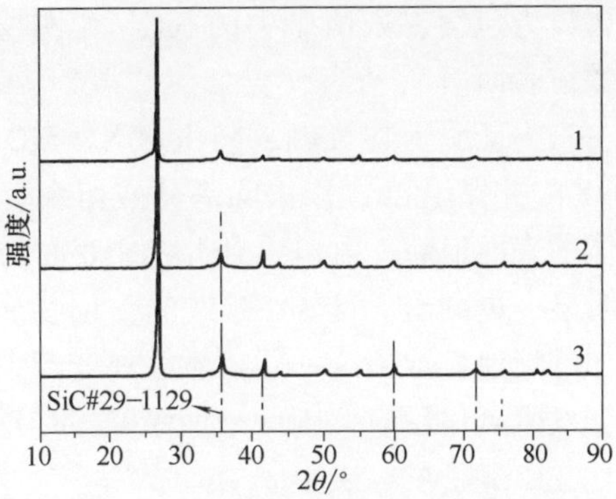

图 3-39　h-BN@ SiO_2 碳热还原后的 XRD 谱图

1—h-BN@ SiO_2& 炭黑　2—h-BN@ SiO_2@ PF

3—Calcined h-BN@ SiO_2@ PF

3.2.6　h-BN@SiC 的物相组成与表面形貌

碳热还原反应前的 SiO_2@ PF 为黄色，真空条件下加热到 1500℃并保温 2h 反应后的粉体由于残留炭的存在，粉体呈黑色，当在马弗炉中加热到 700℃并保温 2h 去除残留炭后粉体呈现淡绿色，这正是纯度在 97%以上的 β-SiC 的颜色。图 3-40(a) 为纯 SiO_2 经碳热还原反应后生成的 SiC 粉体的扫描电子显微镜照片，从图中可以观察到，SiC 粒径均匀，在 50~100nm，存在轻微团聚现象。

由图 3-39 中 h-BN@ SiO_2 碳热还原后粉体的 XRD 谱图可知，在温度为 1500℃、真空条件下保温 2h 后 h-BN@ SiO_2 复合粉体中的 SiO_2 已全部转化为 SiC，且反应产物中没有其他杂相产生。图 3-40(b) 为碳热还原反应后所得粉体的扫描电子显微镜照片，可以看到所得粉体的表面形貌与 h-BN 和 h-BN@ SiO_2 有明显不同，但依然保持 h-BN 颗粒的片状结构，此时粉体表面均匀包覆着一些白色纳米颗粒，对比图 3-40(a) 中 SiC 的形貌，可以推断这些白色纳米

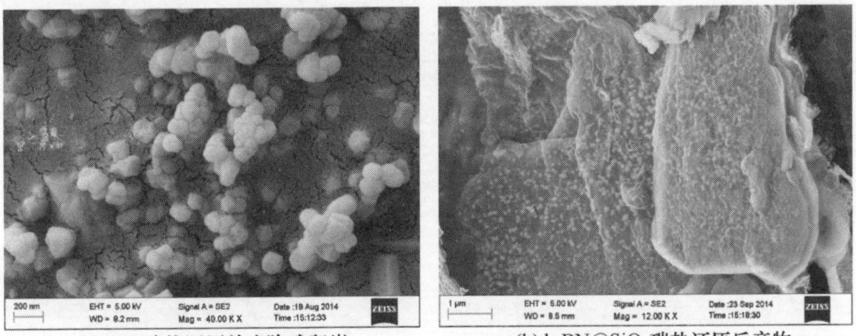

(a) SiO_2碳热还原并去除残留炭　　(b) h-BN@SiO_2碳热还原后产物

图 3-40　碳热还原反应后所得粉体的扫描电子显微镜照片

颗粒为包覆在残留碳中的 SiC，说明反应后的 SiC 和残留炭依然包覆在 h-BN 颗粒表面。

为证明上述推断，将 h-BN@ SiO_2 碳热还原后的产物在马弗炉中加热到 600℃并保温 2h，以去除部分残留炭。图 3-41(a）为去除部分残留炭所得粉体的表面形貌，可以看到 h-BN 表面的纳米 SiC 颗粒比未在马弗炉中加热前更明显、更突出，且 SiC 镶嵌的一层物质明显变薄。其放大图 3-41(b）中，更加清晰地显示了这一层物质已经变薄。在 600℃下，h-BN、SiC 和 C 中只有 C 会发生氧化反应，因此证明了是 SiC 纳米颗粒与 C 层包覆在 h-BN 颗粒表面，且 SiC 镶嵌在 C 层中。

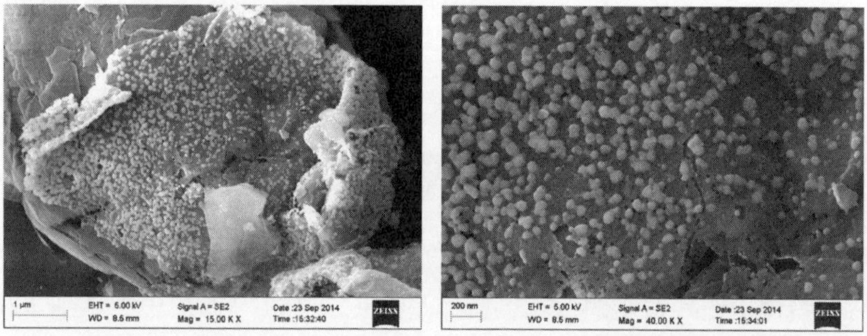

(a) ×15.00k　　(b) ×40.00k

图 3-41　去除部分残留炭后的 h-BN@ SiC@ C 扫描电子显微镜照片

当去除残留炭时的温度增加到 700℃时，残留炭被完全去除，得到了 h-BN@ SiC 复合粉体，其扫描电子显微镜照片如图 3-42(a）所示，h-BN 颗粒表面均匀分散着一些 SiC 纳米颗粒，但包覆层不完整，SiC 并没有将 h-BN 颗粒完全包覆。将 h-BN@ SiC 颗粒放大后与 h-BN 颗粒表面对比，如图 3-42(b）所示，可以发现与 h-BN 相比，h-BN@ SiC 颗粒表面有一层粒径在 10nm 以下的极难发现的微细颗粒，而 XRD 谱图中除了 SiC 与 h-BN 的衍射峰没有发现其他杂相，因此推测这些微细颗粒也是 SiC。

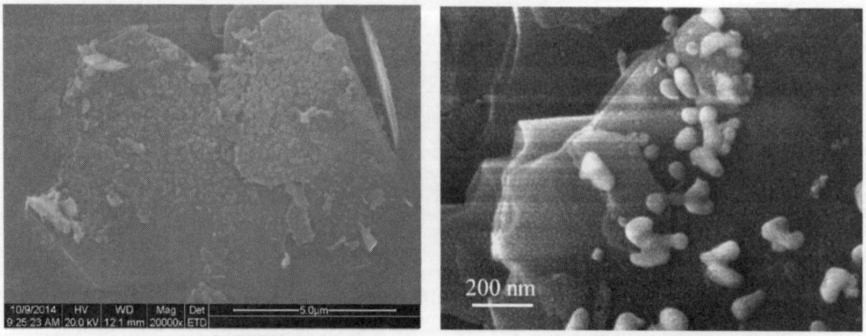

(a) h-BN@SiC复合粉体　　(b) 放大后与h-BN颗粒的对比图

图 3-42　去除残留炭后的 h-BN@ SiC 粉体扫描电子显微镜照片

为验证这一推测，对图 3-42(a) 中的 h-BN@ SiC 颗粒进行元素线扫描分析，可以看到 h-BN@ SiC 颗粒中间靠上的位置包覆有一层 SiC，而颗粒下方则观察不到 SiC 的存在。线扫描的路径如图 3-43(a) 所示，从 h-BN 颗粒上的 SiC 处向右下方画一条直线，一直到看不到 SiC 的地方，并延伸一段距离。图 3-43(b) 线扫描分析的结果显示，在 SiC 处，B、N 和 Si 元素（C 元素由于导电胶的存在，不具有参考性）都存在，说明 SiC 下方是 h-BN，即 SiC 包覆在了 h-BN 颗粒表面；而当所画线的位置超过 SiC 所处位置时，B、N 元素含量基本不变，而 Si 元素含量急剧下降，说明 SiC 的含量明显下降。但 Si 元素的含量并没有下降到零，而是趋于一个平缓的值，说明在观察不到 SiC 颗粒的地方，仍然存在少量 SiC。因此可以证明图 3-42(b) 下方 h-BN 颗粒表面上粒径在 10nm 以下的微细颗粒也是 SiC。

由 SiO_2 碳热还原反应中所涉及的反应可知，反应过程中可能同时存在固相反应和气相反应，因此生成的两种不同粒径的 SiC 可能是分别由固相反应和气相反应生成的。粒径在 50～100nm 的 SiC 与反应前 SiO_2 颗粒的粒径大小相近。因此可以推断这部分 SiC 是由固相反应生成的；而粒径在 10nm 以下的 SiC 则是由气相反应生成并沉积在 h-BN 颗粒表面。

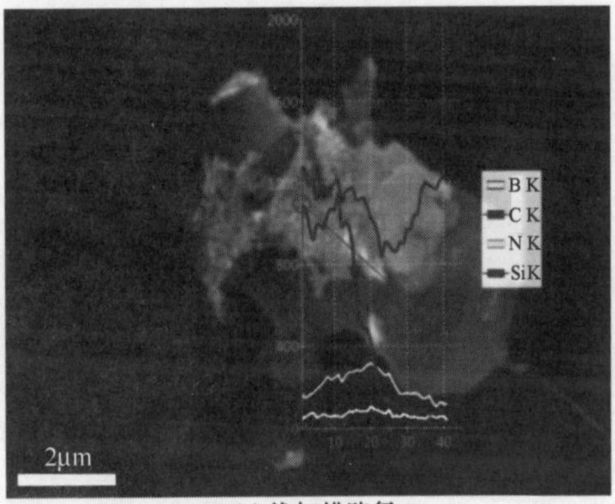

(a) 线扫描路径

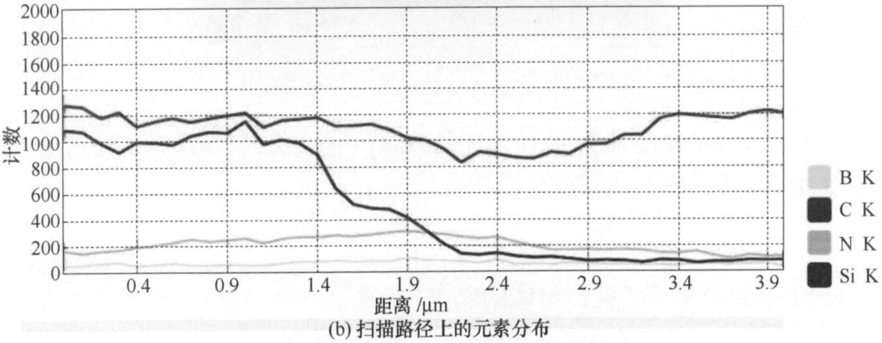

(b) 扫描路径上的元素分布

图 3-43　h-BN@ SiC 颗粒的线扫描分析

根据以上分析可知，以酚醛树脂为碳源，通过 h-BN@ SiO_2 粉体的碳热还原反应，在马弗炉中去除残留炭后制备了 h-BN@ SiC 包覆粉体，h-BN 颗粒表面包覆的 SiC 由两种粒径组成，一种是粒径在 50nm 左右由固相反应生成的 SiC，一种是粒径在 10nm 以下由气相反应生成并沉积在 h-BN 表面的 SiC。两种粒径的 SiC 共同包覆在 h-BN 颗粒表面，形成了包覆效果良好的 h-BN@ SiC 复合粉体。

h-BN@ SiC 复合粉体中 SiC 的含量可以通过计算包覆前后粉体的质量变化求得，所求结果的平均值为 33wt. %，即所得 h-BN@ SiC 复合粉体中 SiC 的质量占总体质量的 33%。

3.3 h-BN@ Al_2O_3 复合粉体的制备与表征

3.3.1 实验原料

本实验采用的 h-BN 纯度大于 99.0%，粒度在 5~10μm。通过扫描电子显微镜观察后发现，h-BN 成片状结构，表面光滑平整无其他杂质，如图 3-44 所示。

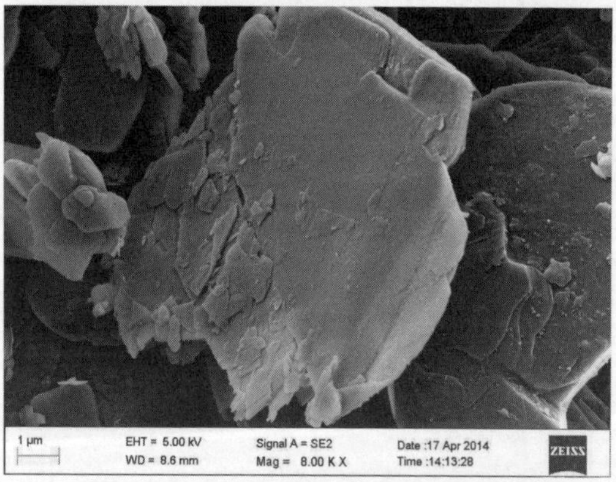

图 3-44 h-BN 颗粒表面的原始形貌

另外，还需要氨水 $NH_3 \cdot H_2O$、九水硝酸铝 $Al(NO_3)_3 \cdot 9H_2O$、聚乙烯吡咯烷酮（PVP）、氢氟酸（HF）、乙酸乙酸钠（NaAc－HAc）和无水乙醇（C_2H_5OH），以上试剂纯度均为分析纯。

3.3.2 h-BN@Al_2O_3 复合粉体的制备

本实验采用非均匀成核法，这种方法的包覆机理是过饱和度机理，利用包覆层物质在被包覆颗粒基体表面上的非均匀成核与生长来形成包覆层，更容易实现包覆层的均匀性、致密性，且实验设备要求较低，操作较为简便。由式（3-21）可知，非均匀成核包覆法的必要条件是包覆层物质的浓度介于非均匀成核临界浓度与饱和临界浓度之间，使成核势垒处于非均匀成核势垒与均匀成核势垒之间。在影响非均匀成核的因素中，反应温度和悬浮液 pH 很重要，两者过高或者过低都会影响包覆的效果。所以，要成功在被包覆颗粒表面包覆一层致密均匀的包覆层，首先要使包覆前驱体的浓度、悬浮液 pH、悬浮液反应温度均处于非均匀成核势垒和均匀成核势垒之间，然后对这 3 个包覆参数进行精确控制。

$$\frac{2000\pi\gamma_{LS}^3}{81\Delta G_V^2}f(\theta)\leqslant RT\ln\frac{C_0}{C}\leqslant\frac{2000\pi\gamma_{LS}^3}{81\Delta G_V^2} \tag{3-21}$$

式中 γ_{LS} 为液固界面能；ΔG_V 为在液-固相变过程中，单位体积自由焓的变化（界面能不包含在内）；θ 为新相与成核基体之间的有效接触角；T 为反应温度；R 为理想气体常数；C 为包覆层材料的溶液浓度；C_0 为包覆层材料在温度 T 时饱和溶液浓度。

本实验依据化学反应式（3-22）和（3-23），通过非均匀成核法，控制溶液中 Al^{3+} 的浓度 C 和悬浮液的反应温度 T 在非均匀成核势垒和均匀成核势垒之间。由于悬浮液中 Al^{3+} 的浓度受 pH 的影响，所以也要控制氨水的浓度和添加量使 pH 精确控制在一定范围内。在控制好以上包覆三要素之后，制备出 h-BN@ $Al(OH)_3$ 复合粉末，再将其在 1200℃ 下保温 2h，真空煅烧制得 h-BN@ Al_2O_3 复合粉末。

$$Al(NO_3)_3\cdot 9H_2O+3NH_3\cdot H_2O\longrightarrow Al(OH)_3\downarrow+3NH_4NO_3 \tag{3-22}$$

$$2Al(OH)_3\longrightarrow Al_2O_3+3H_2O\uparrow \tag{3-23}$$

分别称取一定量的 h-BN 粉末和相对分子质量为 6000 的分散剂 PEG（聚乙二醇），与 100mL 蒸馏水混合于烧杯中配置成悬浮液。在悬浮液中滴加 pH 为 4.5 的缓冲溶液 10mL，使悬浮液体系的 pH 不会变化太剧烈。将悬浮液超声分散 10min，然后在数显集热式磁力搅拌器中磁力搅拌并加热到一定温度，使其分散均匀。

称取适量的九水硝酸铝并与蒸馏水配置成一定浓度的溶液，缓慢滴加入上述步骤配制成的悬浮液中。再将氨水稀释到一定浓度并缓慢滴入悬浮液中，此时悬浮液的温度始终保持在加热的温度，直到悬浮液的 pH 达到实验前设定的 pH 时停止滴加氨水。滴加完毕后继续搅拌并保温 2h，待反应完成后，将反应后的悬浮液在室温环境静置陈化 24h。

将静置后的沉淀用去离子水反复清洗至溶液中性，再用无水乙醇清洗 2~3 遍后倒入离心管中，用高速离心机以 2000r/min 的速度离心 10min 后放置于真空干燥箱中，在 60℃下烘干 12h，制得 $Al(OH)_3$ 包覆 h-BN 的复合粉末。

将干燥完全的 h-BN@ $Al(OH)_3$ 复合粉末置于氧化铝坩埚中，采用真空热压烧结炉在烧结温度 1200℃、保温时间 2h、升温速率 10℃/min 烧结条件下进行真空煅烧，最终制得 h-BN@ Al_2O_3 复合粉末。

用德国布鲁克 AXS 公司生产的 D8-ADVANCE X 射线衍射仪对制得的 h-BN@ Al_2O_3 复合粉末进行物相分析；用 SUPRA™55 场发射扫描电子显微镜观察复合粉末的表面形貌，并用其配备的牛津 X 射线电制冷能谱仪进行元素成分分析。

3.3.3 包覆实验结果的分析与表征

（1）Al^{3+}浓度对包覆效果的影响

Al^{3+}浓度在非均匀成核包覆法中是最为关键的参数。一方面，它作为包覆层粒子，直接决定包覆层的厚度，所以 Al^{3+}浓度不能太低；另一方面，Al^{3+}浓度的高低影响着包覆驱动力的大小，Al^{3+}浓度过高或者过低都会影响包覆层显微结构的质量好坏。若成核驱动力太小，会导致 h-BN 颗粒表面的包覆层不致密，其包覆效果不佳。若成核驱动力过大，则会导致 $Al(OH)_3$ 自身均匀成核，同样会使包覆效果变差。只有当成核驱动力介于非均匀成核势垒与均匀成核势垒之间时，较多的 h-BN 颗粒表面才会包覆致密的包覆层，其包覆效果最好。

背散射电子成像的衬度是由于原子序数的不同引起的，所以背散射电子一般用于区别不同的相。在对包覆样品中观察到的材料亮度与未包覆的样品相比中，电子束照射在非导电涂层材料 $Al(OH)_3$ 表面会产生较多的电荷积累，亮度较高。图 3-45 为背散射镜头下的 $Al(OH)_3$ 包覆的 h-BN 颗粒，由于 Al 和 O 元素的原子序数较 N 和 B 元素的原子序数高，所以 Al 和 O 元素在背散射镜头下亮度更高，由此可分辨 h-BN 和包覆层 $Al(OH)_3$ 并判断 h-BN 颗粒表面的包覆效果。选取反应温度为 35℃，pH 为 7.5，Al^{3+}浓度分别为 0.10mol/L、0.15mol/L、0.20mol/L 的包覆工艺参数进行 3 组实验，结果如图 3-45 所示。当 Al^{3+}浓度为 0.10mol/L 时，部分 h-BN 颗粒表面没有 $Al(OH)_3$ 包覆层，包覆效果欠佳；当 Al^{3+}浓度为 0.20mol/L 时，虽然有较多的 h-BN 颗粒表面包覆上了 $Al(OH)_3$，但是通过观察可以发现粉末中存在 $Al(OH)_3$ 自身均匀成核现象，如图 3-45（c）中的 1 点和 2 点所示；当 Al^{3+}浓度为 0.15mol/L 时，h-BN 颗粒表面的 $Al(OH)_3$ 包覆层均匀、致密且无均匀成核现象。因此，Al^{3+}浓度为 0.15mol/L 时，包覆效果最佳。

（2）反应温度对包覆效果的影响

反应温度决定 Al^{3+}和 OH^-反应生成 $Al(OH)_3$ 的速度和成核驱动力，成核驱动力必须处于非均匀成核势垒和均匀成核势垒之间才能获得较好的包覆

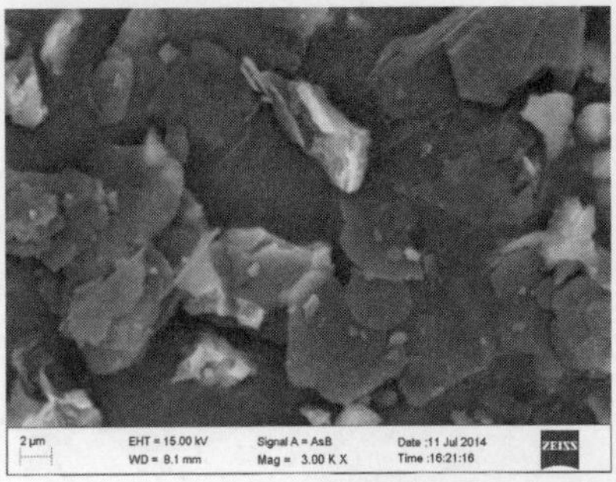

(a) 0.10mol/L

(b) 0.15mol/L

(c) 0.20mol/L

图 3-45　不同 Al^{3+} 浓度时的 h-BN 包覆颗粒形貌

效果。

选取包覆参数为 Al^{3+} 浓度 0.15mol/L，pH 7.5，反应温度分别为 20℃，35℃和 50℃进行 3 组实验，结果如图 3-46 所示。在反应温度为 20℃的条件下，只有少量的 $Al(OH)_3$ 包覆在了 h-BN 颗粒的表面，包覆层不够完整、致密。这是由于温度过低时，成核推动力未达到非均匀成核势垒，影响 $Al(OH)_3$ 包覆层的生长。当温度为 50℃时，反应过程中出现了大量的 $Al(OH)_3$ 自身均匀成核颗粒。这一实验现象说明在 50℃反应温度条件下，成核驱动力大于均匀成核势垒，导致大量的 $Al(OH)_3$ 自身均匀成核颗粒生成。同时，这些自身均匀成核的 $Al(OH)_3$ 颗粒会降低在 h-BN 表面成核生长的 $Al(OH)_3$ 颗粒的数量，致使包覆效果明显下降，如图 3-46(c) 所示。当反应温度为 35℃时，h-BN 颗粒表面包覆了均匀致密、完整的 $Al(OH)_3$ 包覆层。在这一反应温度下，成核驱动力被控制在非均匀成核势垒与均匀成核势垒之间，$Al(OH)_3$ 颗粒在核粒子 h-BN 颗粒表面成核、生长，如图 3-46(b) 所示。因此，Al^{3+} 浓度为 0.15mol/L 时包覆效果最佳。

(3) pH 对包覆效果的影响

在包覆实验中，pH 可通过氨水的滴加量进行调节。张尚文等通过非均匀

(a) 20℃

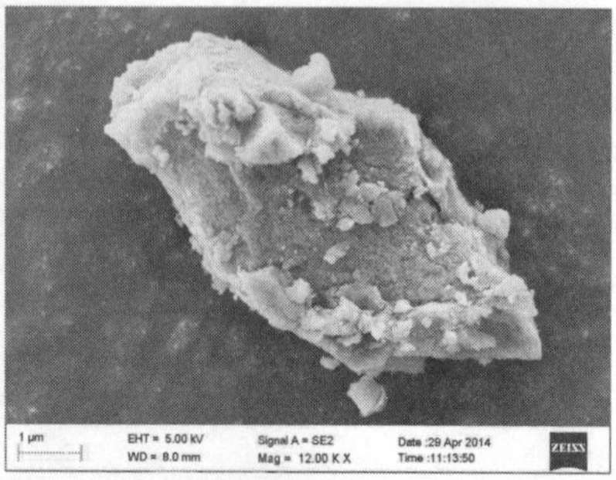

(b) 35℃

(c) 50℃

图 3-46　不同包覆温度时的 h-BN 包覆颗粒形貌

成核法，在金刚石颗粒表面成功包覆了一层 Al_2O_3 包覆层并分析其包覆的动力学方程，得出反应溶液在 pH 较高时，晶核孕育期较短，晶核开始长大的时间较早。所以，研究 pH 对包覆效果的影响有实际意义。

选取包覆参数为 Al^{3+} 浓度 0.15mol/L 和温度 35℃，pH 分别为 6、7.5 和 9。当 pH 为 6 时，Al^{3+} 同 OH^- 反应结合生成 $Al(OH)_3$ 粒子的成核推动力较低，故只生成少量的 $Al(OH)_3$ 包覆在 h-BN 颗粒的表面，包覆效果不佳，如图 3-47(a) 所示；当 pH 为 9 时，$Al(OH)_3$ 的成核推动力过大，超过了均匀成核势垒，产生了大量的 $Al(OH)_3$ 均匀成核的颗粒，由于 Al^{3+} 浓度一定，产生过多的 $Al(OH)_3$ 均匀成核颗粒势必会减少 h-BN 颗粒表面的 $Al(OH)_3$ 层，同样会使包覆效果下降，如图 3-47(c) 所示；当 pH 为 7.5 时，Al^{3+} 和 OH^- 以非均匀成核的方式在 h-BN 颗粒表面包覆上了完整致密的 $Al(OH)_3$ 包覆层，如图 3-47(b) 所示。

3.3.4　h-BN@Al_2O_3 的微观形貌及 XRD 分析

(1) Al_2O_3 包覆 h-BN 的 SEM 分析

在 Al^{3+} 浓度为 0.15mol/L，温度为 35℃，pH 为 7.5 的包覆实验条件下，

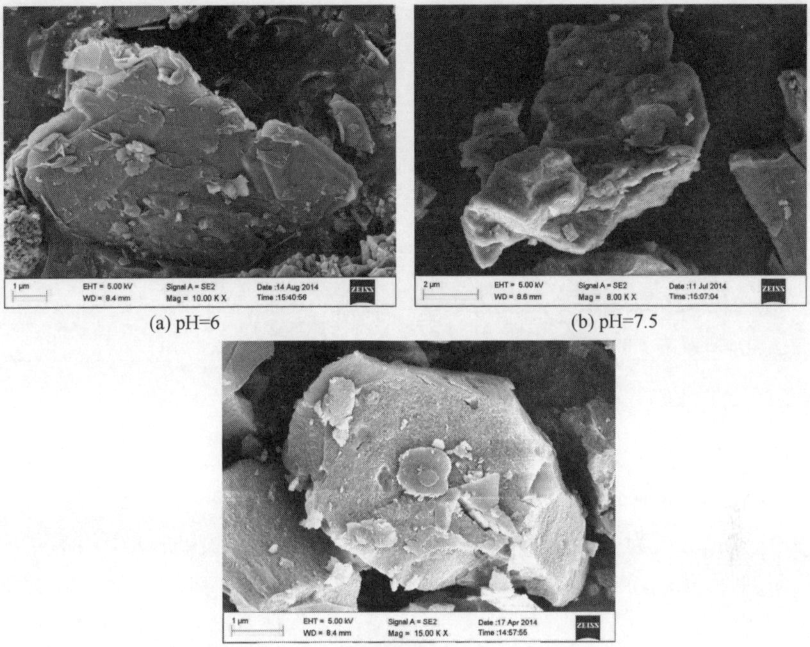

(a) pH=6　　(b) pH=7.5

(c) pH=9

图3-47　不同pH时的h-BN包覆颗粒形貌

成功制备了$Al(OH)_3$包覆h-BN的复合粉末，再经由1200℃真空煅烧2h，实现$Al(OH)_3$包覆层脱水，晶型转变成α-Al_2O_3包覆层的过程。由图3-44可知，未包覆的h-BN颗粒表面光滑且没有附着物，成片状结构。为了分析h-BN@Al_2O_3复合粉末的包覆结构，采用玛瑙研钵对该包覆粉末进行20min研磨，研磨后的包覆粉末形貌如图3-48所示。Al_2O_3包覆h-BN复合粉末可观察到明显的包覆层结构，且包覆层结构均匀、致密。复合粉末经研磨后还可观察到与图3-44中h-BN颗粒形貌一致的被包覆颗粒表面形貌。如图3-49（图3-48中1点、2点）所示，图3-48中1点出现Al和O元素峰，且O元素的峰比2点O元素的峰高，而B和N元素的峰较1点B和N元素的峰低。结果表明，图3-48中1点区域为Al_2O_3包覆层，2点区域为Al_2O_3包覆层脱落后漏出的h-BN颗粒的表面。

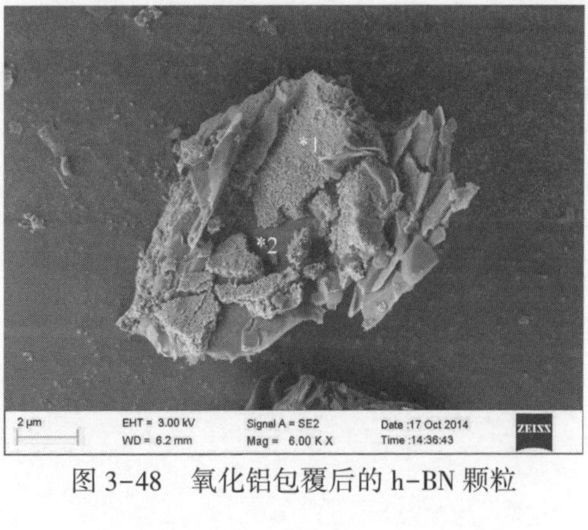

图3-48　氧化铝包覆后的h-BN颗粒

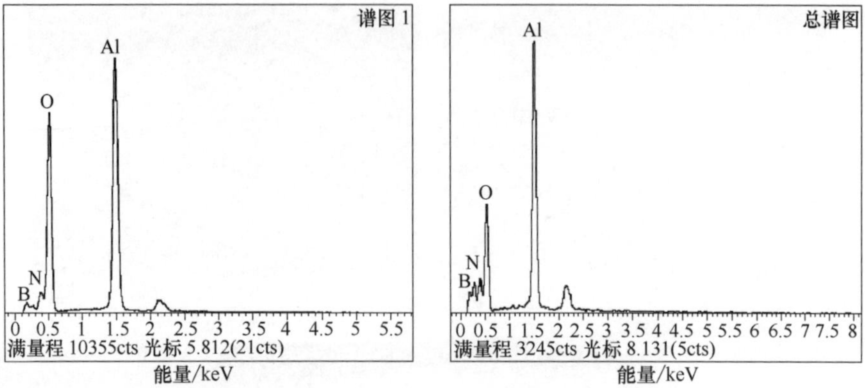

(b) 1 点　　(b) 2 点

图 3-49　图 3-48 中 1 点和 2 点的能谱图

（2）Al_2O_3 包覆 h-BN 的 XRD 测试分析

图 3-50（a）为未经任何处理的原始 h-BN 粉末，由此 XRD 谱图可知未经任何处理的原始 h-BN 粉末只有 h-BN 的峰，不含其他杂质。由图 3-50（b）可观察到除 h-BN 的峰外，还有 α-Al_2O_3 的峰，结果显示 $Al(OH)_3$ 包覆层经过真空热压煅烧已经完全转变为力学性能更优的 α-Al_2O_3 包覆层，在烧结过程中未引入其他杂质相，且 h-BN 在高温下未与 Al_2O_3 发生反应。

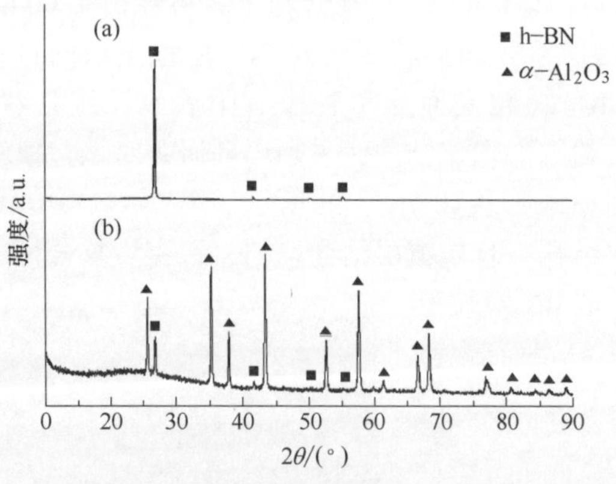

图 3-50（a）h-BN 原始粉末和（b）包覆 Al_2O_3 后 h-BN 的 XRD 谱图

第 4 章　h-BN@Ni 核壳自润滑陶瓷刀具材料制备与性能

将陶瓷粉体包覆一层金属形成核壳型复合粉体，可以实现两相单个颗粒间的混合，具有良好的均匀性和分散性。受上述研究启发，考虑在固体润滑剂粉体表面包覆一层金属，然后与陶瓷粉体混合再进行烧结，制备出添加金属包覆固体润滑剂复合粉体的刀具材料。本章制备分别添加 h-BNμ@ Ni、h-BNn@ Ni 和 BNNS@ Ni 复合粉体的刀具材料，并测试其力学性能和微观结构，分析其增韧机理。

4.1　h-BN@ Ni 核壳自润滑陶瓷刀具材料的制备

4.1.1　实验原料

Al_2O_3 粉体购自上海超微纳米科技有限公司，为 α 晶型，平均粒径为 200nm，纯度大于 99.99%；(W,Ti)C 固溶体粉体购自长沙伟徽高科技新材料股份有限公司，平均粒径为 1.5μm，纯度>99.8%；MgO 购自国药集团化学试剂有限公司，纯度为 99.9%；Y_2O_3 购自上海超微纳米科技有限公司，平均粒径为 1μm，纯度>99.8%；h-BNμ@ Ni、h-BNn@ Ni 和 BNNS@ Ni 复合粉体通过第 3 章所述工艺制得。图 4-1 为 Al_2O_3 和(W,Ti)C 原料粉体的 SEM 照片。

(a) Al_2O_3　　(b) (W,Ti)C

图 4-1　原料粉体的 SEM 照片

4.1.2 组分配比

表 4-1 列出了分别添加 h-BN 粉体和 h-BN@ Ni 复合粉体的刀具材料的组分配比。其中，h-BN 包括微米 h-BN、纳米 h-BN 和 BNNS 3 种尺寸的粉体。h-BN@ Ni 复合粉体的体积分数按其中的 h-BN 计算。

表 4-1　　刀具材料的组分配比（vol. %）

刀具材料	Al_2O_3	(W,Ti)C	MgO	Y_2O_3	h-BN 或 h-BN@ Ni
Al_2O_3/(W,Ti)C	54.45	44.55	0.5	0.5	0
微米 BN5/包覆微米 BN5	51.7	42.3	0.5	0.5	5
微米 BN10/包覆微米 BN10	48.95	40.05	0.5	0.5	10
微米 BN15/包覆微米 BN15	46.2	37.8	0.5	0.5	15
纳米 BN5/包覆纳米 BN5	51.7	42.3	0.5	0.5	5
纳米 BN10/包覆纳米 BN10	48.95	40.05	0.5	0.5	10
纳米 BN15/包覆纳米 BN15	46.2	37.8	0.5	0.5	15
BNNS1/包覆 BNNS1	53.9	44.1	0.5	0.5	1

注：代号“微米 BN*x*”和“纳米 BN*x*”分别表示添加微米 h-BN 和纳米 h-BN 的刀具，“*x*”表示 h-BN 的体积分数，例如微米 BN5 表示添加 5vol. %微米 h-BN 的刀具。代号“包覆微米 BN*x*”和“包覆纳米 BN*x*”分别表示添加包覆型微米 h-BN 和包覆型纳米 h-BN 的刀具，“*x*”的含义同上。代号“BNNS1”和“包覆 BNNS1”分别表示添加 1vol. %BNNS 和 1vol. %包覆型 BNNS 的刀具。

4.1.3 制备工艺

图 4-2 为制备添加 h-BN@ Ni 复合粉体的自润滑陶瓷刀具材料的工艺流程图，具体工艺流程如下：

① 称取原料：按表 4-1 分别称取各组分的粉体。

② 超声分散：将 Al_2O_3 粉体加到适量聚乙二醇-无水乙醇溶液（聚乙二醇为 Al_2O_3 的 2wt. %）中，超声同时搅拌 15min，得到悬浮液 A；将(W,Ti)C 粉体加入适量的无水乙醇中，超声同时搅拌 15min，得到悬浮液 B；将悬浮液 A 和 B 混合，加入 MgO 和 Y_2O_3，超声同时搅拌 15min，得到悬浮液 C。

③ 球磨混合：将 YG8 型硬质合金球放入球磨罐中，球料质量比为 10∶1；再将悬浮液 C 倒入球磨罐中，充入氮气连续球磨 48h；然后将 h-BN@ Ni 复合粉体加入适量的无水乙醇中，超声同时搅拌 20min，倒入球磨罐中，充入氮气再球磨 2h，以防止复合粉体的核壳结构被较长时间的球磨破坏。

④ 真空干燥：将球磨所得浆料放入真空干燥箱，在 100℃ 干燥 24h。

⑤ 过筛：干燥后的浆料过 120 目分样筛，得到复合粉料。

⑥ 装入模具、冷压成型：将复合粉料装入圆筒状石墨模具，用千斤顶进

行冷压 15min 制成坯体。

⑦ 真空热压烧结：将装有坯体的石墨模具放入真空热压烧结炉中，烧结温度为 1500℃，保温时间为 15min，升温速率为 15℃/min，热压压力为 25MPa，最后随炉冷却。

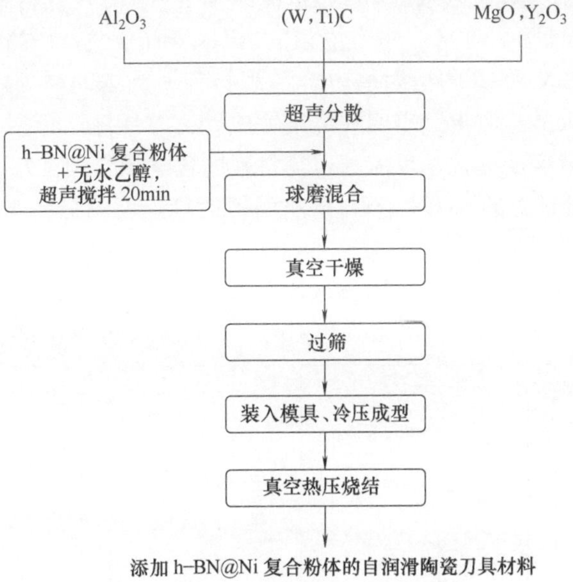

图 4-2　制备刀具材料的工艺流程图

为了比较以不同方式添加 Ni 对刀具材料的影响，用相同的烧结参数制备了添加非包覆微米 h-BN 粉体与纳米 Ni 粉的刀具材料，纳米 Ni 粉的平均粒径为 50nm，纯度为 99.7%，购自上海乃欧纳米科技有限公司，其添加量与相应材料所添加的 h-BNμ@Ni 复合粉体所含 Ni 在刀具材料的含量相同。

此外，为了验证添加金属包覆固体润滑剂复合粉体对刀具材料的作用，还制备了添加未包覆的 h-BN 粉体的刀具材料和未添加固体润滑剂的 Al_2O_3/(W,Ti)C 刀具材料。这两种材料的烧结参数为：烧结温度为 1650℃，保温时间为 15min，升温速率为 15℃/min，热压压力为 25MPa，最后随炉冷却。

4.2　h-BN@Ni 核壳自润滑陶瓷刀具材料物相分析和微观结构表征

4.2.1　测试方法

采用 D8 ADVANCE 型 X 射线衍射仪进行刀具材料的物相分析，采用 SUPRA™ 55 型场发射扫描电子显微镜、JEM-2100 型透射电子显微镜和 FEI Tecnai G2 F30 型场发射透射电子显微镜分析刀具材料的微观结构。采用扫描电子显微镜附带的 EDS 能谱仪分析包覆层金属 Ni 在刀具材料中的分布情况。

4.2.2 物相分析

图 4-3 分别为包覆微米 BN10 和包覆纳米 BN10 刀具材料垂直于热压方向的表面的 XRD 谱图。可见，作为主相的 Al_2O_3 和(W,Ti)C 的衍射峰很显著，作为副相的 h-BN 和 Ni 的衍射峰也容易观察到，烧结助剂 MgO 和 Y_2O_3 由于添加量很少而未能检测出。表明在烧结完成后，刀具材料的各主要组分均保留在材料内，未发生明显化学反应，刀具材料的化学相容性良好。此外，包覆微米 BN10 刀具材料中的 h-BN（002）晶面衍射峰强度明显高于包覆纳米 BN10 刀具材料。这是因为前者中的微米 h-BN 具有基面垂直于热压方向的取向分布，而后者中的纳米 h-BN 无明显取向分布。对于包覆 BNNS1 刀具材料，由于 BNNS 的含量较小而未检测出其衍射峰，因此未在此示出该 XRD 谱图。

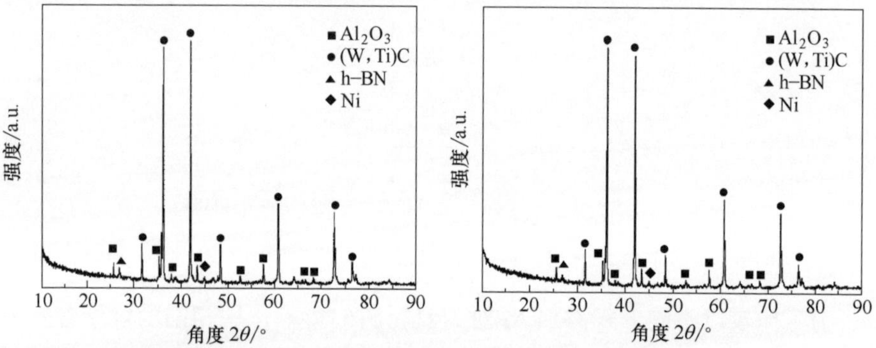

(a) 包覆微米 BN10　　(b) 包覆纳米 BN10

图 4-3　自润滑陶瓷刀具材料的 XRD 谱图

4.2.3 添加 h-BNμ@Ni 刀具材料的微观结构

（1）SEM 分析

如图 4-4(a)(c)(e) 所示，微米 h-BN 刀具材料中的 h-BN 由于片状结构而产生了取向分布，即其基面垂直于热压方向。这种取向分布随着 h-BN 含量的增加而更明显。h-BN 与陶瓷基体结合得不紧密，在它们的边界存在一些空隙，也形成了较多的 h-BN 叠层团聚体，叠层之间有明显的间隙。此外，由于 h-BN 是一种共价化合物，烧结过程中的固相扩散系数低，使其和陶瓷基体晶粒的界面结合强度较低，而裂纹倾向于沿着断裂阻力小的方向即沿界面扩展，因此使 h-BN 与陶瓷基体在界面处“脱黏”、发生沿晶断裂，多条裂纹闭合时，造成界面附近的陶瓷晶粒成块剥落，使得 h-BN 显露的面积增大。

相比之下，包覆微米 h-BN 刀具材料中的 h-BN 的分布取向性更强，分散性更好，基本上以单个形式分布于陶瓷基体中，与陶瓷基体结合紧密。偶有 h-BN 叠层的情况，叠层之间结合紧密，未发现明显间隙，如图 4-4(d) 所示。与陶瓷晶粒的界面结合强度较大，断裂时裂纹不总是沿晶界扩展，进而使界面附近的陶瓷晶粒很少成块剥落，使得 h-BN 只显露端面，并且 h-BN 拔出现象减少，大多数是穿晶断裂。此外，由图 4-4(f) 可见，h-BN 晶粒没有整体拔出，而是产生了断裂，说明 h-BN 与陶瓷基体的界面结合强度增大，有利于改善刀具材料的抗磨性能。

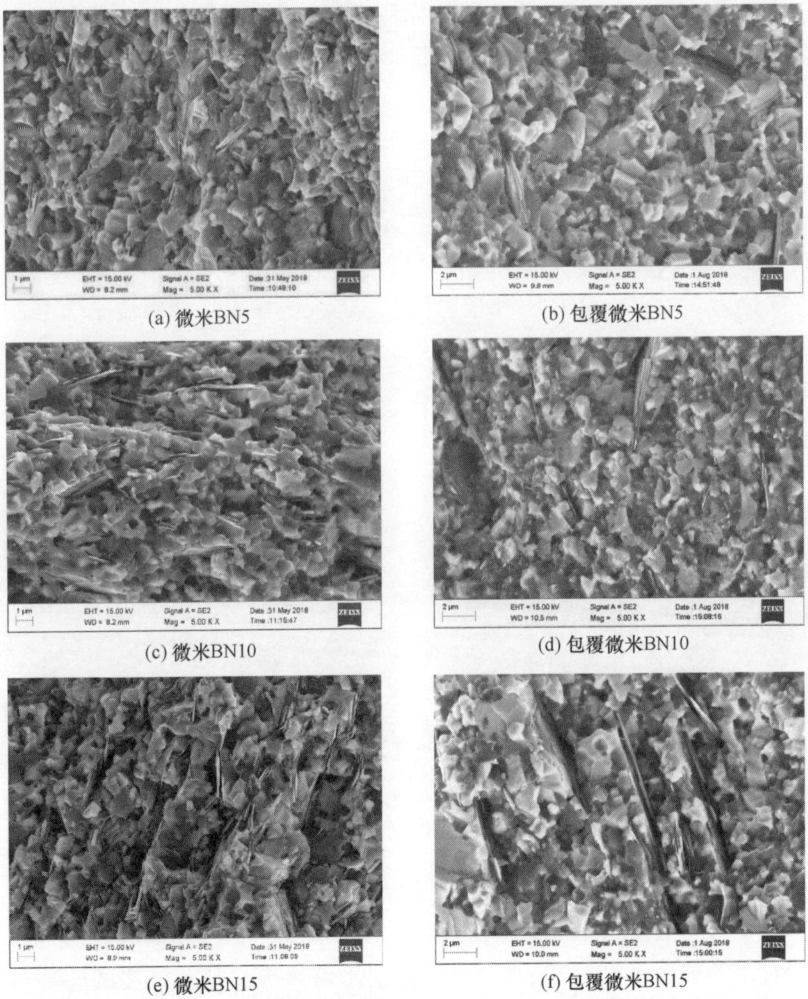

(a) 微米BN5　(b) 包覆微米BN5

(c) 微米BN10　(d) 包覆微米BN10

(e) 微米BN15　(f) 包覆微米BN15

图 4-4　添加不同含量微米 h-BN 或 h-BNμ@ Ni 的刀具材料的断面形貌

包覆微米 h-BN 刀具材料的微观结构的改善可归因于添加 h-BNμ@ Ni 粉

体来代替微米 h-BN 粉体。一方面，微米 h-BN 粉体由于其片状结构而具有较差的分散性，并且其密度比 Al_2O_3 和(W,Ti)C 粉体低得多。因此，在陶瓷刀具材料的制备过程中容易发生团聚和偏析。相比之下，h-BNμ@Ni 粉体更容易分散，且具有更高的密度，使其在陶瓷基体中更好地分布；另一方面，微米 h-BN 刀具材料中的 h-BN 晶粒会形成无序的堆叠结构，即交叉堆砌形成“卡片房”，这阻碍了刀具材料的烧结致密化，导致层叠的 h-BN 之间存在微小空隙，以及 h-BN 晶粒与陶瓷基体的结合不紧密。对于包覆微米 h-BN 刀具材料，Ni 镀层在烧结温度下呈液相，不仅促使 h-BN 晶粒在热压作用下的取向分布，避免了无序的堆积结构，还借助毛细管力填充空隙，从而有利于刀具材料的烧结致密化。

（2）EDS 分析

为了研究微米 h-BN 的包覆层金属 Ni 在自润滑陶瓷刀具材料中的分布情况，对垂直于包覆微米 BN5 刀具材料断面中的 h-BN 晶粒基面进行了 EDS 线扫描。如图 4-5 所示，B 元素的浓度先增大，到片状颗粒处的峰值，然后减小，由此确定片状晶粒是 h-BN。Ni 元素的浓度在 h-BN 晶粒两侧分别达到峰值，并向远离 h-BN 晶粒的区域迅速下降。这表明在刀具材料烧结过程中，Ni 镀层晶粒集中在 h-BN 晶粒周围，并扩散到相邻的陶瓷基体中。

(a) B元素　　(b) Ni元素

图 4-5　垂直于微米 h-BN 晶粒基面的 EDS 线扫描谱图

（3）TEM 分析

图 4-6 为包覆微米 BN5 刀具材料的 TEM 照片，可见 Al_2O_3 为等轴晶粒，(W,Ti)C 呈不规则形状晶粒，h-BN 晶粒分布在陶瓷基体晶粒之间。还可以看出，Ni 晶粒分布在 h-BN 晶粒附近，并且位于晶界处或基体晶粒内。烧结前，Ni 颗粒包围着 h-BN 颗粒，在烧结过程中，Ni 颗粒向基体晶界扩散，并且一些细小的 Ni 颗粒被基体晶粒的生长吞没，形成晶间和晶内混合型分布。

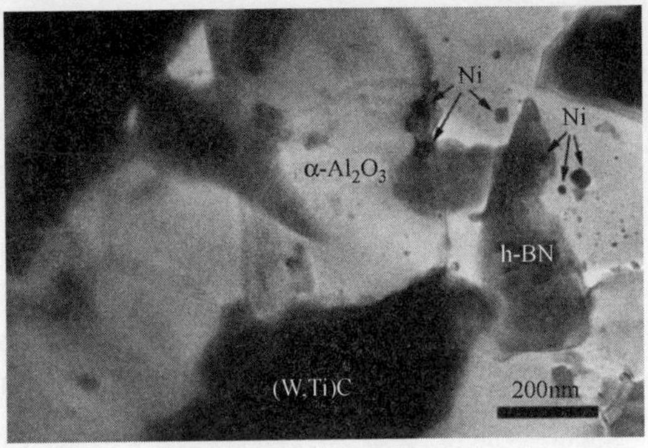

图 4-6　包覆微米 BN5 刀具材料的 TEM 照片

（4）Ni 添加方式对刀具材料微观结构的影响

图 4-7 为添加 10vol.%微米 h-BN 和纳米 Ni 粉的刀具材料（即微米 BN10-Ni）和包覆微米 BN10 刀具材料的微观结构。如图 4-7(a) 和 (b) 所示，由于纳米 Ni 粉均匀分布于陶瓷基体中，在烧结温度下产生液相，使得材料结构致密。又因为纳米 Ni 粉的添加量与 h-BNμ@Ni 复合粉体中的 Ni 在刀具材料中的含量相同，因此存在于 h-BN 与陶瓷基体界面的 Ni 较少，界面结合强度较弱，h-BN 拔出现象较多。另一方面，由于纳米 Ni 粉与 h-BN 粉体单独加

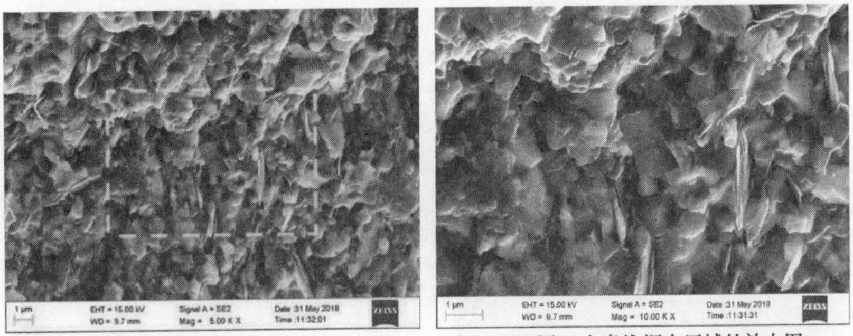

(a) 微米BN10-Ni　　(b) 图(a)中虚线框内区域的放大图

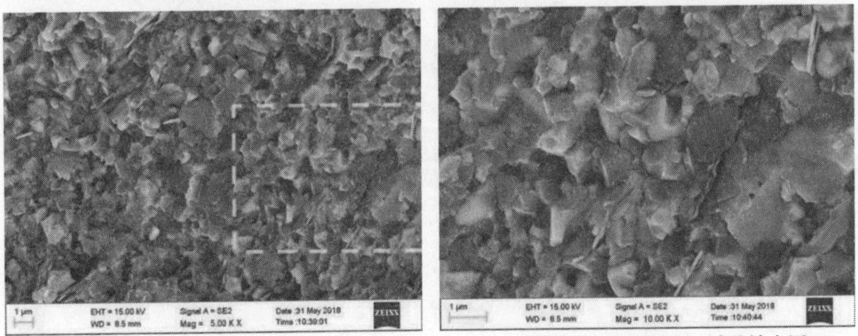

(c) 包覆微米BN10　　(d) 图(c)中虚线框内区域的放大图

图 4-7　不同方式添加 Ni 的刀具材料的断面形貌

入，对 h-BN 不能起到促进分散作用，所以产生很多 h-BN 叠层团聚现象。由图 4-7(c) 和 (d) 可见，包覆微米 BN10 刀具材料结构致密，h-BN 拔出现象较少，说明与陶瓷基体的结合较强；由于添加 h-BNμ@Ni 复合粉体提高了 h-BN 的分散性，使其主要以单个晶粒形式均匀分布于陶瓷基体中。

4.2.4 添加 h-BNn@Ni 刀具材料的微观结构

(1) SEM 分析

由图 4-8(a)(c)(e) 可见，在纳米 h-BN 刀具材料中，h-BN 晶粒不具有明显的取向分布。微观结构均匀性较差，随着 h-BN 含量的增加，叠层团聚的

(a) 纳米BN5　(b) 包覆纳米BN5

(c) 纳米BN10　(d) 包覆纳米BN10

(e) 纳米BN15　(f) 包覆纳米BN15

图 4-8　添加不同含量纳米 h-BN 或 h-BNn@Ni 的刀具材料的断面形貌

现象增多，形成的“卡片房”结构阻碍了刀具材料的烧结致密化，从而在 h-BN 与陶瓷晶粒的界面和团聚的片层之间残留较多、较大的气孔。如图 4-8(b)(d)(f) 所示，在包覆纳米 h-BN 刀具材料中，h-BN 晶粒的取向分布也不明显。微观结构均匀，h-BN 在陶瓷基体中分散良好，主要以单个晶粒的形式分布，未见明显的团聚现象。还可以看出 h-BN 与陶瓷基体结合紧密，没有明显气孔，说明二者的界面结合良好。

添加 h-BNn@ Ni 粉体来代替纳米 h-BN 粉体是包覆纳米 h-BN 刀具材料的微观结构改善的原因。一方面，由于片状粉体的片径和片厚之比（径厚比）越大、表面越光滑，越容易叠层团聚，化学镀 Ni 在一定程度上减小了纳米 h-BN 粉体的径厚比、增加了表面粗糙度，因此减轻了叠层团聚的倾向，在制备刀具材料的混料过程中较易分散；另一方面，化学镀 Ni 减小了纳米 h-BN 粉体与陶瓷基体粉体的密度差，使其在混料过程中易于分散均匀。这两方面使得 h-BNn@ Ni 复合粉体在刀具材料中具有更好的分布。Ni 镀层在烧结温度下呈液相，可以填充空隙，并促进颗粒的重排和物质扩散迁移，有助于避免纳米 h-BN 的“卡片房”结构，能有效改善界面结合状态和提高致密性。

（2）EDS 分析

图 4-9 为包覆纳米 BN5 刀具材料中各元素的分布情况。由图 4-9(b)、(c) 和 (e) 中的 Al、Ti 和 W 元素的强度变化可知，灰黑色物相为 Al_2O_3，灰白色物相为(W,Ti)C。由图 4-9(d) 和 (f) 可见，薄片状晶粒为纳米 h-BN，Ni 元素集中分布在其附近，表明 Ni 包覆层在陶瓷刀具材料的制备过程中保持较好，存在于纳米 h-BN 与陶瓷基体的界面，并向邻近的陶瓷基体中扩散。值得关注的是 Ni 元素在纳米 h-BN 两侧有很高的浓度差：在与(W,Ti)C 接触的一侧的浓度高于与 Al_2O_3 接触的一侧，推测原因是 Ni 与(W,Ti)C 和 Al_2O_3 的润湿性有关。Ni 与 WC、TiC 和 Al_2O_3 在真空和烧结温度下的接触角分别为 0°、38°和 128°，可知 Ni 与(W,Ti)C 的润湿性优于与 Al_2O_3 的润湿性。在材料烧结过程中 Ni 会在(W,Ti)C 晶粒上铺展并附着，但会在 Al_2O_3 晶粒上“球化”并被挤压出界面（此推断可从图 4-6 得到证实）。因此出现了 Ni 在纳米 h-BN 两侧浓度差别较大的现象。

（3）TEM 分析

图 4-10(a) 为包覆纳米 BN5 刀具材料的 TEM 照片，可见一个条状晶粒分布于两个灰白色晶粒和一个黑色晶粒之间。三者的晶界清晰，没有明显的过渡层，表明未发生显著的化学反应。由图 4-10(b) 中 A 处的 HRTEM 照片可见，条状晶粒的晶格平直、排列有序，其晶面间距为 0.34nm，与 h-BN 的 (002) 晶面相对应，由此可知条状晶粒为纳米 h-BN。

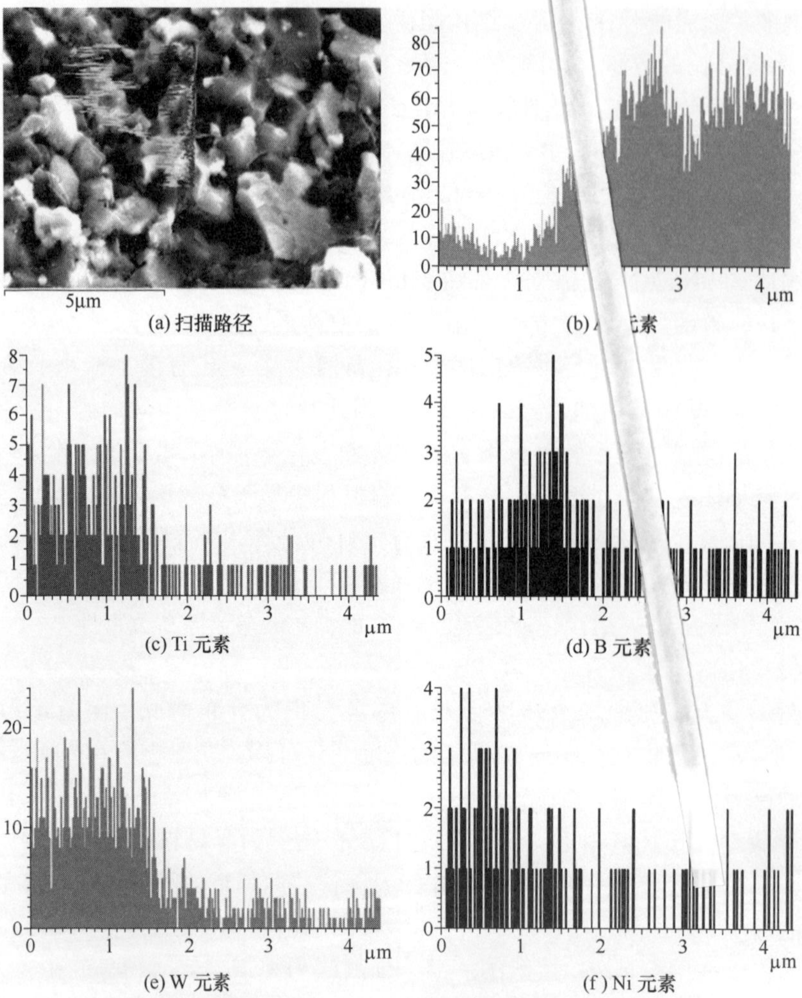

(a) 扫描路径　(b) Al 元素

(c) Ti 元素　(d) B 元素

(e) W 元素　(f) Ni 元素

图 4-9　垂直于纳米 h-BN 晶粒基面的 EDS 线扫描谱图

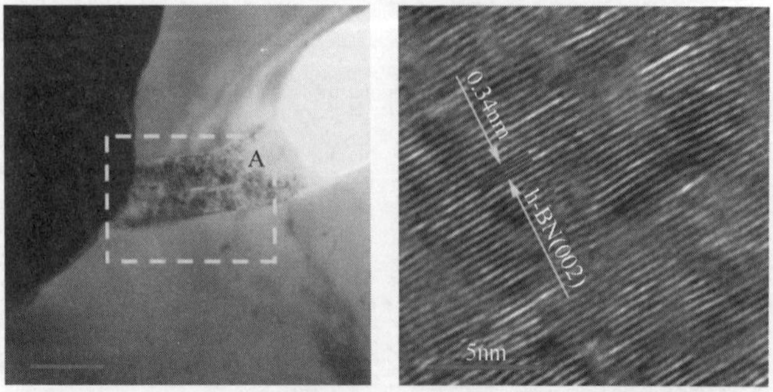

(a)　(b) 图(a)中A处的HRTEM照片

图 4-10　包覆纳米 BN5 刀具材料的 TEM 照片

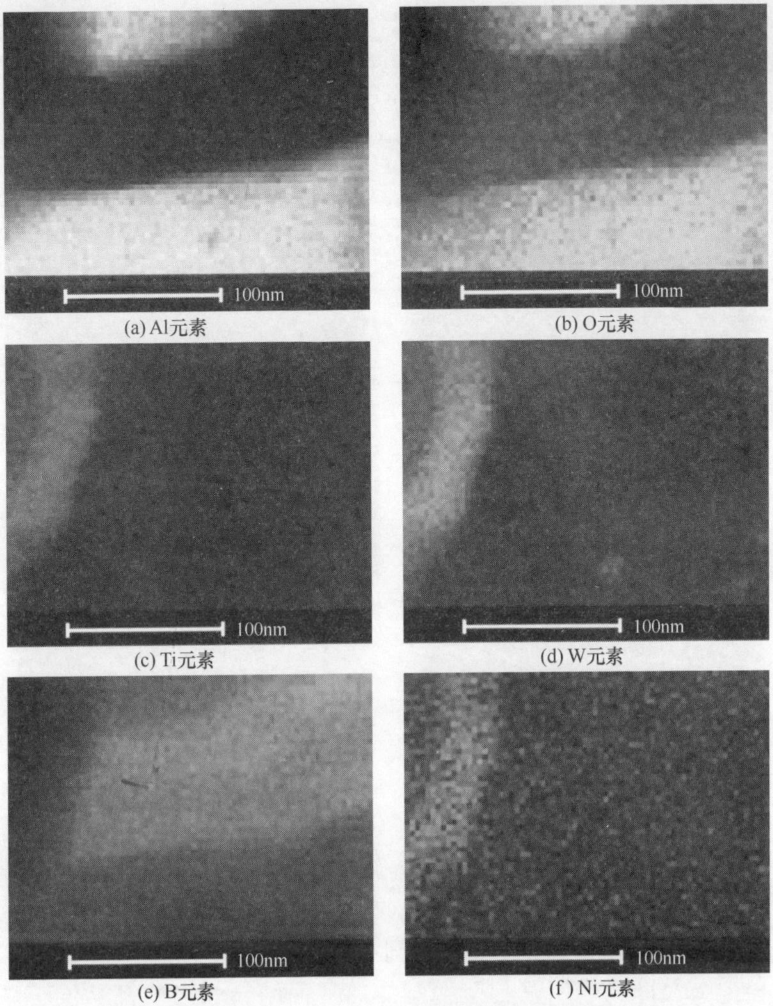

图 4-11　图 4-10(a) 中虚线框内区域的 EDS 面扫描谱图

由图 4-11 (a)～(d) 可知，纳米 h-BN 周围的灰白色晶粒为 Al_2O_3，黑色晶粒为(W,Ti)C。图 4-11(e) 中 B 元素的分布也表明条状晶粒为纳米 h-BN。由图 4-11(f) 可见，Ni 元素分布在纳米 h-BN 与(W,Ti)C 晶粒之间，并与(W,Ti)C 边缘重合。这是由于在烧结温度下，(W,Ti)C 少量溶解在 Ni 中，经冷却后析出，使得两者并存于一处。

4.2.5　添加 BNNS@Ni 刀具材料的微观结构

(1) SEM 分析

如图 4-12 所示，BNNS1 刀具材料的各相晶粒大小不均匀，BNNS 与陶瓷基体的界面不够致密，存在细小的空隙，其断裂模式为沿晶断裂和穿晶断裂的混合模式。从图 4-12(a) 中可见一片卷曲的 BNNS，还可以看到另一片 BNNS 卷曲地存在于陶瓷基体中，推测原因为该卷曲形态形成于球磨混料过程并在热压烧结中保持下来。在该 BNNS 右侧的陶瓷基体晶粒已脱落，而该 BNNS 未发生明显的拉伸、断裂现象，表明 BNNS 与陶瓷基体的界面结合强度较低，如图 4-12(b) 所示拔出的 BNNS，可见拔出时所受拉伸作用不明显，还可见 BNNS 与陶瓷基体存在空隙。

(a) BNNS1断面1　　(b) BNNS1断面2

图 4-12　BNNS1 刀具材料断面的 SEM 照片

图 4-13 为包覆 BNNS1 刀具材料断面的 SEM 照片。由图 4-13(a) 和 (b) 可见，刀具材料结构致密、各相晶粒大小均匀，可见由晶粒拔出留下的孔洞与晶粒断裂形成的表面呈台阶状，说明该刀具材料的断裂机制为沿晶和穿晶断裂相结合。还可看出 BNNS 大多分布于陶瓷基体晶粒的晶界处。从图 4-13(b) 中可见一片 BNNS 在拔出后出现了弹性收缩，这有利于增加陶瓷刀具材料的断裂功。图 4-13(c) 示出了分别位于晶间和晶内的 BNNS。位于晶间的 BNNS 在拔出过程中被拉断，表明其与陶瓷基体的界面结合强度较高。位于晶内的 BNNS 将陶瓷基体的两个晶粒串连起来，这是在烧结过程中，BNNS 两侧的陶瓷基体晶粒融合起来，将其“吞并”，形成了晶内型结构。可以看出，该晶内型 BNNS 在陶瓷基体晶粒断裂时被拔出，并出现扭曲，陶瓷基体晶粒断面在与 BNNS 交界处有破碎现象，表明该 BNNS 被拉断，并阻碍陶瓷基体晶粒断裂。

由图 4-13(d) 可见一个由陶瓷基体晶粒拔出留下的较大的凹坑。凹坑底部的晶粒结合紧密，并且表面光滑，表明拔出的陶瓷晶粒为沿晶断裂。在凹坑侧面的陶瓷晶粒上紧密附着被拉断的 BNNS，表明 BNNS 与陶瓷基体的界面结合强度得到提高。由于 BNNS 的断裂应变为 0.28%～0.33%，被拉断的 BNNS 呈弯曲形态并且其断面形状不规则。与 BNNS1 刀具材料相比，包覆 BNNS1 刀具材料中的 BNNS 与陶瓷基体界面结合强度增加，一方面使得 BNNS 的拔出功增大，另一方面会增加 BNNS 拉断的概率。由于 BNNS 的断裂功大于拔出功，

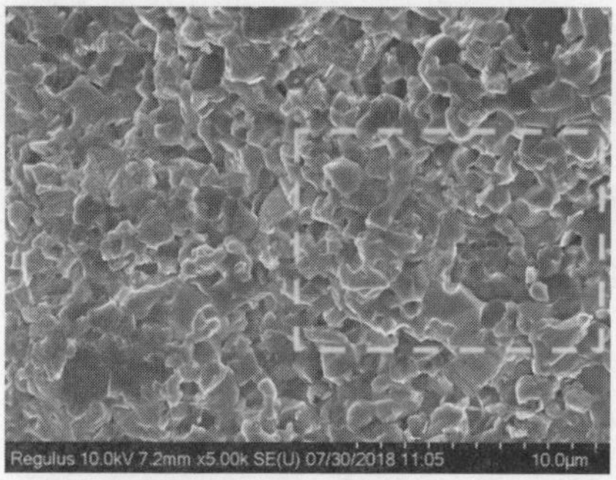

(a)

(b) 图(a)中虚线框内区域的放大图

(c) 图(b)中虚线框内区域的放大图

(d)

图 4-13　包覆 BNNS1 刀具材料断面的 SEM 照片

因此更能发挥 BNNS 的高强度优点，起到更大的增韧作用。

（2）EDS 分析

图 4-14 为包覆 BNNS1 刀具材料微观结构中各元素的分布情况。由图 4-14(b)(c)(e) 可知灰黑色块状晶粒为 Al_2O_3，灰白色块状晶粒为(W,Ti)C。由图 4-14(d)(f) 可知灰白色薄片状晶粒为 BNNS，Ni 元素密集分布于 BNNS 附近，表明 BNNS@ Ni 在陶瓷刀具材料中较好地保持了核壳包覆结构。Ni 元素在 BNNS 与(W,Ti)C 的界面处浓度较高，在 BNNS 与 Al_2O_3 的界面处浓度较低，原因是 Ni 与(W,Ti)C 的润湿性较好，能全部在界面铺展并附着，而与 Al_2O_3 的润湿性较差，一部分 Ni 会“球化”并被挤出界面。

（3）TEM 分析

图 4-15 为包覆 BNNS1 刀具材料的 TEM 照片。由图 4-15(a) 可以看出，BNNS 分布在陶瓷基体晶粒之间。由图 4-15(b) 可见，有些 BNNS 包裹在陶瓷基体晶粒周围，形成了核壳结构。由图 4-15(c) 可见，该结构中的 BNNS 与陶瓷基体晶粒的界面结合紧密，其晶格条纹规则完整，晶面间距约为 0.34nm，对应 BNNS 的（002）晶面。推断该核壳结构的形成原因为：在球磨

(a) 扫描路径

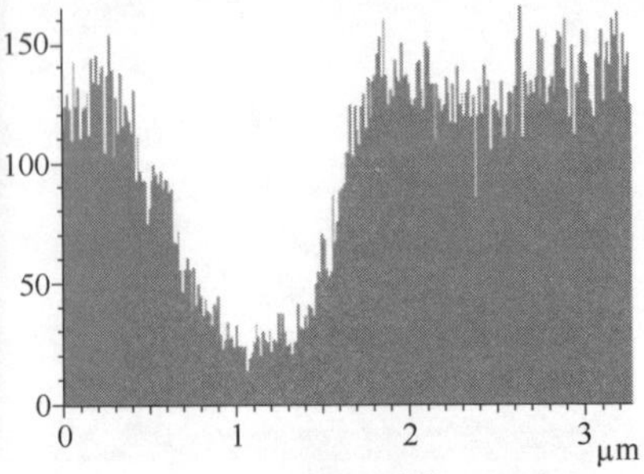

(b) Al 元素

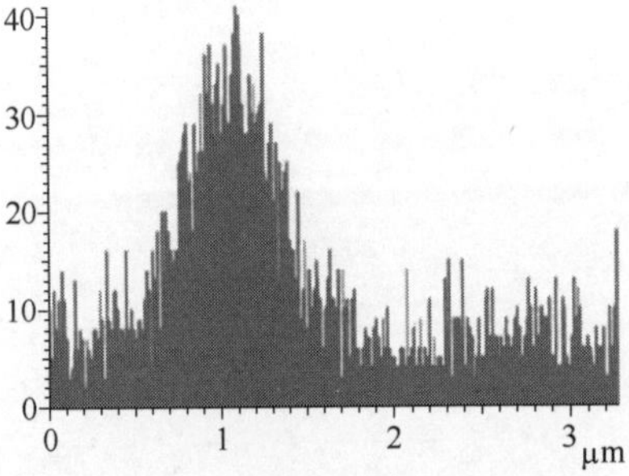

(c) Ti 元素

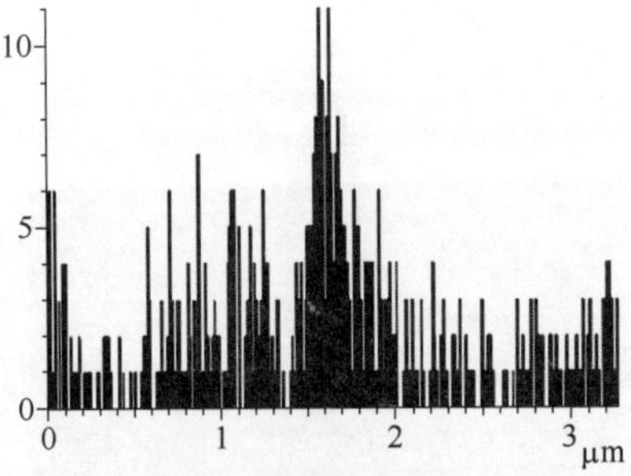

(d) B 元素

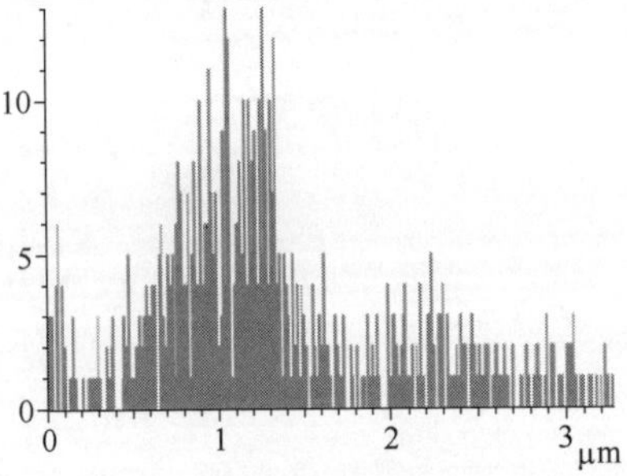

(e) W 元素

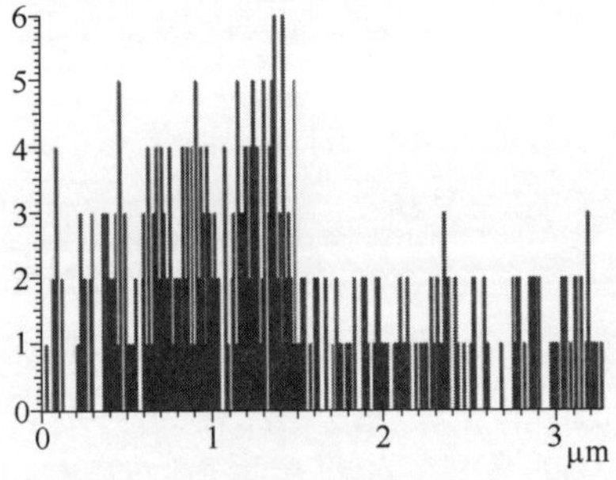

(f) Ni 元素

图 4-14　垂直于 BNNS 晶粒基面的 EDS 线扫描谱图

混料过程中，由于 BNNS 很薄而容易弯曲叠合，进而包裹于陶瓷基体颗粒表面，这种核壳结构在后续的热压烧结中保存下来。因此，包覆 BNNS1 刀具材料中的 BNNS 取向分布现象不明显。由图 4-15(d) 可见 BNNS 的弯曲现象，还可见 BNNS 与 Al_2O_3 的界面结合紧密。

图 4-16 为包覆 BNNS1 刀具材料的 EDS 面扫描谱图。由图 4-16（b）~（d）中的元素分布可知各晶粒所属的物相。由图 4-16(a) 可见，各相晶粒之间的晶界清晰，无明显的过渡层，表明未发生显著的化学反应。BNNS 呈带状

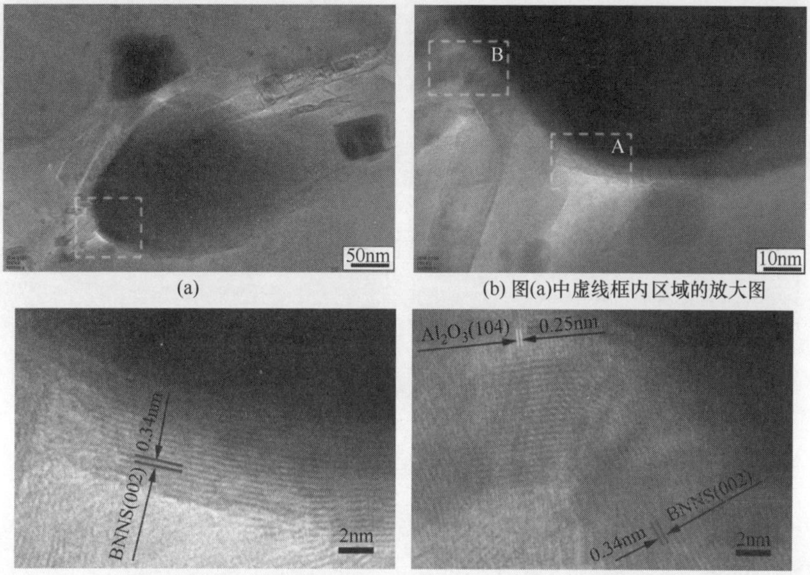

(a)　(b) 图(a)中虚线框内区域的放大图

(c) 图(b)中区域A的放大图　(d) 图(b)中区域B的放大图

图 4-15　包覆 BNNS1 刀具材料的 TEM 照片

并弯曲地分布在陶瓷基体的三角晶界处。Ni 的粒径约为 100nm，位于 BNNS 和 (W,Ti)C 晶粒之间，并且与二者紧密结合。

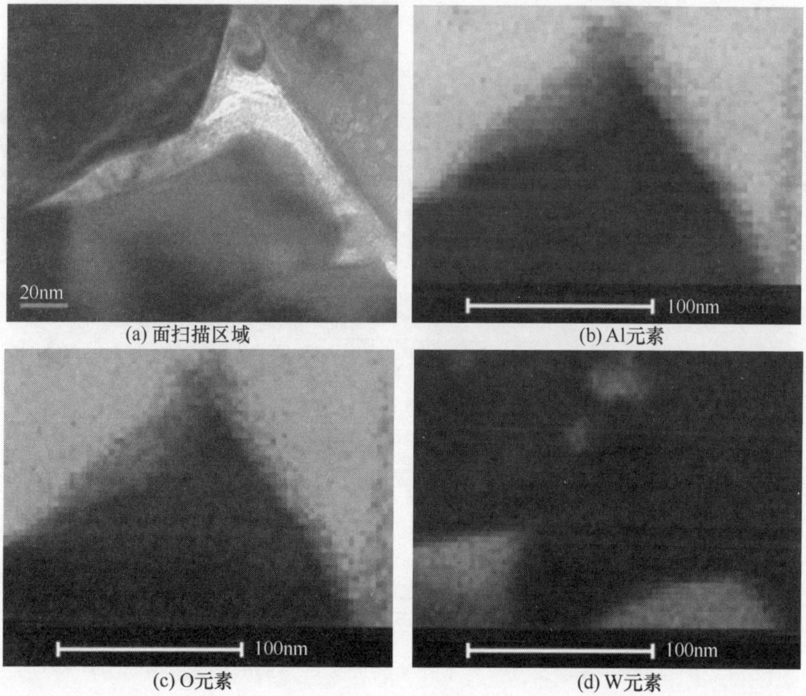

(a) 面扫描区域　(b) Al元素

(c) O元素　(d) W元素

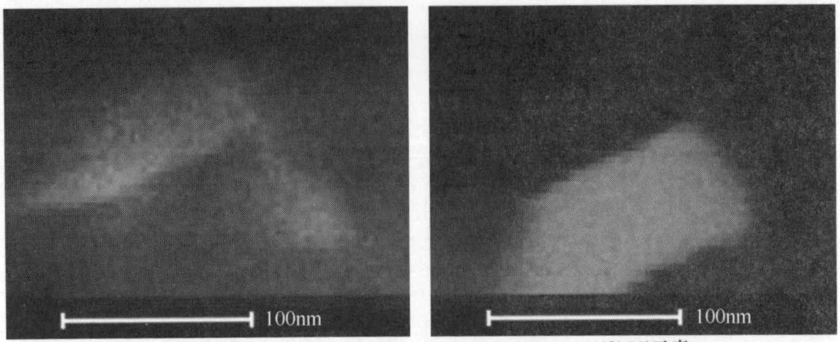

(e) B元素　　(f) Ni元素

图 4-16　包覆 BNNS1 刀具材料的 EDS 面扫描谱图

4.2.6　h-BN 尺寸对刀具材料微观结构的影响

由上述测试分析可知，h-BN 尺寸对自润滑陶瓷刀具材料的微观结构有显著影响。如图 4-17 所示，在片径的影响方面，对于微米 h-BN 和纳米 h-BN，片状结构会引起其在陶瓷基体中不同程度的取向分布。当 h-BN 粉体的径厚比一定时，其在陶瓷刀具材料中的取向分布与其平均片径与陶瓷基体晶粒的平均

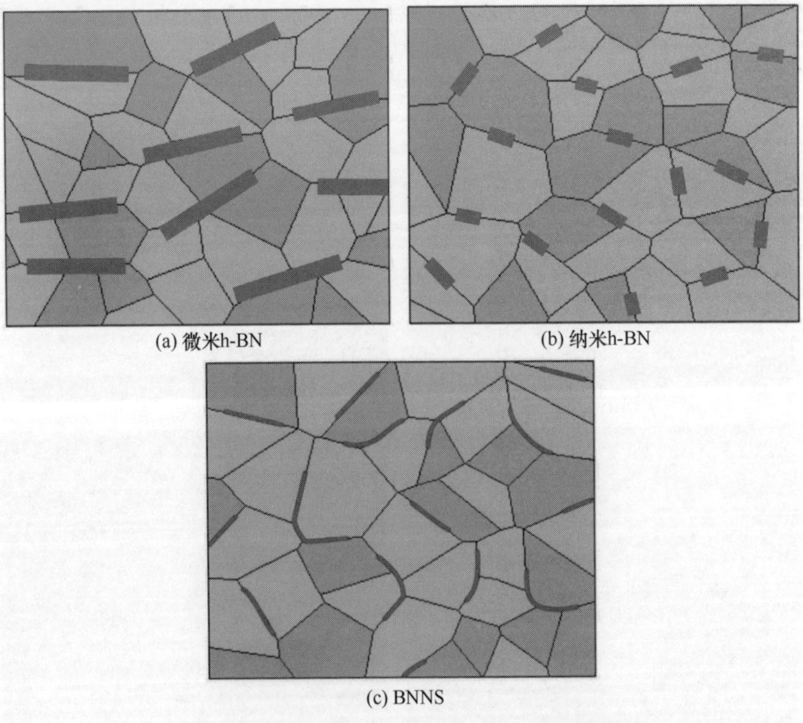

(a) 微米h-BN　　(b) 纳米h-BN

(c) BNNS

图 4-17　添加不同尺寸 h-BN 的刀具材料的微观结构示意图

粒径之比有关。当片径大于或接近陶瓷基体粒径时，h-BN 会产生明显的取向分布；反之，当片径小于陶瓷基体粒径时，h-BN 不会产生明显的取向分布。因此，微米 h-BN 刀具材料和包覆微米 h-BN 刀具材料有明显的取向分布，而纳米 h-BN 刀具材料和包覆纳米 h-BN 刀具材料没有明显的取向分布。在片厚的影响方面，对于 BNNS，由于其厚度很小，在球磨混料过程中容易产生弯曲变形，并且会包覆在陶瓷基体粉体上，因此，BNNS1 刀具材料和包覆 BNNS1 刀具材料也没有明显的取向分布。

4.3　h-BN@Ni 核壳自润滑陶瓷刀具材料的相对密度和力学性能测试

4.3.1　试样制备

用全自动内圆切片机、工具磨床和研抛机将烧结得到的刀具材料制成尺寸为 3mm×4mm×30mm、粗糙度 $Ra=0.1\mu m$ 的试样。将试样的各棱倒角并用丙酮超声清洗干净后放入真空干燥箱中充分干燥。

4.3.2　测试方法

（1）相对密度

刀具材料的致密性可以用相对密度衡量，即实际密度与理论密度之比，计算式为：

$$\rho_r=\frac{\rho_a}{\rho_t}\times 100\% \tag{4-1}$$

式中　ρ_r——相对密度，%；

ρ_a——实际密度，g/cm^3；

ρ_t——理论密度，g/cm^3。

用阿基米德排水法测量实际密度：将干燥的试样称重后在蒸馏水中煮沸 1h，使其吸水饱和，再称重。按下式计算实际密度：

$$\rho_a=\frac{m_1\rho_0}{m_3-m_2} \tag{4-2}$$

式中，m_1 为干燥状态的试样在空气中的质量，g；m_2 为水饱和状态的试样在水中的质量，g；m_3 为水饱和状态的试样在空气中的质量，g；ρ_0 为蒸馏水在测试温度下的密度，g/cm^3。实际密度取 3 个试样的测量结果的算术平均值。

理论密度采用加和法则计算：

$$\rho_t = \sum \rho_i C_i \tag{4-3}$$

式中 ρ_i——第 i 个组分的理论密度，g/cm^3；

C_i——第 i 个组分的体积分数,%。

（2）抗弯强度

采用电子万能材料试验机测试刀具材料的三点弯曲强度，载荷的施加速率为 0.5mm/min，试样支撑点的跨距为 20mm，计算式为：

$$\sigma_f = \frac{3PL}{2bh^2} \tag{4-4}$$

式中 σ_f——抗弯强度，MPa；

P——试样断裂前的最大载荷，N；

L——跨距，mm；

b——试样宽度，mm；

h——试样高度，mm。

抗弯强度取 5 条试样测量结果的算数平均值。

（3）维氏硬度

在维氏硬度计上测量刀具材料的维氏硬度。以 196N 的载荷压入试样表面，保压 15s 后卸载。用光学显微镜量取压痕对角线的长度，计算式为：

$$H_V = \frac{1854.4 \times P}{(2a)^2} \tag{4-5}$$

式中 H_V——维氏硬度，GPa；

P——载荷，N；

$2a$——压痕两个对角线的长度的算术平均值，μm。

维氏硬度取 5 个压痕计算结果的算术平均值。

（4）断裂韧性

采用压痕法测量刀具材料的断裂韧性。用光学显微镜量取测量硬度时的压痕对角线和压痕裂纹的长度，并用下式求出断裂韧性：

$$K_{IC} = 0.203 H_V a^{\frac{1}{2}} \left(\frac{c}{a}\right)^{-\frac{3}{2}} \tag{4-6}$$

式中 K_{IC}——断裂韧性，$MPa \cdot m^{1/2}$；

H_V——维氏硬度，MPa；

a——压痕两个对角线的平均半长，mm；

c——两条裂纹的平均半长，mm。

断裂韧性取 5 个压痕计算结果的算术平均值。

4.3.3 测试结果

经测试，Al_2O_3/(W,Ti)C 刀具材料的相对密度、抗弯强度、维氏硬度和断裂韧性分别为 99.5%、702MPa、19.8GPa 和 5.5MPa·$m^{1/2}$。以 3 种尺寸 h-BN 为固体润滑剂的自润滑陶瓷刀具材料的相对密度和力学性能测试结果分别列于表 4-2～表 4-4。其中，测量抗弯强度的加载力平行于刀具材料热压方向；维氏硬度和断裂韧性在垂直于刀具材料热压方向的表面测得。

表 4-2　以微米 h-BN 为固体润滑剂的自润滑陶瓷刀具材料的相对密度和力学性能

刀具材料	相对密度/%	抗弯强度/MPa	维氏硬度/GPa	断裂韧性/MPa·$m^{1/2}$
微米 BN5	97.8	551	15.5	4.3
包覆微米 BN5	98.5	599	16.1	5.2
微米 BN10	97.1	465	13.0	3.9
包覆微米 BN10	98.3	527	13.9	4.6
微米 BN15	95.7	370	10.6	3.5
包覆微米 BN15	97.6	413	11.2	4.1

表 4-3　以纳米 h-BN 为固体润滑剂的自润滑陶瓷刀具材料的相对密度和力学性能

刀具材料	相对密度/%	抗弯强度/MPa	维氏硬度/GPa	断裂韧性/MPa·$m^{1/2}$
纳米 BN5	98.1	583	16.3	4.7
包覆纳米 BN5	98.9	632	17.2	5.4
纳米 BN10	97.4	515	14.0	4.4
包覆纳米 BN10	98.5	562	14.7	5.0
纳米 BN15	96.3	427	12.3	3.8
包覆纳米 BN15	97.9	460	12.8	4.3

表 4-4　以 BNNS 为固体润滑剂的自润滑陶瓷刀具材料的相对密度和力学性能

刀具材料	相对密度/%	抗弯强度/MPa	维氏硬度/GPa	断裂韧性/MPa·$m^{1/2}$
BNNS1	98.3	735	18.1	6.0
包覆 BNNS1	99.1	760	18.7	6.7

4.3.4　h-BNμ@Ni 含量对相对密度和力学性能的影响

图 4-18 为添加不同含量 h-BNμ@ Ni 的刀具材料的相对密度和力学性能，并分别与相应的添加微米 h-BN 的刀具材料进行对比。一方面，这两种刀具材料的相对密度和力学性能分别随着 h-BNμ@ Ni 或微米 h-BN 含量的增加而降低。由于 h-BN 的固相扩散系数低并呈片状，在烧结过程中会阻碍陶瓷基体晶粒的传质和重排，并且这种阻碍作用随着含量的增加而增大，导致相对密度减小。软质相微米 h-BN 在刀具材料中的含量越高，对陶瓷基体产生的割裂作用越大，使得陶瓷基体由连续状态变成准连续状态，导致刀具材料的力学性能不

断下降；另一方面，包覆微米 h-BN 刀具材料的相对密度和力学性能分别高于相应的微米 h-BN 刀具材料。与微米 h-BN 刀具材料相比，当固体润滑剂的体积分数分别为 5%、10%、15%时，包覆微米 h-BN 刀具材料的相对密度分别提高了 0.7%、1.2%、2%；抗弯强度分别提高了 8.7%、13.3%和 11.6%；维氏硬度分别提高了 3.9%、6.9%和 5.7%；断裂韧性分别提高了 20.9%、17.9%和 17.1%。

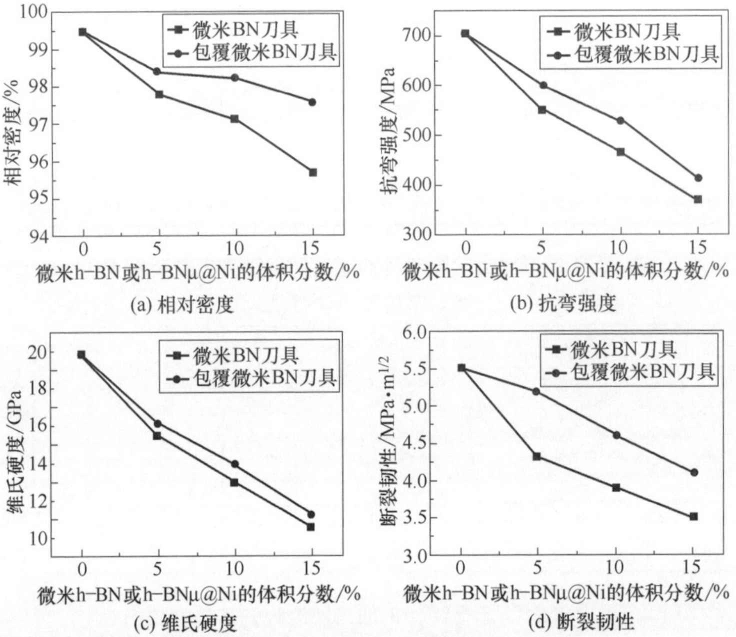

图 4-18　微米 h-BN 或 h-BNμ@ Ni 含量对刀具材料相对密度和力学性能的影响

包覆微米 h-BN 刀具材料的相对密度和力学性能优于微米 h-BN 刀具材料归因于添加 h-BNμ@ Ni 粉体代替微米 h-BN 粉体。首先，对于微米 h-BN 刀具材料，其微观结构中存在较多空隙导致相对密度较低；微米 h-BN 在陶瓷基体中的不均匀分布损害其力学性能，微米 h-BN 团聚体所在的区域成为潜在的断裂源。由 Ryshkewitch 提出的公式（4-7）可知，刀具材料各相间存在的空隙对抗弯强度有极大损伤：

$$\sigma=\sigma_0 e^{-\alpha p} \tag{4-7}$$

式中，σ 和 p 分别为材料的强度和气孔率，σ_0 为 $p=0$ 时材料的强度，α 是值为 4~7 的常数。对于包覆微米 h-BN 刀具材料，以 h-BNμ@ Ni 复合粉体的形式添加使微米 h-BN 分布得更加均匀、与陶瓷基体的界面结合更加紧密，因此抗弯强度和硬度得到提高。其次，添加 h-BNμ@ Ni 复合粉体使得微米 h-

BN 的脱黏功和拔出功增加，起到增韧作用，并且由此引入的金属 Ni 颗粒诱发的裂纹偏转和桥联效应也有助于增韧。因此，包覆微米 h-BN 刀具材料的断裂韧性高于微米 h-BN 刀具材料。

4.3.5　Ni 添加方式对相对密度和力学性能的影响

如图 4-19 (a)~(c) 所示，微米 BN10-Ni 刀具材料的相对密度、抗弯强度和维氏硬度分别为 97.8%、499MPa、13.3GPa，分别比包覆微米 BN10 刀具材料低 0.5%、5.3%、4.3%，分别比微米 BN10 刀具材料高 0.7%、7.3%、2.3%。如图 (d) 所示，微米 BN10-Ni 刀具材料的断裂韧性为 4.8MPa·$m^{1/2}$，比包覆微米 BN10 刀具材料高 4.3%，比微米 BN10 刀具材料高 23.1%。

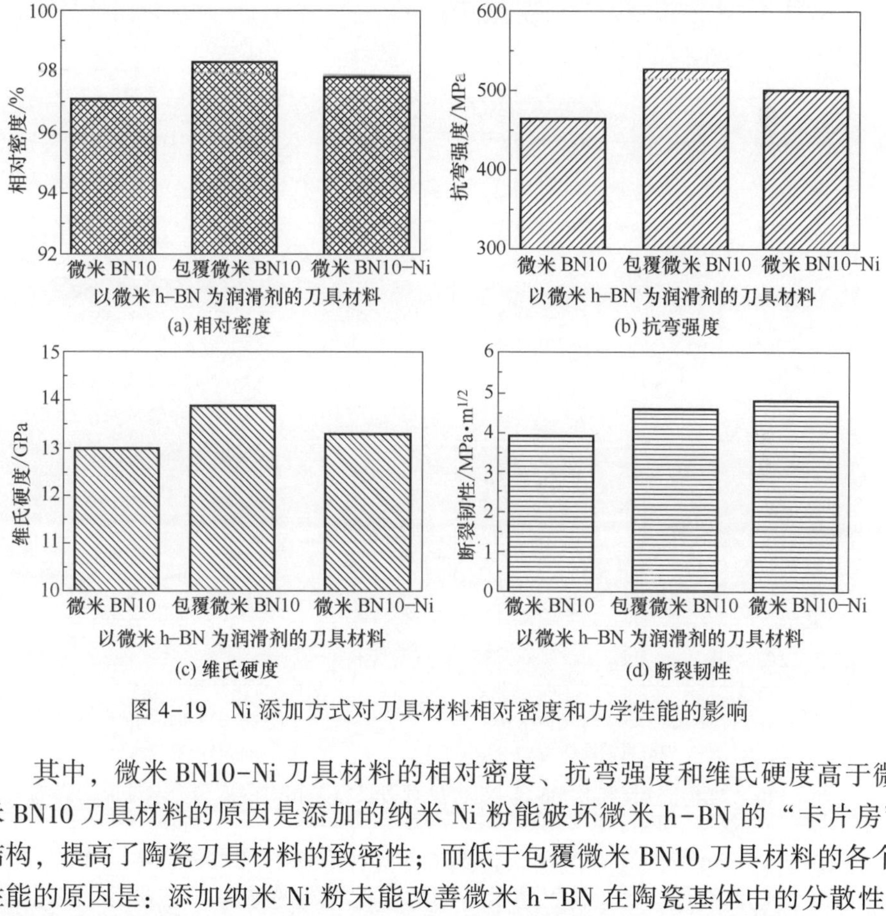

图 4-19　Ni 添加方式对刀具材料相对密度和力学性能的影响

其中，微米 BN10-Ni 刀具材料的相对密度、抗弯强度和维氏硬度高于微米 BN10 刀具材料的原因是添加的纳米 Ni 粉能破坏微米 h-BN 的“卡片房”结构，提高了陶瓷刀具材料的致密性；而低于包覆微米 BN10 刀具材料的各个性能的原因是：添加纳米 Ni 粉未能改善微米 h-BN 在陶瓷基体中的分散性，导致叠层团聚较多，使得相对密度和抗弯强度偏低；此外，添加的纳米 Ni 粉广泛均布于陶瓷基体中，削弱了陶瓷基体的结合键能，导致维氏硬度降低。

而在断裂韧性方面，微米 BN10-Ni 刀具材料的断裂韧性高于微米 BN10 刀具材料的原因是添加的 Ni 粉起到了金属增韧作用；高于包覆微米 BN10 刀具材料的原因是纳米 Ni 粉的广泛均匀分布，使得金属增韧作用更充分。

4.3.6 h-BNn@Ni 含量对相对密度和力学性能的影响

图 4-20（a）~（d）分别为添加不同含量 h-BNn@ Ni 刀具材料的相对密度和力学性能，并与相应的添加纳米 h-BN 的刀具材料进行对比。可见随着纳米 h-BN 或 h-BNn@ Ni 含量的增加，两种刀具材料的相对密度和力学性能都呈下降趋势。当 h-BNn@ Ni 的体积分数分别为 5%、10%和 15%时，包覆纳米 h-BN 刀具材料的相对密度和力学性能分别高于相应的纳米 h-BN 刀具材料。其中相对密度分别提高了 0.8%、1.1%、1.7%；抗弯强度分别提高了 8.4%、9.1%和 7.7%；维氏硬度分别提高了 5.5%、5%和 4.1%；断裂韧性分别提高了 14.9%、13.6%和 13.2%。

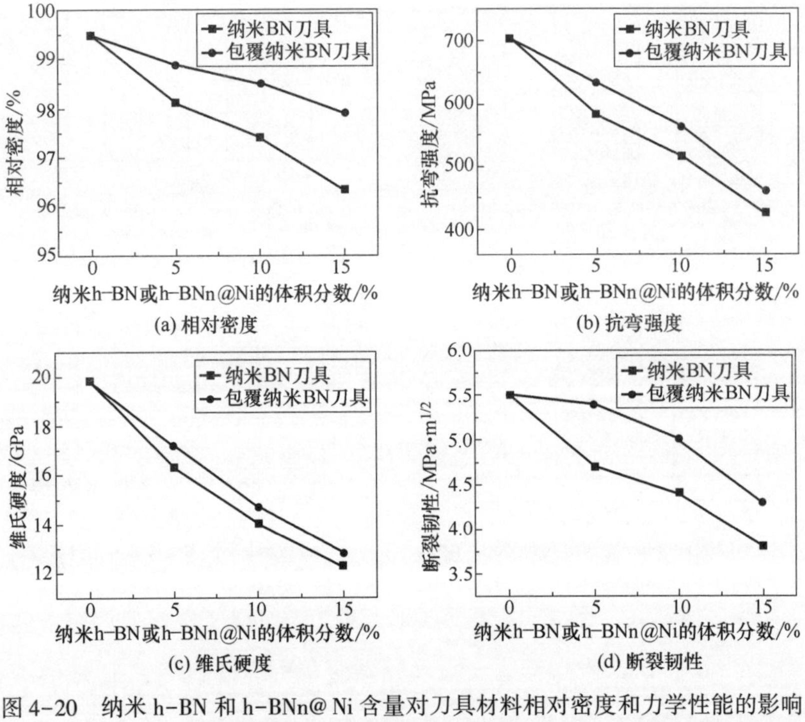

(a) 相对密度　(b) 抗弯强度　(c) 维氏硬度　(d) 断裂韧性

图 4-20　纳米 h-BN 和 h-BNn@ Ni 含量对刀具材料相对密度和力学性能的影响

添加 h-BNn@ Ni 复合粉体代替纳米 h-BN 粉体，是包覆纳米 h-BN 刀具材料的相对密度和力学性能高于纳米 h-BN 刀具材料的原因。一方面，组分相同的陶瓷材料的力学性能取决于其微观结构。纳米 h-BN 刀具材料中的 h-BN 晶粒有较多叠层团聚现象，因此，在 h-BN 与陶瓷晶粒间和 h-BN 叠层间的空隙较多，导致陶瓷刀具材料的致密性较低。与陶瓷基体的界面结合不紧密，导致微观结构不均匀、致密性较差，因此削弱了相对密度、抗弯强度和维氏硬度。相比之下，包覆纳米 h-BN 刀具材料中的 h-BN 晶粒分散较好，与陶瓷基体的界面结合紧密，使得微观结构较均匀、致密性较好，因此相对密度、抗弯强度和维氏硬度较高；另一方面，通过添加 h-BNn@ Ni 复合粉体提高了 h-BN 晶粒的脱黏功和拔出功，起到增韧作用；并且由此引入的延性金属 Ni 颗粒可以通过桥接效应和裂纹偏转而起到增韧作用。因此，包覆纳米 h-BN 刀具材料的断裂韧性高于纳米 h-BN 刀具材料。

4.3.7　添加 BNNS@Ni 对相对密度和力学性能的影响

如表 4-4 所示，与 Al_2O_3/(W,Ti)C 陶瓷刀具材料相比，包覆 BNNS1 刀具材料的相对密度和维氏硬度分别降低了 0.4%和 5.6%，而抗弯强度和断裂韧性分别提高了 8.3%和 21.8%，综合力学性能得到改善。相对密度和维氏硬度稍有降低是因为 BNNS@ Ni 复合粉体中的 BNNS 和 Ni 分别在一定程度上阻碍了陶瓷基体晶粒的传质重排和弱化了陶瓷基体晶粒间的结合键。抗弯强度的提高可归因于添加 BNNS@ Ni 复合粉体的增强作用。BNNS 具有优异的力学性能，并且分布在晶界处的 BNNS 能抑制陶瓷晶粒的长大，使得刀具材料的微观结构均匀、陶瓷相晶粒较小。断裂韧性的提高得益于添加 BNNS@ Ni 复合粉体的增韧作用，即 BNNS 能以拔出、拉断和诱发裂纹偏转、桥联等形式对陶瓷刀具材料进行增韧。

与 BNNS1 刀具材料相比，包覆 BNNS1 刀具材料的相对密度、抗弯强度、维氏硬度和断裂韧性分别提高了 0.8%、3.4%、3.3%和 11.7%。其中，相对密度、抗弯强度和维氏硬度的提高是由于化学镀 Ni 使得 BNNS 与陶瓷基体的结合紧密，减小或消除了界面间的空隙。断裂韧性的提高是因为 Ni 包覆层增加了 BNNS 与陶瓷基体的界面结合强度，进而增加了 BNNS 的拔出功，增加了 BNNS 的拉断概率，同时金属 Ni 也起到了增韧作用。

4.3.8　h-BN 尺寸对刀具材料力学性能的影响

在片径的影响方面，微米 h-BN 和纳米 h-BN 的物理力学性能很低，与陶瓷基体相差很大，特别是弹性模量的差别导致自润滑陶瓷刀具材料在承受外载荷时，h-BN 和陶瓷基体的应变很不协调，在两者的界面处产生应力集中，由此产生的微裂纹易沿两者的界面扩展，进而对陶瓷基体产生“割裂”作用。由于微米 h-BN 的片径大于纳米 h-BN，因此，微米 h-BN 对陶瓷基体的“割裂”作用大于纳米 h-BN。所以，以纳米 h-BN 为固体润滑剂的刀具材料的力学性能高于以相同含量微米 h-BN 为固体润滑剂的刀具材料。

在片厚的影响方面，与微米 h-BN 和纳米 h-BN 相比，BNNS 的力学性能很高，对陶瓷基体的“割裂”作用较小，还能对陶瓷基体起到增韧补强作用。因此，以 BNNS 为固体润滑剂的刀具材料的力学性能高于以微米 h-BN 或纳米 h-BN 为固体润滑剂的刀具材料。

4.4 h-BN@Ni 核壳自润滑陶瓷刀具材料的增韧机理

采用维氏硬度计在刀具材料的抛光表面上引入压痕裂纹：以 196N 的载荷压入陶瓷表面，保压 15s 后，卸去载荷。通过观察分析裂纹扩展形貌来研究自润滑陶瓷刀具材料的增韧机理。

4.4.1 添加 h-BNμ@Ni 刀具材料的增韧机理

图 4-21 分别为垂直和平行于热压方向的抛光表面上的维氏压痕裂纹的 SEM 照片。对于微米 BN5 刀具材料，垂直于热压方向的表面上的裂纹几乎平直，边缘整齐，如图 4-21(a) 所示。这表明该刀具材料的主要断裂模式是穿晶断裂。在垂直于热压方向的表面上，微米 h-BN 晶粒对裂纹扩展的偏转作用不明显。从图 4-21(b) 中可以看出，平行于热压方向的表面上的裂纹在微米 h-BN 晶粒附近偏转并沿其与陶瓷基体晶粒的界面扩展，在遇到一个微米 h-BN 团聚体后再次偏转约 45°角。因此，在平行于热压方向的表面上，微米 h-BN 晶粒通过偏转效应对裂纹扩展起阻碍作用，这与已有研究结果一致。对于包覆微米 BN5 刀具材料，垂直于热压方向的表面上的裂纹呈波纹状，边缘呈锯齿状，如图 4-21(c) 所示。这表明穿晶断裂和沿晶断裂是该刀具材料的主要断裂模式，加入 h-BNμ@ Ni 复合粉体后，刀具材料的断裂模式发生了变化。如图 4-21(d) 所示，平行于热压方向的表面上的裂纹也表现为穿晶断裂和沿晶断裂，并且两种类型的断裂模式可以同时发生在单个(W,Ti)C 晶粒上(晶粒 A)。此外，与图 4-21(c) 所示的裂纹相比，该裂纹显示出更多和更大幅度的偏转，这归因于微米 h-BN 晶粒对裂纹的偏转效应。

图 4-22 为微米 BN10 的刀具材料平行于热压方向的抛光面上的裂纹遇到微米 h-BN 时的偏转情况。如图 4-22(a) 所示，裂纹在扩展过程中先后到达两个微米 h-BN 晶粒的侧面，都发生了明显的偏转，并沿着微米 h-BN 和陶瓷基体的界面继续扩展。图 4-22(b) 显示了微米 h-BN 晶粒与陶瓷基体“脱黏”的形貌，可见裂纹沿界面扩展直至该微米 h-BN 晶粒的一端，然后继续沿原方向扩展。图 4-22(c) 示出了裂纹到达微米 h-BN 叠层体的一端后的扩展情况。可见裂纹沿该叠层体的基面扩展进入，从其另一端扩展出去。由图 4-22(d) 可见，该叠层体在裂纹右侧沿基面解离，在裂纹左侧与陶瓷基体“脱黏”。这说明微米 h-BN 晶粒之间和微米 h-BN 与陶瓷基体之间的界面结合较弱。

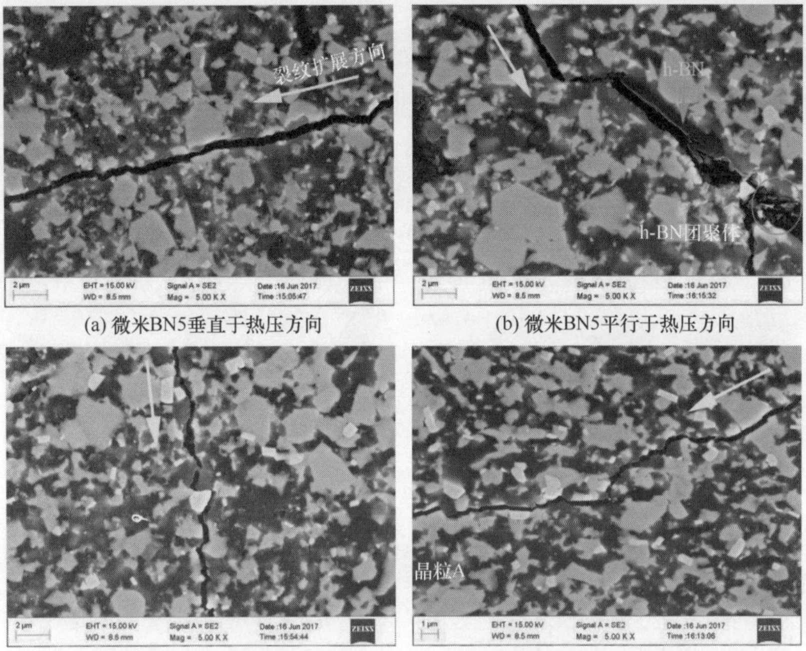

(a) 微米BN5垂直于热压方向　(b) 微米BN5平行于热压方向

(c) 包覆微米BN5垂直于热压方向　(d) 包覆微米BN5平行于热压方向

图 4-21　维氏压痕裂纹形貌

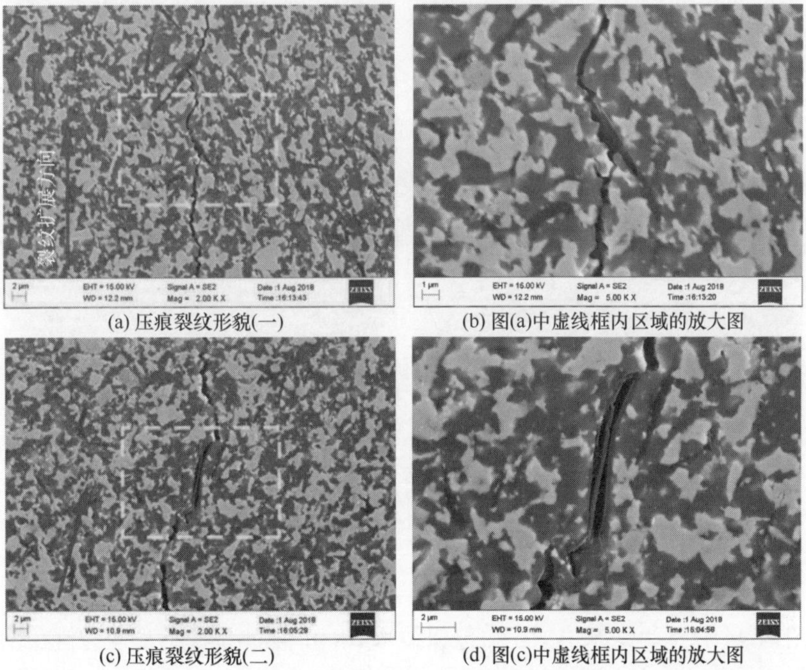

(a) 压痕裂纹形貌(一)　(b) 图(a)中虚线框内区域的放大图

(c) 压痕裂纹形貌(二)　(d) 图(c)中虚线框内区域的放大图

图 4-22　微米 BN10 平行于热压方向的抛光面上的维氏压痕裂纹形貌

由图 4-23 可见深灰色针状的微米 h-BN 晶粒基本以单一晶粒形式分布在包覆微米 BN10 的刀具材料中，再次证明添加 h-BNμ@ Ni 复合粉体能提高微米 h-BN 的分散性。还可以看出微米 h-BN 呈取向分布，与从断面观察到的结果一致。图 4-23(a) 和 (b) 示出了同一条裂纹扩展经过多个微米 h-BN 晶粒的情况。由图 4-23(a) 可见，裂纹被多个微米 h-BN 晶粒偏转。由图 4-23(b) 可见，裂纹到达右侧微米 h-BN 晶粒后并未偏转，而是继续沿原方向扩展。这表明添加 h-BNμ@ Ni 复合粉体提高了微米 h-BN 与陶瓷基体的界面结合强度，增大了脱黏功。如图 4-23(c) 所示，裂纹绕过了两个微米 h-BN 晶粒的一端，然后沿原方向继续扩展，没有发生明显的界面分离现象。由图 4-23(d) 可见，裂纹被微米 h-BN 偏转，并沿其与陶瓷基体的界面扩展，在到达该微米 h-BN 晶粒的端部之前使其穿晶断裂，然后沿原方向扩展，这些现象表明微米 h-BN 晶粒与陶瓷基体的界面结合较强。

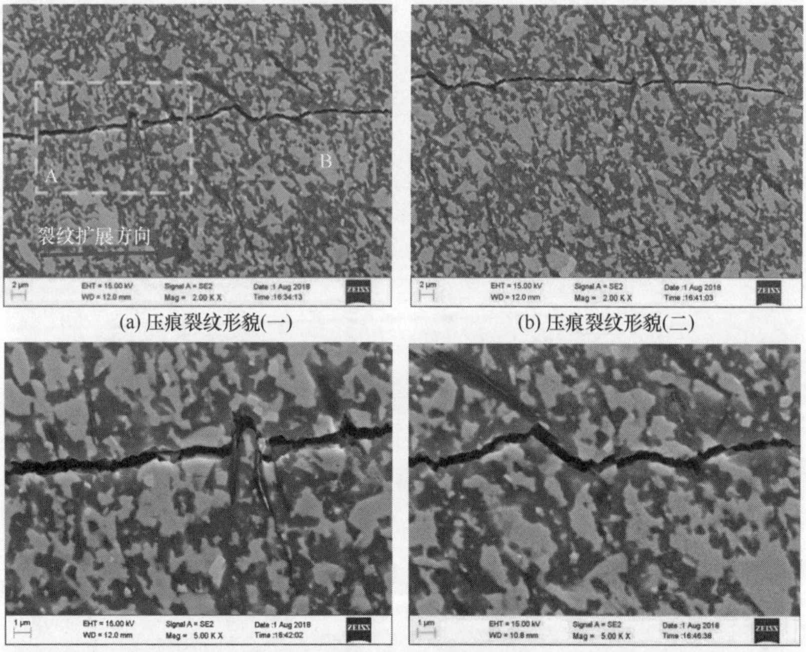

(a) 压痕裂纹形貌(一)　(b) 压痕裂纹形貌(二)

(c) 图(a)中区域A的放大图　(d) 图(a)中区域B的放大图

图 4-23　包覆微米 BN10 平行于热压方向的抛光面上的维氏压痕裂纹形貌

4.4.2　添加 h-BNn@Ni 刀具材料的增韧机理

图 4-24 分别为纳米 BN10 和包覆纳米 BN10 自润滑陶瓷刀具材料在垂直于和平行于热压方向的抛光面上的裂纹扩展的 SEM 照片。由图 4-24(a)(b) 可以看出，纳米 BN10 刀具材料在两个方向抛光面上的裂纹扩展形貌相近。扩展

形式包括裂纹偏转、桥联等；扩展机理包括沿晶扩展和穿晶扩展。这是由于该刀具材料中的 h-BN 未形成明显的取向分布。由图 4-24(c)(d) 可见包覆纳米 BN10 刀具材料在两个方向抛光面上的裂纹扩展形貌也相差不大。扩展形式包括裂纹偏转、分叉、桥联等；扩展机理为沿晶扩展和穿晶扩展的混合模式。这是因为在该刀具材料中的纳米 h-BN 也未形成明显的取向分布。此外，在图 4-24(d) 中可以观察到纳米 h-BN 晶粒拔出。分别对比图 4-24(a)(c)、图 4-24(b)(d) 可见，包覆纳米 BN10 刀具材料在两个方向抛光面上的裂纹比纳米 BN10 刀具材料的裂纹偏转幅度更大、频次更多。这是由于除了纳米 h-BN 形成的裂纹偏转，包覆纳米 BN10 刀具材料还有通过添加 h-BNn@Ni 复合粉体引入的金属 Ni 诱发的裂纹偏转。因此，包覆纳米 BN10 刀具材料的断裂韧性高于纳米 BN10 刀具材料。

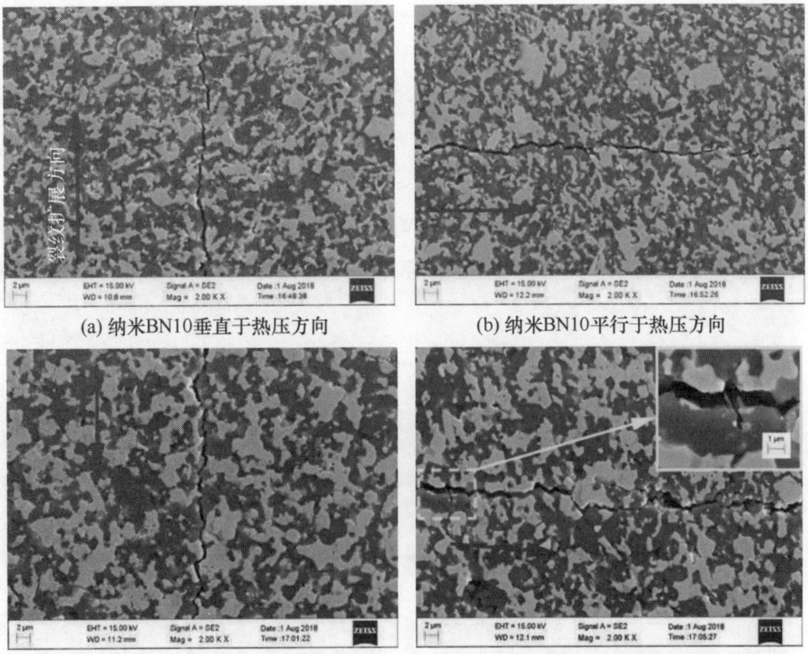

(a) 纳米BN10垂直于热压方向　(b) 纳米BN10平行于热压方向

(c) 包覆纳米BN10垂直于热压方向　(d) 包覆纳米BN10平行于热压方向

图 4-24　在不同方向抛光面上的维氏压痕裂纹形貌

4.4.3　添加 BNNS@Ni 刀具材料的增韧机理

如图 4-25 所示，包覆 BNNS1 刀具材料的裂纹扩展模式为穿晶和沿晶扩展相结合，并且以穿晶扩展为主，表明该刀具材料的晶界结合强度很高。由图 4-25 (a)~(c) 可见裂纹扩展路径曲折，发生桥联、偏转等增韧现象。由图 4-25(d) 可见 BNNS 的拔出现象，并且可以看出 BNNS 的一端还未完全拔出，而另一端在拔出时发生了断裂，断口的自由端有卷曲现象，表明在断裂时产生了弹性形变，这说明添加 BNNS@ Ni 复合粉体使 BNNS 与陶瓷基体的界面结合强度得到加强，拔出功增大，这有助于增大刀具材料的断裂韧性。由图 4-25(d) 还可看到 BNNS 诱导产生的穿晶断裂。

由纤维增韧复合材料的相关理论可知，适当增大纤维与基体的界面结合强度能起到增韧作用。可把 BNNS 看作长方体状的纤维，其从陶瓷基体中拔出是刀具材料的主要增韧机理之一。BNNS 拔出消耗的能量 ΔG_c 用式（4-8）计算：

$$\Delta G_c = \frac{\tau l_d^2}{16}\left(\frac{1}{t}+\frac{1}{w}\right) V_f \tag{4-8}$$

式中，τ 为 BNNS 与陶瓷基体的界面剪切强度，MPa；w 为 BNNS 的宽度，μm；t 为 BNNS 的厚度，μm；l_d 为 BNNS 的长度，μm；V_f 为陶瓷材料中 BNNS 的体积分数，vol. %。

由于 BNNS 很薄，并假设其为正方形，则 $t<<w$，$l_d=w$，径厚比 $AR=w^2/t$。此时，式（4-8）可简化为：

$$\Delta G_c \approx \frac{\tau w^2 V_f}{16t} = \frac{\tau V_f}{16} \times AR \tag{4-9}$$

由式（4-9）可知，当 BNNS 的体积分数和径厚比一定时，其拔出所消耗

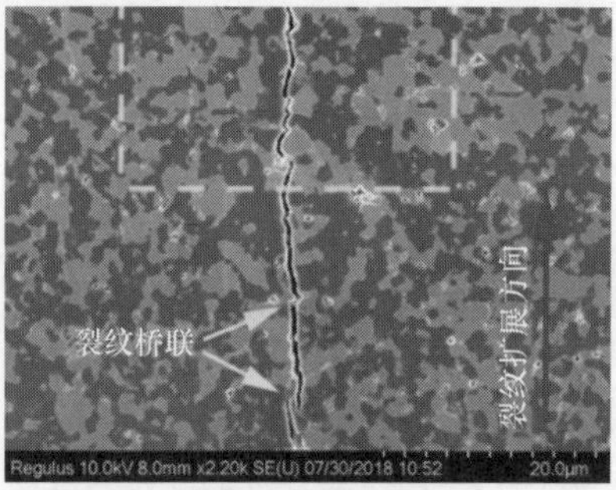

(a) 压痕裂纹形貌(一)

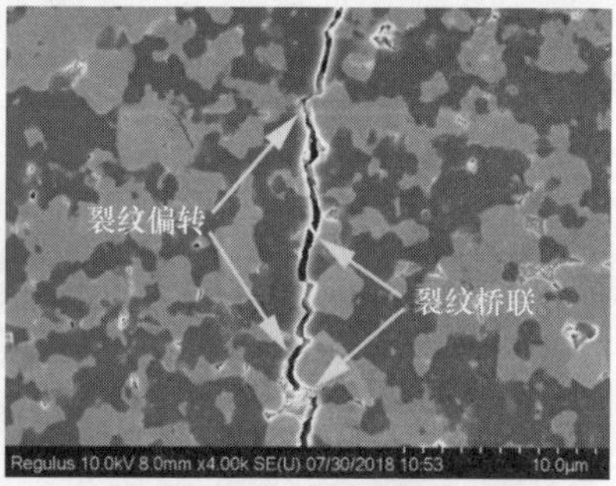

(b) 图(a)中虚线框内区域的放大图

(c) 压痕裂纹形貌(二)

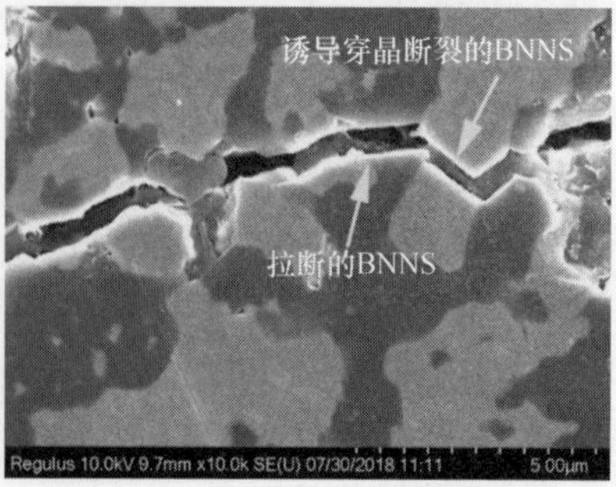

(d) 图(c)中虚线框内区域的放大图

图 4-25　包覆 BNNS1 垂直于热压方向抛光面上的维氏压痕裂纹形貌

的能量与界面剪切强度成正比。由于 BNNS 与陶瓷基体的界面剪切强度取决于两者的界面结合强度，因此添加 BNNS@ Ni 复合粉体通过提高界面结合强度使 BNNS 拔出所消耗的能量增加，因此增大了刀具材料的断裂韧性。

4.4.4　h-BN 尺寸对刀具材料增韧的影响

在片径的影响方面，首先，h-BN 片径在裂纹偏转方面影响增韧。通常裂纹扩展至 h-BN 晶粒后，沿侧面扩展至其边缘，然后继续沿原方向扩展。如图 4-26 所示，由于微米 h-BN 的片径较大，裂纹沿其侧面扩展的路径较长，即裂纹偏转的幅度较大；相比之下，纳米 h-BN 的片径较小，裂纹沿其侧面扩展的路径较短，即裂纹偏转的幅度较小。但由于体积分数相同时，纳米 h-BN 颗粒的数量远多于微米 h-BN，裂纹在扩展过程中因遇到 h-BN 的概率增加而使得偏转频次增加，所以纳米 h-BN 刀具材料的裂纹更加曲折。其次，片径在 h-BN 晶粒拔出方面影响增韧。在界面结合强度相同的情况下，微米 h-BN 的片径较大，拔出的距离较长，进而拔出功也较大；纳米 h-BN 的片径较小，拔出功也相应较小。

在片厚的影响方面，一方面，与微米 h-BN 和纳米 h-BN 相比，BNNS 的片厚很小，在相同条件下的拔出功较大；另一方面，由于 BNNS 呈弯曲状态分布在陶瓷基体晶粒间，比平直状态分布的微米 h-BN 和纳米 h-BN 具有较大的拔出功。

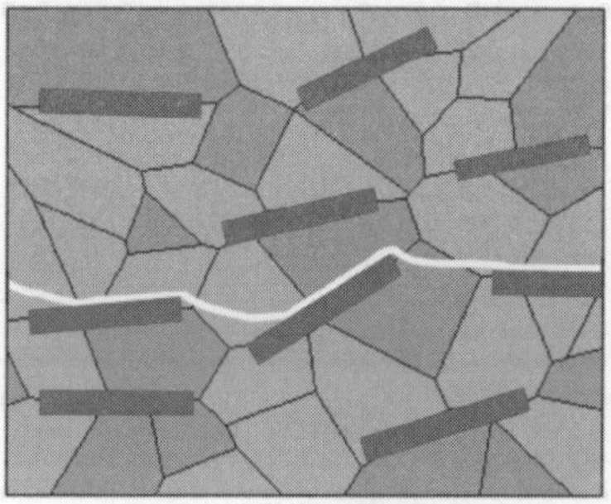
(a) 微米h-BN

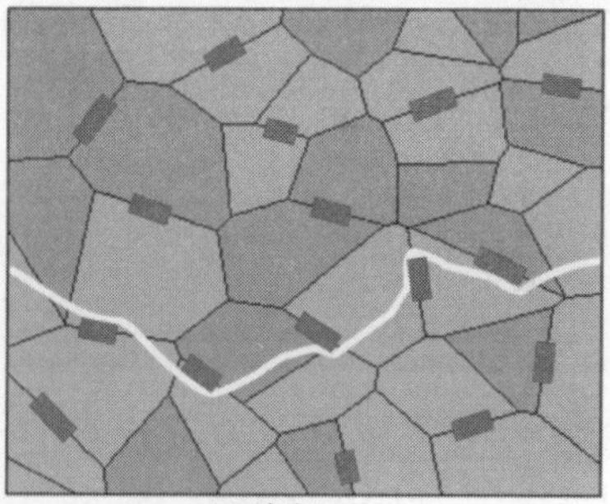
(b) 纳米h-BN

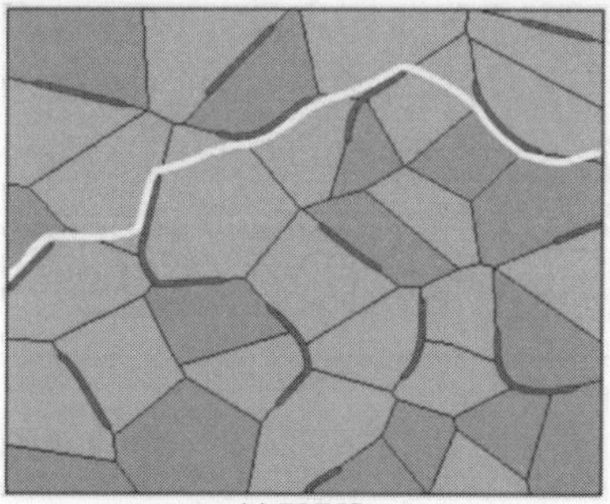
(c) BNNS

图 4-26　不同尺寸 h-BN 对刀具材料的裂纹偏转的影响示意图

第 5 章　h-BN@SiC 核壳自润滑陶瓷刀具材料制备与性能

由于制备的 h-BN@Ni 核壳自润滑陶瓷刀具材料的断裂韧性较低，因此本章以 Al_2O_3/TiC 作为基体材料，以 h-BN@SiC 作为固体润滑剂，以 MgO 为烧结助剂制备 Al_2O_3/TiC/h-BN@SiC 自润滑陶瓷刀具材料，测试其力学性能，并进行微观结构的表征。

5.1　h-BN@SiC 核壳自润滑陶瓷刀具材料的制备

5.1.1　实验原料

所采用的 Al_2O_3 粉体由上海超威纳米科技有限公司生产，平均粒径 1μm，纯度大于 99.9%；TiC 粉体由上海超威纳米科技有限公司生产，平均粒径 0.5μm，纯度大于 99.9%；烧结助剂 MgO 购自国药集团化学试剂有限公司，纯度为 99.9%。h-BN@SiC 为自制，XRD 分析结果显示复合粉体中只有 h-BN 和 SiC 两种物质，无其他杂质相。

5.1.2　组分配比

为研究添加 h-BN@SiC 复合粉体对 Al_2O_3/TiC 陶瓷材料力学性能与微观结构的影响以及对 Al_2O_3/TiC/h-BN 自润滑陶瓷刀具材料力学性能的改善，制备了 Al_2O_3/TiC、Al_2O_3/TiC/h-BN 和 Al_2O_3/TiC/h-BN@SiC 3 种不同组分的自润滑陶瓷刀具材料，并研究了添加不同含量 h-BN@SiC 对刀具材料力学性能和微观结构的影响。各刀具材料具体组分配比，如表 5-1 所示。其中 ATH5 和 ATH10 中固体润滑剂为 h-BN，后面数字表示其中 h-BN 的体积含量；ATH@5~15 中的固体润滑剂为自制 h-BN@SiC 包覆型固体润滑剂。

表 5-1　自润滑陶瓷刀具材料各组分体积含量（vol. %）

材料	Al_2O_3	TiC	MgO	固体润滑剂
AT	69.65	29.85	0.5	—
ATH5	66.15	28.35	0.5	5
ATH10	62.65	26.85	0.5	10

续表

材料	Al_2O_3	TiC	MgO	固体润滑剂
ATH@5	66.15	28.35	0.5	5
ATH@10	62.65	26.85	0.5	10
ATH@15	59.15	25.35	0.5	15

5.1.3 制备工艺

根据表 5-1 中所列各材料的组分配比，在真空条件下，利用热压烧结工艺制备自润滑陶瓷刀具材料，制备工艺流程图，如图 5-1 所示。

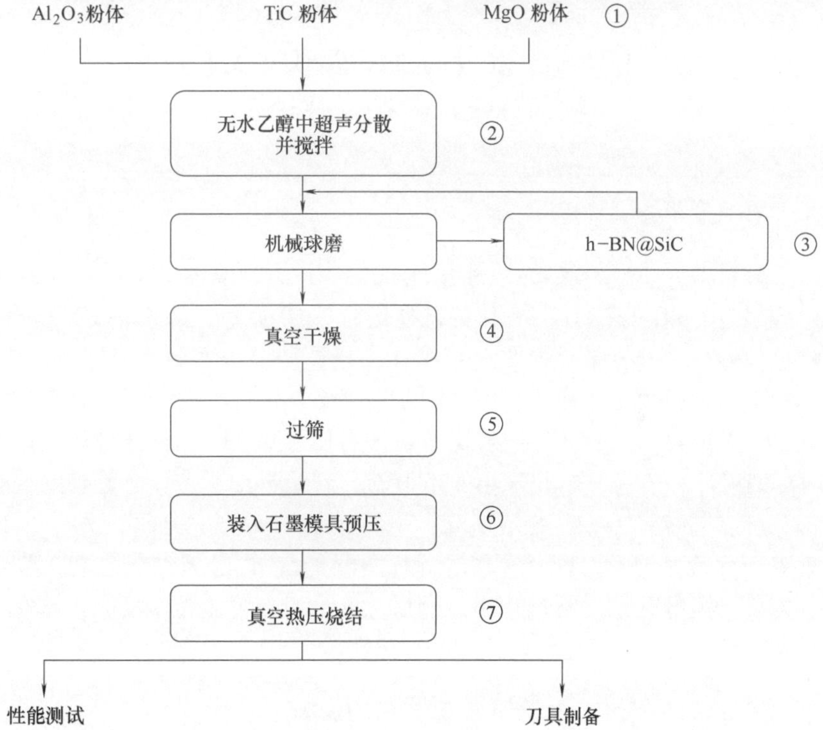

图 5-1　自润滑陶瓷刀具材料的制备工艺流程图

具体制备过程如下：

① 按表 5-1 中的组分配比分别称取各组分粉体。

② 将所称得的 Al_2O_3 粉体、TiC 粉体分别加入一定量的无水乙醇中，超声分散并搅拌 25min，得到悬浮液，将所得悬浮液混合得到复相悬浮液，加入烧结助剂 MgO 后超声分散并搅拌 25min，得到混合均匀的复相悬浮液。

③ 以球料质量比 10∶1 称取硬质合金球，与混合均匀的复相悬浮液一同

倒入球磨罐中，充入氮气作为保护气体，连续球磨 48h 后再加入 h-BN@ SiC 复合粉体球磨 2h，以防止长时间的球磨过程破坏 h-BN@ SiC 粉体的包覆结构。

④ 将球磨后得到的复相悬浮液在真空干燥箱 110℃温度下真空干燥至少 24h，以完全去除其中的无水乙醇。

⑤ 干燥后的粉料经 200 目筛子过筛，密封保存，防止粉料受潮。

⑥ 称取适量干燥、过筛后的复合粉料装入石墨模具中并用千斤顶进行预压，预压时间为 20min。

⑦ 将预压后的石墨模具放入石墨套筒，在真空热压烧结炉中进行热压烧结，烧结温度为 1650℃，保温时间 20min，升温速度 20℃/min，热压压力 30MPa。

5.2 h-BN@SiC 核壳自润滑陶瓷刀具材料物相分析和微观结构表征

5.2.1 物相分析

由于材料中 h-BN@ SiC 的添加量比较少，为方便观察，测试时采用添加 15vol.%h-BN@ SiC 的 ATH@ 15 作为试样进行 XRD 分析，以使 h-BN 和 SiC 的衍射峰更加明显，分析结果如图 5-2 所示。从图中可以看到，Al_2O_3 和 TiC 的衍射峰非常明显，为主要晶相；h-BN 的衍射峰也可以比较清楚地观察到；而由于 SiC 的含量太少，所以其衍射峰不是很明显，对 35°～36°进行放大后发现在 Al_2O_3 衍射峰旁边有一个非常小的衍射峰，与图 5-2 中 SiC 衍射峰的位置完全相符，可以判断其为 SiC 的衍射峰；烧结助剂 MgO 的添加量太少，所以没有发现其衍射峰。Al_2O_3/TiC/h-BN@ SiC 材料的 XRD 分析结果表明，烧结前后没有发生物相变化，烧结过程中各物质之间并没有发生化学反应，具有良好的化学相容性。

5.2.2 固体润滑剂对刀具材料微观结构的影响

图 5-3 为 AT 刀具材料断口的扫描电子显微镜照片和 EDS 能谱图。可以看到材料较致密，晶粒尺寸比较细小，各相分布均匀。图中多处位置可以观察到河流花样，这是解理断裂的重要微观形貌特征，因此，AT 刀具材料的断裂方式为穿/沿晶混合断裂。图 5-3(a) 中 1 处颜色较深的晶粒的 EDS 分析结果显示该处元素主要为 Ti 和 C，Al 和 O 元素含量较少，表明此晶粒为 TiC；2 处的 EDS 分析结果显示该处主要元素为 Al 和 O,Ti 和 C 元素含量极少,说明此晶粒为 Al_2O_3。

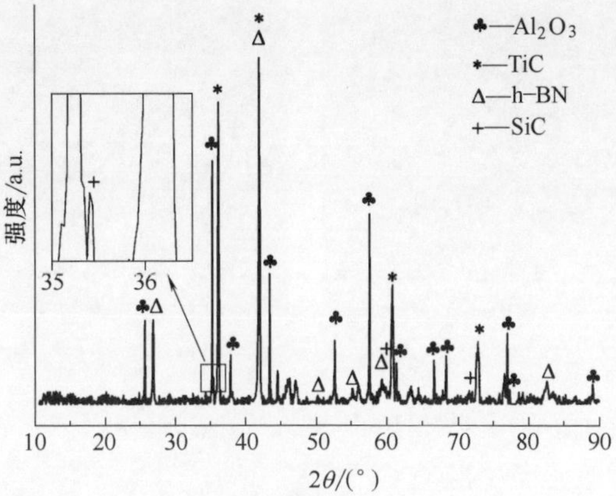

图 5-2　Al_2O_3/TiC/h-BN@SiC 材料的 XRD 图谱

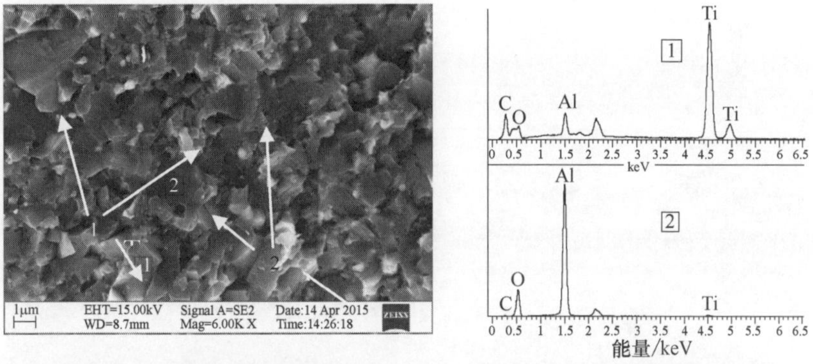

(a) 扫描电子显微镜照片　　(b) 能谱分析

图 5-3　AT 刀具材料断口的扫描电子显微镜照片和能谱分析

图 5-4(a) 和 (b) 分别为添加 10vol.%含量 h-BN 和 h-BN@SiC 的 ATH10 和 ATH@10 材料断口的扫描电镜照片。从图 5-4(a) 中可以看出，烧结后的 h-BN 依然保持片状结构，但 h-BN 与基体结合不紧密，导致材料致密性下降，在 h-BN 颗粒的位置可以清楚地观察到有大的孔隙存在，这是由于在材料的烧结过程中颗粒之间的滑动、旋转和重排受到了片状 h-BN 颗粒的阻碍，从而影响了自润滑陶瓷刀具材料的致密化，这些孔隙是造成材料硬度和抗弯强度下降的主要原因；图 5-4 中没有观察到穿晶断裂的典型微观形貌特征，ATH10 材料的断裂方式为沿晶断裂。图 5-4(b) 中的 ATH@10 材料中，h-BN 也保持了原有的片状结构，且分布均匀，并没有出现大的 h-BN 团聚体，与 ATH10 材料相比，该材料相对比较致密，但在 h-BN 存在的地方也可以观察到孔隙的存在，与图 5-4(a) 相比，解理断裂的河流花样明显减少，但仍然存在，说明 ATH@10 材料的断裂模式也是穿/沿晶混合断裂。

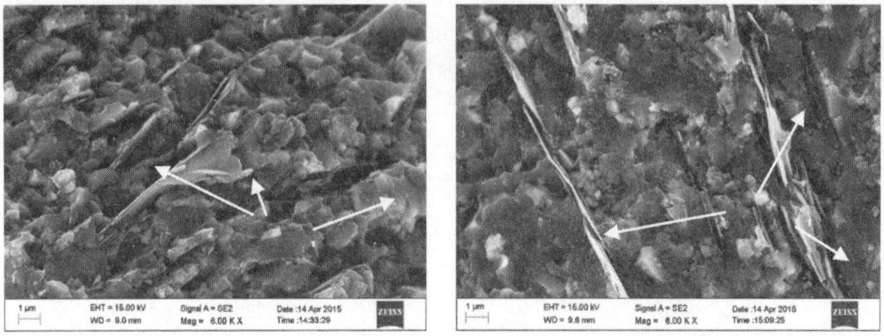

(a) ATH10　　(b) ATH@10

图 5-4　ATH10 和 ATH@ 10 材料断口的扫描电子显微镜照片

对比以上 3 种刀具材料断口的微观结构，h-BN 的添加是导致材料致密性和材料力学性能下降的主要原因。与直接添加 h-BN 的 ATH10 材料相比，ATH@ 10 材料的致密性要比 ATH10 材料稍好，这与 ATH@ 10 材料的力学性能高于 ATH10 相符，说明将 SiC 包覆在 h-BN 表面再加入陶瓷基体中，对材料的微观结构和力学性能有一定的改善作用。

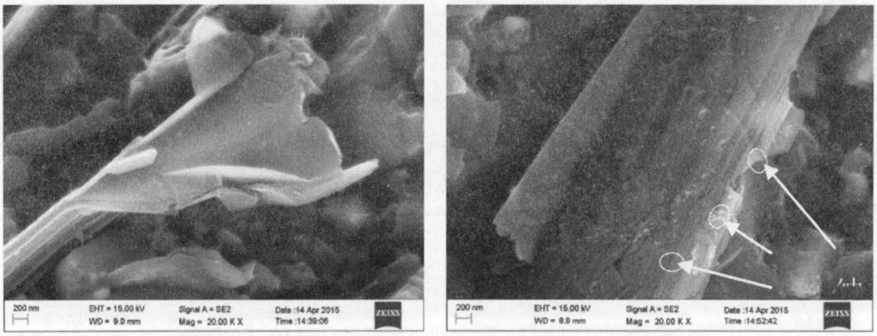

(a) ATH10　　(b) ATH@10

图 5-5　ATH10 和 ATH@ 10 中 h-BN 颗粒的高倍扫描电子显微镜照片

图 5-5 为 ATH10 和 ATH@ 10 中 h-BN 颗粒的高倍扫描电子显微镜照片。可以看到 ATH10 中的 h-BN 颗粒表面非常光滑，而 ATH@ 10 中的 h-BN 颗粒表面附着了一些纳米颗粒，可以推断这些纳米颗粒就是包覆在 h-BN 表面的 SiC 颗粒。但对比未烧结前的 h-BN@ SiC 复合颗粒可以发现，烧结后 h-BN 表面的 SiC 颗粒明显减少，这可能是因为材料制备过程中需要经过球磨工艺，而剧烈的球磨会对 h-BN@ SiC 颗粒造成比较大的破坏，从而导致了 h-BN 表面包覆的 SiC 颗粒减少。

5. 2. 3　h-BN@SiC 含量对刀具材料微观结构的影响

图 5-6 为不同 h-BN@ SiC 含量时刀具材料断口的扫描电子显微镜照片。

从图 5-6（a）~（c）中可以看到随着 h-BN@ SiC 含量的增加，刀具材料的致密性明显下降，刀具材料基体晶粒尺寸也随着 h-BN@ SiC 含量的增加而增大，且在添加 15vol. % h-BN@ SiC 的 ATH@ 15 材料中，h-BN 已经出现了团聚现象。h-BN@ SiC 的添加是导致刀具材料微观结构缺陷增加和材料力学性能下降的主要原因。3 种 h-BN@ SiC 含量的刀具材料断口均可以观察到河流花样，说明添加 h-BN@ SiC 后刀具材料的断裂模式依然为穿/沿晶混合断裂。

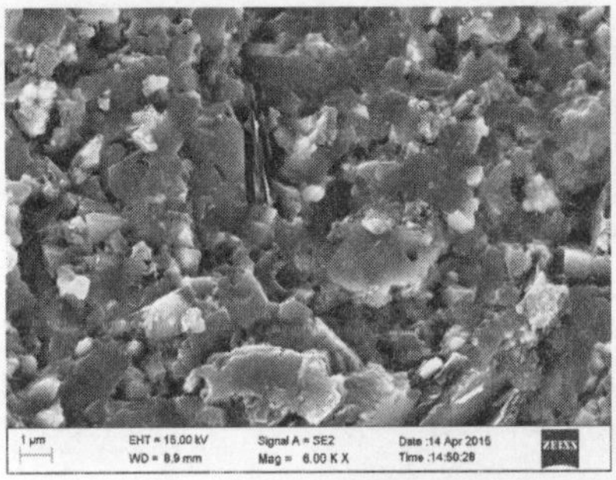

(a) ATH@5

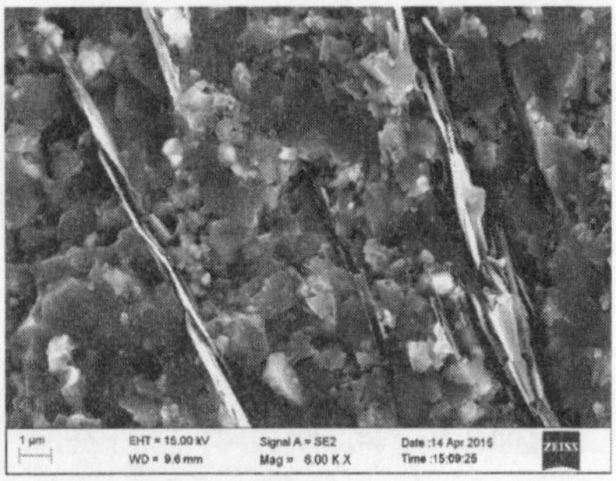

(b) ATH@10

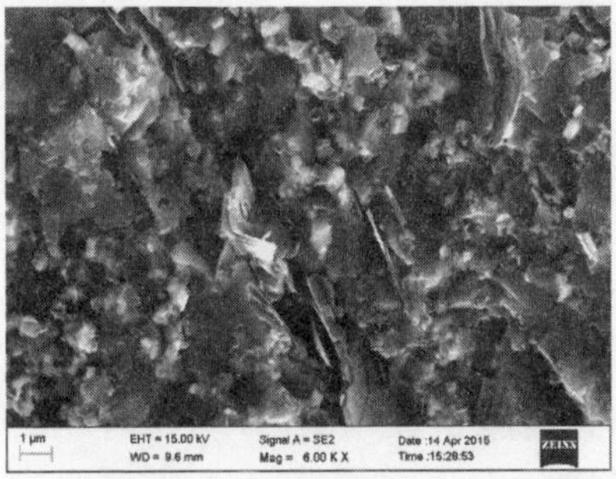

(c) ATH@15

图 5-6　h-BN@ SiC 含量对材料微观结构的影响

5.3　h-BN@ SiC 核壳自润滑陶瓷刀具材料的力学性能测试

5.3.1　不同固体润滑剂对力学性能的影响

分别在相同烧结工艺（烧结温度 1650℃、保温时间 20min、升温速率 20℃/min、热压压力 30MPa）下制备了 Al_2O_3/TiC（AT）、添加 5vol. % 和 10vol. % h-BN 的 Al_2O_3/TiC/h-BN（ATH5、ATH10）与添加 10vol. % h-BN@ SiC 的 ATH@ 5、ATH@ 10 5 种陶瓷刀具材料并测试了其硬度、断裂韧性和抗弯强度，并将测试结果列于表 5-2。

表 5-2　添加固体润滑剂对 Al_2O_3/TiC 基陶瓷材料力学性能的影响

材料	硬度/GPa	断裂韧性/MPa·$m^{1/2}$	抗弯强度/MPa
AT	19.77±0.74	5.65±0.52	687±67
ATH5	15.12±0.43	4.86±0.39	638±43
ATH@5	17.06±0.52	7.02±0.25	538±42
ATH10	12.11±0.49	4.32±0.58	605±43
ATH@10	13.57±0.56	5.69±0.42	581±38

从表 5-2 中可以看到，与 AT 材料相比，ATH5 与 ATH10 材料的硬度、断裂韧性和抗弯强度均有不同程度下降。ATH@5 与 ATH@10 材料的硬度与抗弯强度与 AT 材料相比也有下降；硬度的下降幅度比 ATH5 和 ATH10 小，抗弯强度下降幅度大，断裂韧性没有下降，反而有所增加。

与直接添加 h-BN 的 ATH5 和 ATH10 材料相比，添加 h-BN@SiC 的 ATH@5 和 ATH@10 材料的硬度和断裂韧性均有提高，抗弯强度有小幅度下降。其中 ATH@5 材料的硬度由 15.12GPa 增加到 17.06GPa，提高了 12.8%；断裂韧性由 4.86MPa·$m^{1/2}$ 增加到 7.02MPa·$m^{1/2}$，提高了 44.4%；抗弯强度由 638MPa 下降到 538MPa，下降了 15.7%。ATH@10 材料的硬度由 12.11GPa 增加到 13.57GPa，提高了 12%；断裂韧性由 4.32MPa·$m^{1/2}$ 增加到 5.69MPa·$m^{1/2}$，提高了 31.7%；抗弯强度由 605MPa 下降到 581MPa，下降了 4.0%。

由此可见添加 h-BN 和 h-BN@SiC 均会造成材料硬度和抗弯强度的下降；但添加 h-BN@SiC 的 ATH@10 的断裂韧性与 AT 相比没有下降，反而有略微增加，而添加 h-BN 的 ATH10 材料的断裂韧性也有明显下降。因此添加 h-BN@SiC 固体润滑剂与直接添加 h-BN 相比使自润滑陶瓷刀具材料的力学性能有所提高，特别是断裂韧性，与不添加固体润滑剂的材料相比，不但没有下降，反而略微增加。

5.3.2　h-BN@SiC 对力学性能的影响

图 5-7 为在相同烧结工艺下添加不同含量 h-BN@SiC 对刀具材料力学性能影响的变化曲线。从图中可以看到，随着 h-BN@SiC 添加量的增加，刀具材料的硬度不断下降，当 h-BN@SiC 添加量为 5vol.%（ATH@5）、10vol.%（ATH@10）和 15vol.%（ATH@15）时，与不添加 h-BN@SiC 固体润滑剂的 AT 材料相比，材料硬度分别下降了 13.7%、31.4% 和 40.7%。材料的断裂韧性随着 h-BN@SiC 添加量的增加先增加后减少，ATH@5 材料的断裂韧性最高，达到 7.02MPa·$m^{1/2}$，比 AT 材料提高了 19.5%；ATH@10 材料的断裂韧性下降到 5.69MPa·$m^{1/2}$，但此时材料的断裂韧性仍略高于 AT 材料；随着 h-BN@SiC 添加量的增加，ATH@15 材料的断裂韧性下降到 5.19MPa·$m^{1/2}$，与

AT 材料相比下降了 8. 1%。添加不同含量 h-BN@ SiC 材料的抗弯强度与 AT 相比均有明显下降，分别下降了 21. 7%、15. 6% 和 24. 2%，其中 ATH@ 10 材料的抗弯强度略高于 ATH@ 5 和 ATH@ 15。

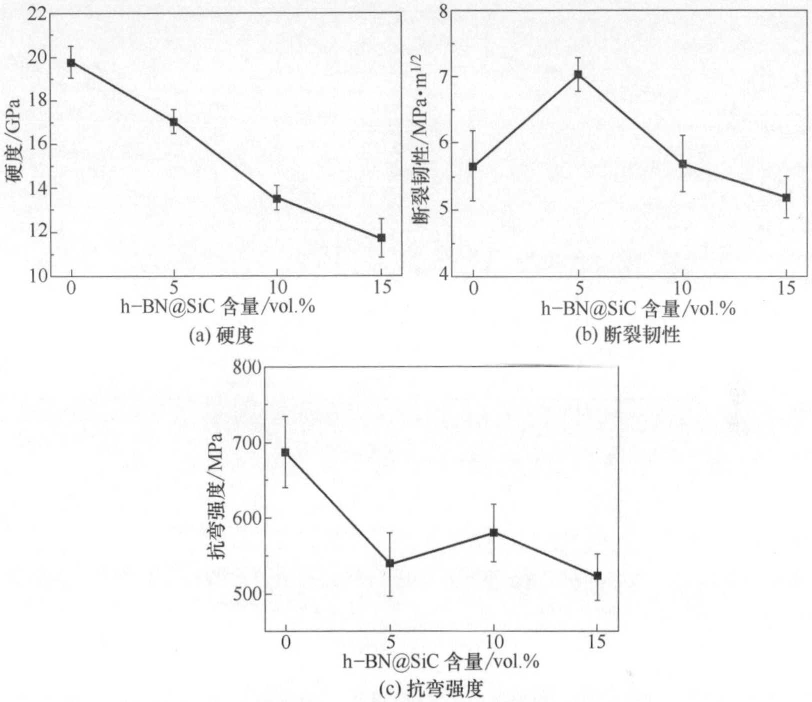

(a) 硬度　(b) 断裂韧性　(c) 抗弯强度

图 5-7　h-BN@ SiC 含量对刀具材料力学性能的影响

综上所述，添加 h-BN@ SiC 对刀具材料的硬度和抗弯强度影响较大，造成了比较明显的下降；而在添加 5vol. % 和 10vol. % 的 h-BN@ SiC 时，材料断裂韧性不但没有下降，反而有所提高，特别是 ATH@ 5，其断裂韧性达到了 $7.02MPa\cdot m^{1/2}$，与 AT 材料相比提高了 19. 5%。综合比较，ATH@ 5 材料的力学性能最好，硬度略微下降，但断裂韧性明显提高；ATH@ 10 材料的硬度较低，但抗弯强度比 ATH@ 5 高，且其中 h-BN 的含量较高，可以得到更优秀的润滑特性，因此可选用 ATH@ 5 和 ATH@ 10 材料来制备自润滑陶瓷刀具。

5. 3. 3　烧结温度对力学性能的影响

为研究烧结温度对刀具材料力学性能的影响，分别在 1550℃、1600℃、1650℃下对 ATH@ 10 材料进行了真空热压烧结，各温度下烧结过程中的升温速度和保温时间分别保持在 20℃/min 和 20min 不变，热压压力都为 30MPa。图 5-8 为不同温度下 ATH@ 10 材料力学性能的变化曲线，从图中可以看到，材料的硬度、断裂韧性和抗弯强度都随着烧结温度的增加而增加，说明在1550～1650℃范围内温度越高，ATH@10 材料的力学性能越好。

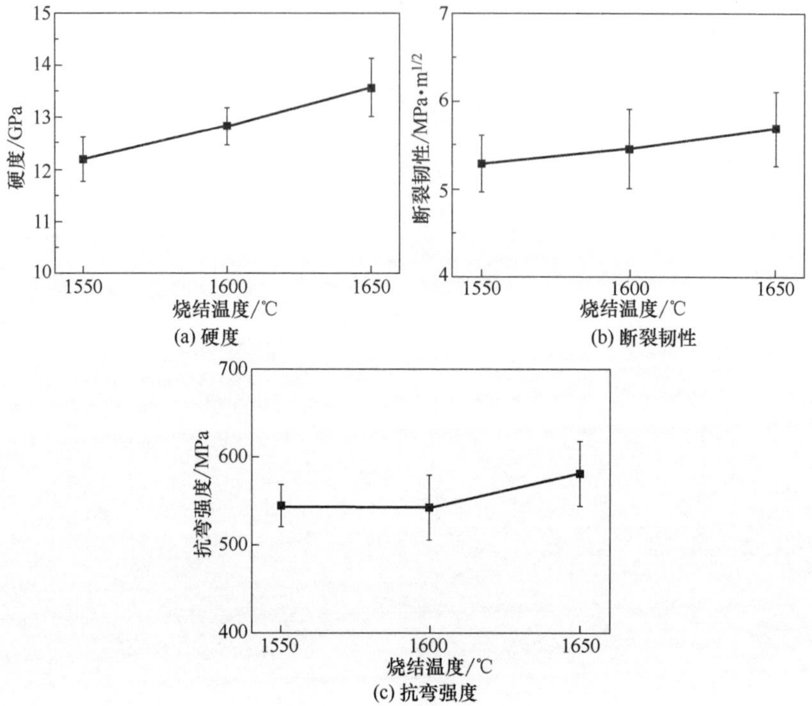

图 5-8　烧结温度对刀具材料力学性能的影响

第 6 章　h-BN@Al_2O_3 核壳自润滑陶瓷刀具材料制备与性能

Si_3N_4 晶体中 Si-N 强共价键是由 Si 原子和 N 原子之间结合起来的，这使得 Si_3N_4 陶瓷材料具有高强度、高硬度、耐高温、耐腐蚀等一系列优良性能，是结构陶瓷中研究较为广泛深入的材料之一。因此本章以 Si_3N_4 作为基体材料，以 h-BN@ Al_2O_3 作为固体润滑剂，以 Al_2O_3 和 Y_2O_3 为烧结助剂制备 h-BN@ Al_2O_3 核壳自润滑陶瓷刀具材料，并测试其力学性能，观察微观结构。

6.1　h-BN@Al_2O_3 核壳自润滑陶瓷刀具材料的制备

6.1.1　实验原料

微米 Si_3N_4，平均粒径 0.5μm，纯度>99%；纳米 Si_3N_4，平均粒径 50nm，纯度>99.7%；微米 TiC，平均粒径 0.5μm，纯度>99%；Al_2O_3，平均粒径 1μm，纯度>99.5%；Y_2O_3 平均粒径 1μm，纯度>99.5%；h-BN@ Al_2O_3 复合粉末平均粒径 5~10μm。

6.1.2　制备工艺

h-BN@ Al_2O_3 核壳自润滑陶瓷刀具材料的制备采用湿法分散进行原料的混合，然后进行粉末填充，最后在真空状态下进行热压烧结，工艺流程图如图 6-1 所示。按比例，分别称取微米 Si_3N_4、纳米 Si_3N_4、微米 TiC、Al_2O_3、Y_2O_3，以适量无水乙醇为分散介质，分别配置成微米 Si_3N_4、微米 TiC 悬浮液和纳米 Si_3N_4 悬浮液，充分搅拌的同时超声分散 15min。将所得微米 Si_3N_4、微米 TiC 和纳米 Si_3N_4 悬浮液混合，再将氧化铝和氧化钇加入制得的混合悬浮液中，充分搅拌并超声分散 15min。

将上述复相悬浮液倒入球磨罐中，充入氮气作为保护气体，按照各组分原料总质量与球磨球的质量比 1：10 加入球磨球，球磨 36h，得球磨后混合物。按比例称取 h-BN@ Al_2O_3 复合粉末，加入适量无水乙醇作为分散介质配成悬浮液，超声分散 10min。将上述所得悬浮液加入球磨后的混合物中，充入氮气作为保护气体，加入各组分原料总量与球磨球质量比为 1：10 的球磨球，继续球磨 12h。取出料浆后置于干燥箱中，在 110℃条件下真空干燥 36h。完全干

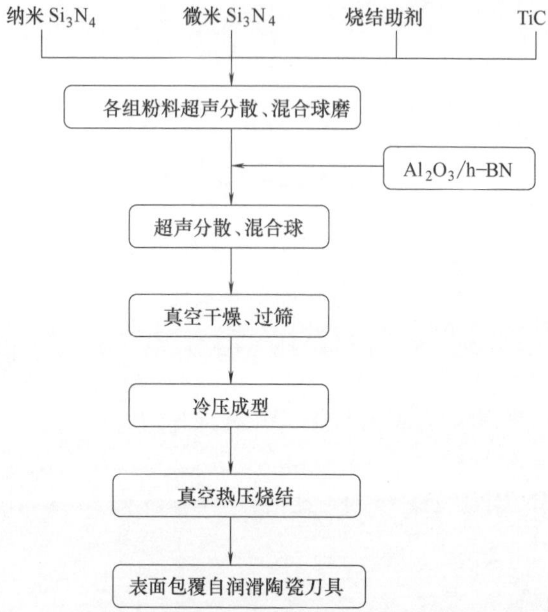

图 6-1　h-BN@ Al_2O_3 核壳自润滑陶瓷刀具材料的制备流程图

燥后将混合粉料过 200 目筛，装入石墨套筒中冷压成型 15min。在烧结温度 1750℃，保温时间 60min，烧结压力 30MPa 的烧结工艺参数下进行热压烧结。将制得的陶瓷坯体经过切割加工—粗磨—精磨—研磨—抛光步骤制备成 3mm×4mm×30mm 的陶瓷样条，用于陶瓷材料的力学性能测试。

6.2　h-BN@ Al_2O_3 核壳自润滑陶瓷刀具材料的微观结构

6.2.1　h-BN@ Al_2O_3 添加量对刀具材料微观结构的影响

图 6-2 为不同 h-BN@ Al_2O_3 添加量的 h-BN@ Al_2O_3 核壳自润滑陶瓷刀具材料的表面微观结构 SEM 照片。材料表面经 400℃ 熔融 NaOH 腐蚀 40s。由图 6-2 可看到，添加不同含量的 h-BN@ Al_2O_3 经热压烧结后均形成了长柱状 β-Si_3N_4，并且材料中的 β-Si_3N_4 纵横交错，呈相互嵌套的互锁三维网状结构。β-Si_3N_4 长径比较大（为 3~8），这种结构有利于材料自增韧效果。在随机分布的 β-Si_3N_4 之间，有较粗大的颗粒镶嵌在其中，这样的结构晶粒排列比较紧密，有利于减少气孔。由于纳米颗粒的加入，增加了复合粉末在烧结过程中的表面能，使烧结驱动力增加。片状 h-BN 在烧结过程中与基体结合不够紧密，可能成为断裂源，这是造成刀具材料显微结构气孔增加，导致刀具材料力学性

能下降的主要原因。h-BN@ Al_2O_3 添加量为0、5vol.%和10vol.%的h-BN@ Al_2O_3 核壳自润滑陶瓷刀具材料较为致密，颗粒分布较为均匀，如图6-2（a）~（c）。而图6-2(d) 中由于h-BN@ Al_2O_3 含量较高，导致其存在较多的气孔，力学性能较差。

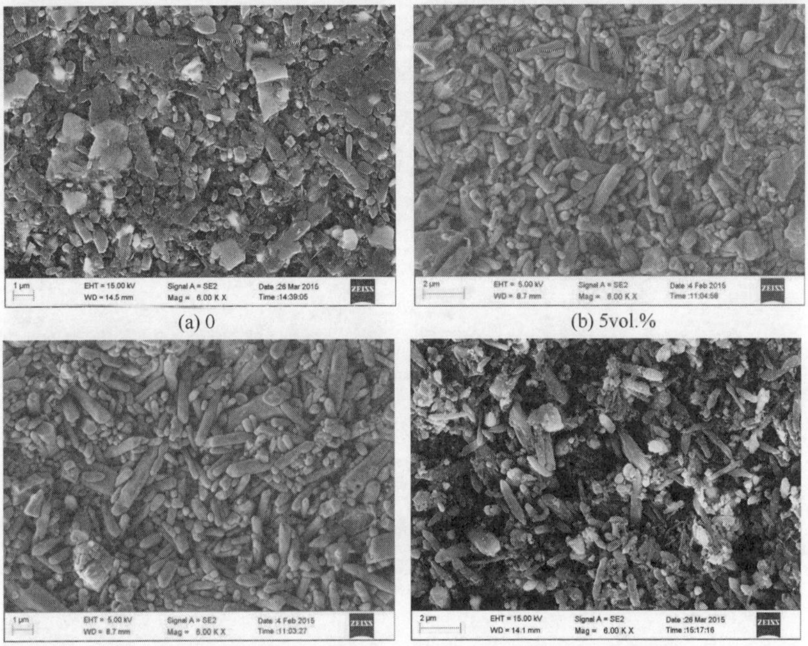

(a) 0　(b) 5vol.%　(c) 10vol.%　(d) 15vol.%

图6-2　不同h-BN@ Al_2O_3 添加量的h-BN@ Al_2O_3 核壳自润滑陶瓷刀具材料表面的微观结构SEM照片

图6-3为不同h-BN@ Al_2O_3 添加量的h-BN@ Al_2O_3 核壳自润滑陶瓷刀具材料断面的微观结构SEM照片。断裂面呈现出明显的柱状 β-Si_3N_4 晶粒拔出后的痕迹，如图6-3(b) 中1点区域所示。刀具材料的断裂机制为沿晶断裂。这表明刀具材料在较长时间的保温条件下，晶粒充分长大。图6-3(a)（b）（c）中晶粒排列较为紧密，而（d）中的晶粒排布相对疏松，这与h-BN@ Al_2O_3 含量较高有直接关系。图6-3（b）~（d）中，h-BN出现了团聚现象，尤其是图6-3(d) 中的h-BN团聚现象最为严重。由于其h-BN添加量最多，对刀具材料力学性能的影响也最为明显。如图6-3(b)(c) 所示，材料的断面微观结构较为致密，晶粒无异常长大现象，其力学性能下降较少。结合刀具材料的自润滑功能进行综合考虑，确定h-BN@ Al_2O_3 添加量为10vol.%时，刀具材料的性能最佳。

图6-4为添加10vol.% h-BN@ Al_2O_3 的h-BN@ Al_2O_3 核壳自润滑陶瓷刀

(a) 0

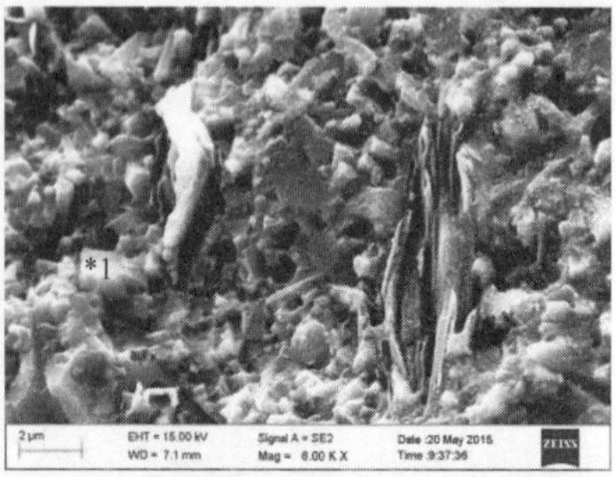

(b) 5vol.%

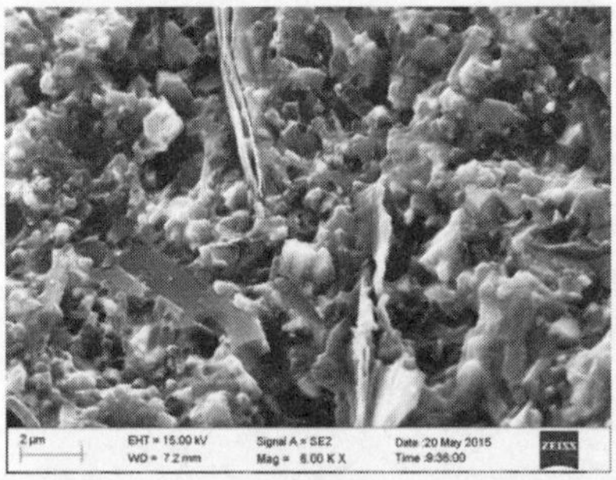

(c) 10vol.%

(d) 15vol.%

图 6-3　不同 h-BN@ Al_2O_3 添加量的 h-BN@ Al_2O_3 核壳自润滑陶瓷刀具材料断面的微观结构 SEM 照片

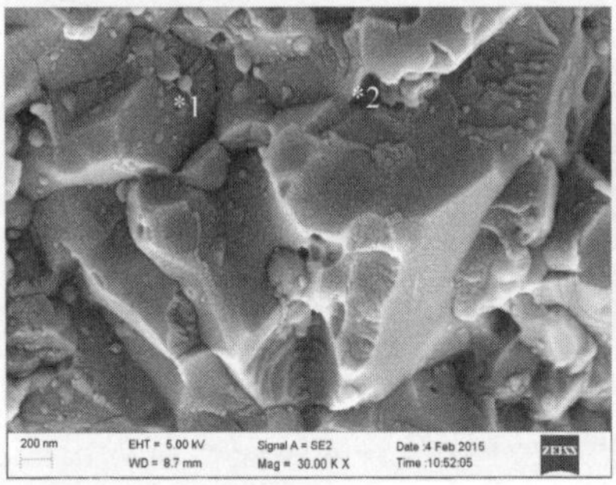

(a)

(b)

图 6-4　h-BN@ Al_2O_3 核壳自润滑陶瓷刀具材料断面的高倍显微结构 SEM 照片

具材料断面高倍显微结构 SEM 照片。图中晶粒晶型完整，粒度均匀，表明加入包覆后的 h-BN 可以改善陶瓷材料的烧结性能，晶粒间结合紧密，有明显的晶粒拔出后留下的孔洞。如图 6-4(a) 中 2 点区域所示，纳米 Si_3N_4 分布均匀，在烧结后没有明显的团聚现象。这些分布于晶间的纳米氮化硅可以有效阻止裂纹的传播，起到裂纹钉扎作用，实现增韧补强的效应，这是刀具材料具有较高断裂韧性和抗弯强度的原因之一。图 6-4（a）中 1、2 点附近存在“台阶”，这是穿晶断裂作用的结果。结合图 6-3 的分析，h-BN@ Al_2O_3 核壳自润滑陶瓷刀具材料的断裂方式为沿晶断裂和穿晶断裂共存的混合断裂方式，这种断裂方式使材料的断裂韧性和抗弯强度得到显著提升。

图 6-5 为 h-BN@ Al_2O_3 核壳自润滑陶瓷刀具材料的 XRD 谱图。从图中可以看出，复合材料经过热压烧结后没有生成任何杂质相，各相原料化学相容性较好且 h-BN 未与基体材料发生化学反应。Al_2O_3 和 Y_2O_3 在烧结过程中与 Si_3N_4 生成了 Sialon 相，由于 Sialon 基陶瓷材料的抗磨性及化学稳定性高于 Si_3N_4 基陶瓷材料，且具有较高的硬度，所以表层 Sialon 材料的形成有利于提高刀具材料的抗磨性。

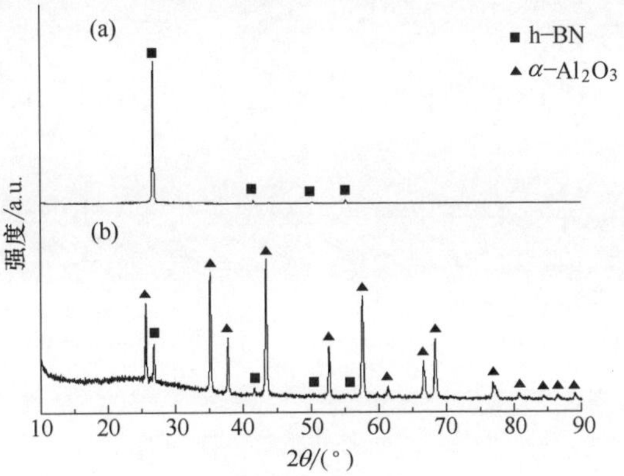

图 6-5　h-BN@ Al_2O_3 核壳自润滑陶瓷刀具材料的 XRD 谱图

6.2.2　保温时间对刀具材料微观结构的影响

图 6-6 为不同 h-BN@ SiC 含量时刀具材料断口的扫描电子显微镜照片。从图中可以看到，随着 h-BN@ SiC 含量的增加，材料致密性下降明显；刀具材料基体晶粒尺寸也随着 h-BN@ SiC 含量的增加而增大，且在添加 15vol. % h-BN@ SiC 的 ATH@ 15 材料中，h-BN 已经出现了团聚现象，h-BN@ SiC 的添加是导致材料微观结构缺陷增加和材料力学性能下降的主要原因。3 种 h-BN@ SiC 含量的材料断口均可以观察到河流花样，说明添加 h-BN@ SiC 后材料的断裂模式依然为穿/沿晶混合断裂。

h-BN@ Al_2O_3 核壳自润滑陶瓷刀具材料在保温时间 60min 时的表面和断面微观结构 SEM 图，如图 6-2（c）和图 6-3（c）所示。由刀具材料的表面分析可知，图 6-6(a) 中长柱状 β-Si_3N_4 长度和直径较小，部分较小晶粒呈细针状，Poortemana 等通过研究发现，类似于这种较小的呈细针状颗粒容易引起基体内部的小缺陷。双峰分布不够明显，说明刀具材料在较短的保温时间条件

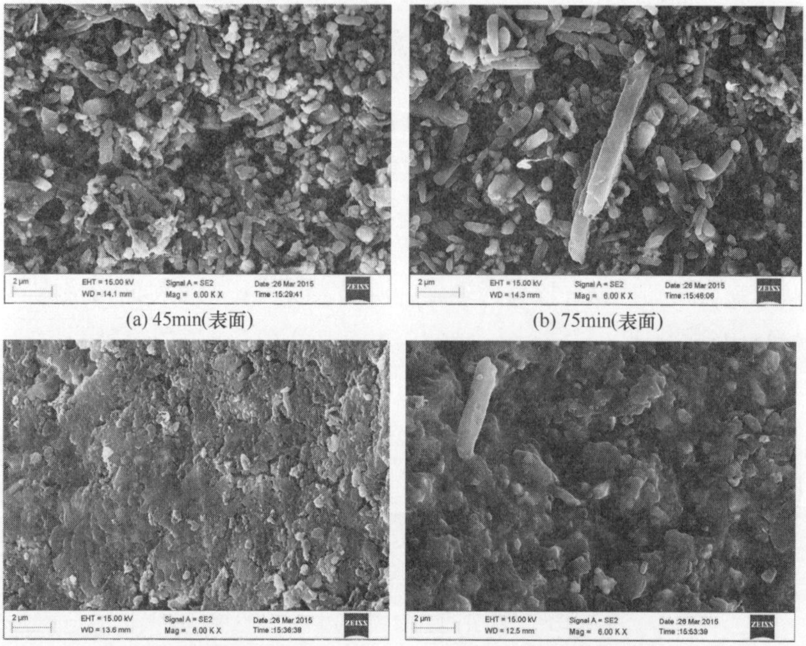

(a) 45min(表面)　(b) 75min(表面)

(c) 45min(断面)　(d) 75min(断面)

图 6-6　h-BN@ Al_2O_3 核壳自润滑陶瓷刀具材料在不同保温时间时的微观结构 SEM 照片

下，晶粒生长不充分，β-Si_3N_4 晶粒的增韧增强作用受到限制。图 6-6(b) 中可明显观察到长柱状 β-Si_3N_4 晶粒异常长大变粗，与保温时间 60min 相比，材料的硬度和抗弯强度开始下降。由刀具材料的断面分析可知图 6-6(c) 中的断裂面为解理面断裂，因为垂直于这种面的结合力较弱，材料中的晶粒较容易平行此面断裂。而且，断裂面上还出现了二次裂纹，说明在较短的保温时间下晶粒间的结合力较弱，导致刀具材料的力学性能降低。图 6-6(d) 中的断裂面可观察出明显的晶粒在沿晶断裂后残留的长柱状 β-Si_3N_4，相对图 6-6(c) 的晶粒分布较为均匀，刀具材料微观结构较为致密，这是在较长保温时间下材料断裂韧性上升的主要原因。

6.3　h-BN@ Al_2O_3 核壳自润滑陶瓷刀具材料的力学性能

6.3.1　h-BN@ Al_2O_3 添加量对力学性能的影响

切削过程中，h-BN 可以形成固体润滑膜并拖覆在刀具与工件材料的表面，起到减摩抗磨的功能。但是 h-BN 的力学性能较差，在烧结过程中与陶瓷基体结合不紧密，容易产生气孔，降低陶瓷材料的力学性能。所以，h-BN@ Al_2O_3 的添加量要控制在一个范围内，添加量太小使 h-BN 的减摩抗磨作用受到限制，加入量太大则会导致刀具材料力学性能的显著下降。围绕 h-BN@ Al_2O_3 的添加量，进行 4 组烧结实验，固定纳米 Si_3N_4、TiC 和烧结助剂含量不变，分别在陶瓷基体材料中加入 0、5vol. %、10vol. %和 15vol. %h-BN@ Al_2O_3 复合粉末，对其进行相对密度和力学性能测试，并对力学性能及自润滑性能两者综合考虑，最终确定 h-BN@ Al_2O_3 的添加量。选择烧结工艺参数为：烧结温度 1750℃，保温时间 60min，烧结压力 30MPa。h-BN@ Al_2O_3 核壳自润滑陶瓷刀具材料的组分含量见表 6-1。

表 6-1 h-BN@ Al_2O_3 核壳自润滑陶瓷刀具材料的组分含量（vol. %）

h-BN@ Al_2O_3	纳米 Si_3N_4	TiC	Al_2O_3	Y_2O_3	微米 Si_3N_4
0	10	10	3.2	4.8	72
5	10	10	3.2	4.8	67
10	10	10	3.2	4.8	62
15	10	10	3.2	4.8	57

（1）相对密度

表 6-2 为不同 h-BN@ Al_2O_3 含量对 h-BN@ Al_2O_3 核壳自润滑陶瓷刀具材料相对密度的影响。由表 6-2 可知，在相同的制备工艺下，刀具材料的相对密度随 h-BN@ Al_2O_3 添加量的增加而降低，当 h-BN 含量增加到 15%时，刀具材料的相对密度降至 97.9%。这是因为低强度的 h-BN 在烧结过程中和 Si_3N_4 晶粒间较弱的结合面导致其与陶瓷基体结合不够紧密，在 h-BN 周围产生气孔，最终导致相对密度的下降。

表 6-2 不同 h-BN@ Al_2O_3 含量对 h-BN@ Al_2O_3 核壳自润滑陶瓷刀具材料相对密度的影响

h-BN@ Al_2O_3 添加量/vol. %	理论密度/(g/cm^3)	实测密度/(g/cm^3)	相对密度/%
0	3.6925	3.6703	99.4
5	3.6822	3.6491	99.1
10	3.6394	3.5921	98.7
15	3.5944	3.5198	97.9

（2）硬度

图 6-7 为 h-BN@ Al_2O_3 含量对 h-BN@ Al_2O_3 核壳自润滑陶瓷刀具材料硬度的影响。由图 6-7 可知，随着 h-BN@ Al_2O_3 含量的增加，刀具材料的硬度整体呈下降趋势，添加 10vol. %h-BN@ Al_2O_3 含量的刀具材料硬度较添加 5vol. % h-BN@ Al_2O_3 含量的刀具材料的硬度有所上升，为 14.1GPa。当 h-BN @ Al_2O_3 含量增加到 15%时，硬度下降为 10.3GPa。

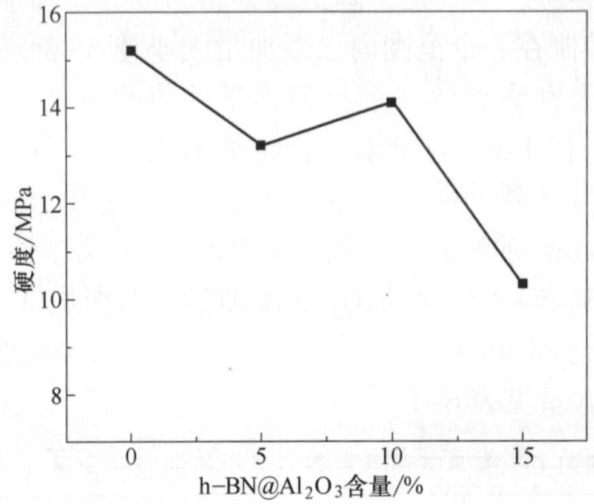

图 6-7　h-BN@ Al_2O_3 含量对 h-BN@ Al_2O_3 核壳自润滑陶瓷刀具材料硬度的影响

（3）断裂韧性

图 6-8 为 h-BN@ Al_2O_3 含量对 h-BN@ Al_2O_3 核壳自润滑陶瓷刀具材料断裂韧性的影响。由图 6-8 可知，随着 h-BN@ Al_2O_3 含量的增加，刀具材料的断裂韧性整体呈下降趋势。在不加 h-BN@ Al_2O_3 的条件下，断裂韧性达到了较高的 8.3MPa·$m^{1/2}$，加入 h-BN@ Al_2O_3 后虽然刀具材料整体断裂韧性下降，但是仍维持在较高的水平。韧性下降的主要原因是陶瓷材料中存在 h-BN，其与基体材料结合不够紧密，在 h-BN 周围容易产生气孔，这使 h-BN 成为断裂源，从而影响刀具材料的断裂韧性。

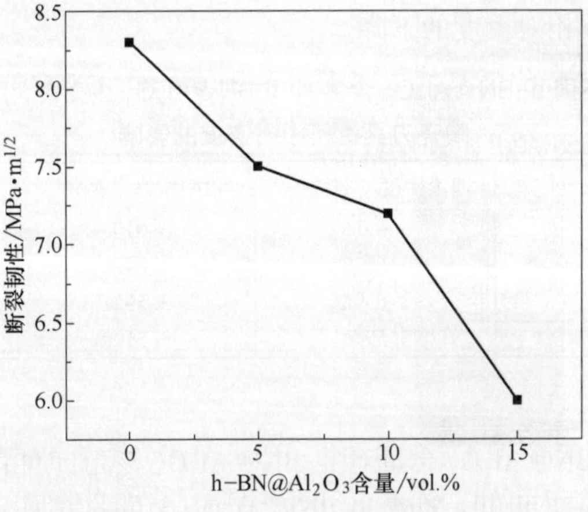

图 6-8　h-BN@ Al_2O_3 含量对 h-BN@ Al_2O_3 核壳自润滑陶瓷刀具材料断裂韧性的影响

（4）抗弯强度

图 6-9 为 h-BN@ Al_2O_3 含量对 h-BN@ Al_2O_3 核壳自润滑陶瓷刀具材料抗

弯强度的影响。在不添加 h-BN@ Al_2O_3 的条件下，刀具材料的抗弯强度达到了 1040MPa，随着 h-BN 含量的增加，其抗弯强度有所下降，当 h-BN 含量为 15%时，其抗弯强度仅为 637MPa，说明过多的 h-BN 会导致刀具材料抗弯强度的下降。

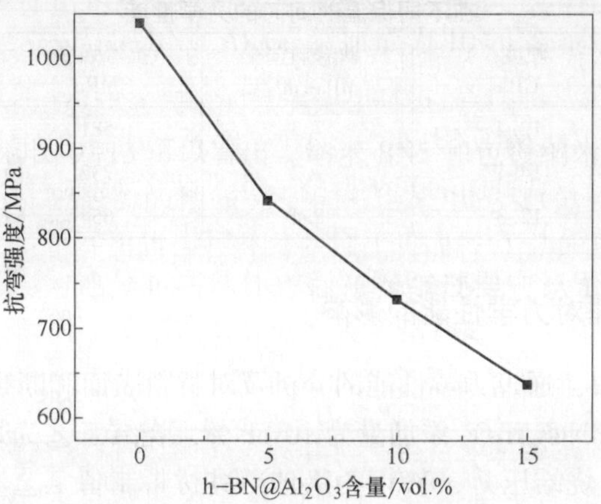

图 6-9　h-BN@ Al_2O_3 含量对 h-BN@ Al_2O_3 核壳自润滑陶瓷刀具材料抗弯强度的影响

综上所述，随着 h-BN@ Al_2O_3 含量的增加，h-BN@ Al_2O_3 核壳自润滑陶瓷刀具材料的力学性能下降有所减慢。其中，当 h-BN@ Al_2O_3 含量为 10vol. %时，其硬度为 14. 1GPa，比 h-BN@ Al_2O_3 含量为 5vol. %时刀具材料的硬度高 6%。结合刀具材料的力学性能及自润滑性能，h-BN@ Al_2O_3 含量为 10vol. %时其综合性能最优，相对密度为 98. 7%，硬度为 14. 1GPa，断裂韧性为 7. 2MPa · $m^{1/2}$，抗弯强度为 732MPa。

6. 3. 2　保温时间对力学性能的影响

Si_3N_4 陶瓷材料力学性能的高低很大程度上取决于晶界相的性能，而晶界相的性能又与其烧结保温时间有紧密联系。代建清等研究结果表明，在烧结过程中，Si_3N_4 烧结体的晶界相总量在 60min 前随保温时间的增加而增加，超过 60min 后又随着保温时间的增加而减少。所以，选择合适的保温时间对 Si_3N_4 材料的力学性能极其重要。在上文所述中，将保温时间确定在 45～75min 范围内，分别研究保温时间为 45min、60min、75min 对刀具材料力学性能的影响，以确定其最佳保温时间。

将 10vol. %的 h-BN@ Al_2O_3 复合粉末加入陶瓷基体中，取烧结温度为 1750℃，烧结压力为 30MPa，在 45min、60min、75min 保温时间下进行热压烧结。表 6-3 为 h-BN@ Al_2O_3 核壳自润滑陶瓷刀具材料在不同保温时间时的力学性能。由表 6-3 可知，在 45min 和 75min 保温时间下，刀具材料的硬度和抗弯强度均下降较大，断裂韧性则略有上升。对刀具材料的力学性能综合考虑后，选用 60min 作为刀具材料制备的保温时间。

表 6-3　　h-BN@Al_2O_3 核壳自润滑陶瓷刀具材料在不同保温时间时的力学性能

保温时间/min	硬度/GPa	断裂韧性/$MPa \cdot m^{1/2}$	抗弯强度/MPa	保温时间/min
45	12.4	7.3	581	45
60	14.1	7.2	732	60
75	12.3	8.4	654	75

6.3.3 包覆处理对力学性能的影响

在上述研究中，通过力学性能的分析及对材料表面和断裂面微观结构的观察分析，确定 h-BN@ Al_2O_3 添加量为 10vol.%，烧结工艺为烧结温度 1750℃，保温时间 60min，烧结压力 30MPa 为最佳刀具材料制备工艺参数。将 10vol.% 未处理 h-BN 加入陶瓷基体中，使用同样的烧结工艺参数进行烧结，将其与 h-BN@ Al_2O_3 核壳自润滑陶瓷刀具材料进行力学性能对比。

表 6-4 为 h-BN@ Al_2O_3 核壳自润滑陶瓷刀具材料和添加 10vol.%未处理 h-BN 氮化硅基自润滑陶瓷刀具材料的力学性能，通过对两者的力学性能对比得出：与添加未经表面包覆处理的 h-BN 的 Si_3N_4 基自润滑陶瓷刀具材料相比，添加 10vol.% h-BN@ Al_2O_3 的 Si_3N_4 基自润滑陶瓷刀具材料在维氏硬度、断裂韧性和抗弯强度上分别提高了 27%、5.9%和 22.2%，力学性能得到显著改善。刀具在切削过程中，刀具的硬度对刀具的抗磨损性能影响较大。由于 h-BN@ Al_2O_3 核壳自润滑陶瓷刀具材料的硬度提高幅度最大，说明对 h-BN 进行表面包覆处理后有利于刀具的切削性能。

表 6-4　　h-BN@Al_2O_3 对刀具材料力学性能的影响

固体润滑剂类型	相对密度/%	维氏硬度/GPa	断裂韧性/$MPa \cdot m^{1/2}$	抗弯强度/MPa
h-BN@ Al_2O_3	98.7	14.1	7.2	732
未处理 h-BN	98.0	11.1	6.8	599

第 7 章　h-BN@Al_2O_3 核壳自润滑金属陶瓷刀具材料制备与性能

由于直接加入固体润滑剂 h-BN，会导致(W,Ti)C 基金属陶瓷刀具机械性能的下降。为了平衡刀具润滑性能和机械性能的关系，采取非均匀成核法制备了以 h-BN 为核、Al_2O_3 为壳（h-BN@Al_2O_3）的核壳结构纳米固体润滑剂。采用放电等离子烧结（SPS）的方法制备了含有 h-BN@Al_2O_3 的 h-BN@Al_2O_3 核壳自润滑金属陶瓷刀具材料，分析了 h-BN@Al_2O_3 的引入对(W,Ti)C 基金属陶瓷刀具材料微观组织和力学性能的影响，并分析了其增韧补强机理。

7.1　h-BN@Al_2O_3 核壳自润滑金属陶瓷刀具材料的制备

7.1.1　实验原料

制备(W,Ti)C 基自润滑金属陶瓷刀具的原材料及其物理参数，如表 7-1 所示。(W,Ti)C、Ni、Mo、Co 粉体由上海肖晃纳米科技有限公司提供。

表 7-1　　实验原料及物理参数

名称	粒度/μm	纯度*	热膨胀系数 $\alpha/10^{-6}\cdot K^{-1}$	弹性模量 E/GPa	泊松比 ν
(W,Ti)C	0.5-1	AR	5.58	570	0.21
Ni	1	AR	13.4	200	0.31
Mo	1	AR	5.2	213	0.31
Co	1	AR	200	6.8	0.32

* 纯度分为①优级纯(GR),又称一级品或保证试剂,达 99.8%;②分析纯(AR),又称二级试剂,达 99.7%;③化学纯(CP),又称三级试剂,≥99.5%;④实验试剂(LR),又称四级试剂。

7.1.2　组分配比

为了更清晰地表述，将 h-BN@Al_2O_3 核壳自润滑金属陶瓷刀具材料简记为 W@X，其中 X 表示 h-BN@Al_2O_3 所占的体积分数，W5A 代表 5vol.% h-BN+Al_2O_3（h-BN ∶ Al_2O_3 = 1 ∶ 1mol）复合粉末直接添加到金属陶瓷材料中。金属陶瓷刀具各组分配比，如表 7-2 所示。

表 7-2　　　　(W,Ti)C 基金属陶瓷刀具组分配比 (vol.%)

名称	(W,Ti)C	h-BN@ Al_2O_3	Ni	Co	Mo
W0	85	0	3.5	5	6.5
W@5	80	5	3.5	5	6.5
W@10	75	10	3.5	5	6.5
W@15	70	15	3.5	5	6.5
W5A	80	5(h-BN+Al_2O_3)	3.5	5	6.5

7.1.3 制备工艺

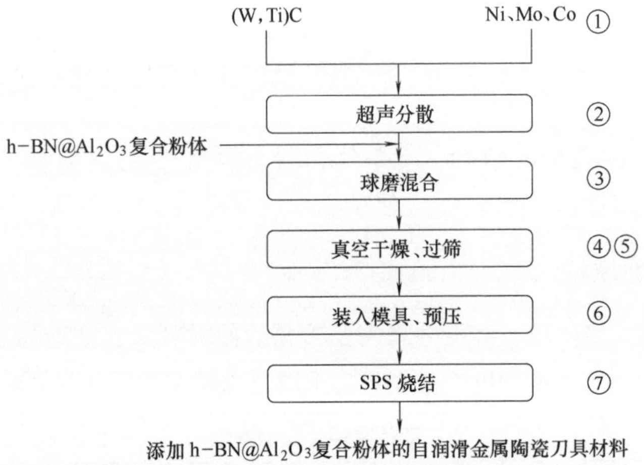

图 7-1　h-BN@ Al_2O_3 核壳自润滑金属陶瓷刀具材料的工艺流程图

图 7-1 为制备 h-BN@ Al_2O_3 核壳自润滑金属陶瓷刀具材料的工艺流程图，具体工艺流程如下：

① 称取原料：按表 7-2 分别称取各组分的粉体。

② 超声分散：将 Ni、Mo、Co 金属粉体加到适量聚乙二醇-无水乙醇溶液(聚乙二醇为金属粉体的 2wt.%) 中，超声搅拌 15min，得到悬浮液 A；将(W,Ti)C 粉体加入适量的无水乙醇中，超声搅拌 15min，得到悬浮液 B；将悬浮液 A 和 B 混合，超声搅拌 15min，得到悬浮液 C。

③ 球磨混合：将 YG8 型硬质合金球放入球磨罐中，球料质量比为 10∶1；再将悬浮液 C 倒入球磨罐中，充入氮气连续球磨 45h；然后将 h-BN@ Al_2O_3 包覆粉体加到适量的无水乙醇中，超声同时搅拌 20min，倒入球磨罐中，充入氮气再球磨 2h，以防止复合粉体的核壳结构被较长时间的球磨破坏。

④ 真空干燥：将球磨所得浆料放入真空干燥箱，在 100℃ 的温度下干

燥 24h。

⑤ 过筛：干燥后的浆料过 200 目检验筛，得到复合粉料。

⑥ 装入模具、预压：将混合粉放入石墨模具中。

⑦ SPS 烧结：采用 SPS 烧结炉，烧结压力为 30MPa，烧结温度 1400℃，保温时间 10min，最后随炉冷却。

7.2　h-BN@ Al_2O_3 核壳自润滑金属陶瓷刀具材料的微观结构表征

7.2.1　微观结构表征方法

使用 X 射线衍射仪（XRD-6100，日本）对 h-BN@ Al_2O_3 核壳自润滑金属陶瓷刀具的物相组成进行了检测。使用聚焦离子束 FIB 系统设备（Helios G4 CX，美国）对 h-BN@ Al_2O_3 核壳自润滑金属陶瓷刀具断面和裂纹形貌进行了观察，并通过其附带的 EDS 分析了元素的分布。

7.2.2　XRD 检测与分析

对烧结后的 h-BN@ Al_2O_3 核壳自润滑金属陶瓷刀具材料进行了 XRD 分析，如图 7-2 所示，可以看出经烧结后的金属陶瓷材料中(W,Ti)C、Ni、Mo、Co、Al_2O_3 的物相组成没有发生变化，说明在液相烧结过程中，各相保持稳定，这是制备高性能金属陶瓷刀具的前提。此外，放电等离子烧结（SPS）升温速率高、烧结时间短的特点和致密的 Al_2O_3 外壳保证了 h-BN 相不发生转变。

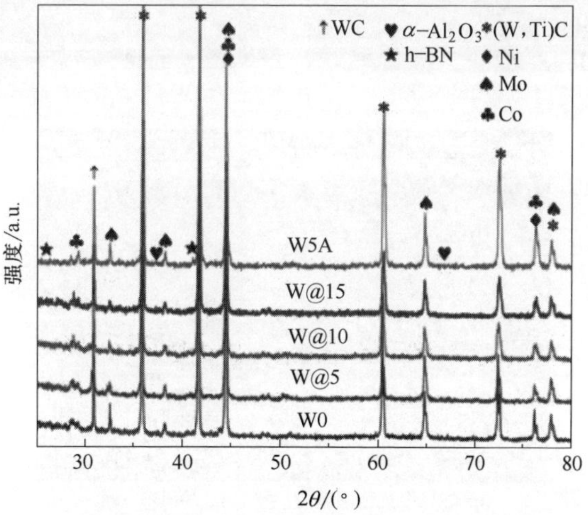

图 7-2　h-BN@ Al_2O_3 核壳自润滑金属陶瓷刀具材料的 XRD 谱图

7.2.3 微观结构

图 7-3 为 h-BN@ Al_2O_3 核壳自润滑金属陶瓷刀具断面的 SEM 照片。如图 7-3(a) 所示，W0 基体材料的晶粒尺寸较大且不均匀，可以观察到河流状形貌以及明显的阶梯状形貌；同时，断面处光滑的晶界是沿晶断裂典型的微观形貌特征。表明 W0 基体材料的断裂方式为沿晶与穿晶并存，且沿晶断裂为主要断裂方式。此外，还可以观察到，相比于引入 h-BN@ Al_2O_3 的 W@ X 系刀具，W0 断面的起伏度较小。图 7-3(e) 为 7-3(b) 中圈内的 EDS 分析。能谱

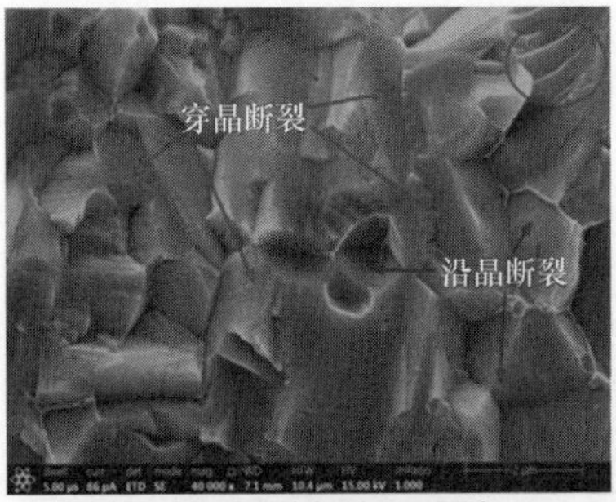

(a) W0刀具的断面SEM照片

(b) W@5刀具的断面SEM照片

(c) W@10刀具的断面SEM照片

(d) W@15刀具的断面SEM照片

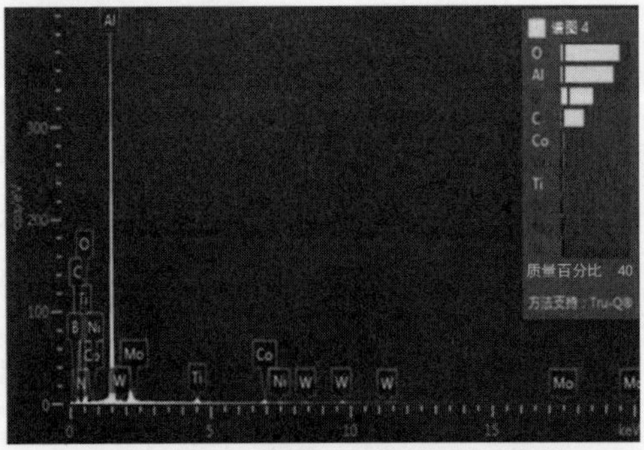

(e) 图(b)中红色区域内1号标记处的EDS分析

图 7-3 h-BN@ Al_2O_3 核壳自润滑金属陶瓷刀具断面的 SEM 照片

显示，标记处黑色物质多为 Al、O、N 等元素组成，表明黑色物质为添加的核壳粉体 h-BN@ Al_2O_3。

如图 7-3(b) 所示，由于核壳结构粉体的加入，W@ 5 的晶粒变小且变得均匀，断面起伏度明显增大，断口呈现出明显的凹凸不平状与阶梯状，如图 7-3(b) 箭头所示。从图 7-3(c) 中可以看到，由于核壳粉体外层 Al_2O_3 表面活性高、易于烧结。当 h-BN@ Al_2O_3 添加量为 10vol. %时，在 W@ 10 烧结过程中核壳粉体易发生团聚，生长为较大的晶粒，这种微观结构的存在不利于改善材料的力学性能。如图 7-3(d) 所示，当 h-BN@ Al_2O_3 添加量为 15vol. %时，烧结后的核壳结构粉体团聚严重，不利于气体的排出，气孔增多。此外，W@ 15 中核壳颗粒的核壳结构遭到破坏，内部的 h-BN 开始裸露在基体内部，核壳结构粉体无法均匀地分布在基体中，在烧结过程中，无法有效抑制(W, Ti)C 晶粒的长大，导致烧结后晶粒异常生长。结合图 7-3(a)~(d)，随着 h-BN@ Al_2O_3 含量的增加，晶粒尺寸逐渐减小，穿晶断裂逐渐增多，W@ X 材料内部的断裂方式发生了以沿晶断裂为主向穿晶断裂为主的转变。

如图 7-4 所示，单独添加 h-BN+Al_2O_3 时，由于 h-BN 与(W,Ti)C 基体的弱界面结合以及较差的扩散性，使得 h-BN 小颗粒无法均匀地分布在(W,Ti)C 大颗粒之间的空隙中，导致 W5A 材料团聚严重，气孔增多，晶粒异常生长，晶粒尺寸不均匀。

图 7-4　W5A 刀具的断面形貌 SEM 照片

图 7-5 为 W@ 10 金属陶瓷刀具中核壳颗粒处的扫描电子显微镜图像及 EDS 图谱分析。图 7-5(b) 为图 7-5(a) 中白色标记区域的面扫描分析，从图 7-5 (b) 中可以看出，标记处内部的黑色颗粒由 Al、O、N 元素组成，表明该黑色颗粒即为核壳颗粒 h-BN@ Al_2O_3，说明核壳颗粒 h-BN@ Al_2O_3 在烧结过程中保存完好，核壳结构未遭到破坏。

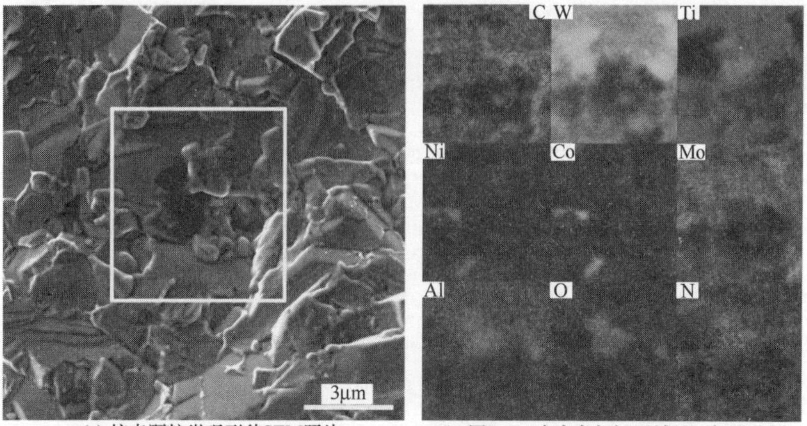

(a) 核壳颗粒微观形貌SEM照片　　(b) 图7-5(a)中白色标记区域的面扫描分析

图 7-5　W@ 10 刀具中 h-BN@ Al_2O_3 核壳颗粒微观形貌及 EDS 分析

7.3　h-BN@ Al_2O_3 核壳自润滑金属陶瓷刀具材料的力学性能

7.3.1　相对密度与晶粒尺寸

从图 7-6 中可以看出，添加 h-BN@ Al_2O_3 的 W@ X 金属陶瓷刀具的相对密度呈现先上升后下降的趋势。添加 5vol. % h-BN@ Al_2O_3 核壳结构粉体 W@ 5 金属陶瓷刀具的相对密度最优，为 (99. 10±0. 22)%。这是由于核壳结构粉体的加入，引入了具有高表面活性的 Al_2O_3。在烧结过程中，Al_2O_3 可以促进烧结过程中所产生的气孔的排出，使材料的相对密度得到提高。相对密度随着核壳粉体所占体积分数的增大而降低，这是因为在烧结过程中难以避免核壳粉体发生团聚，团聚体内的同种晶粒发生快速合并长大，内部气孔不易排出，导致材料的相对密度下降。此外核壳粉体还拥有着大的比表面积，在烧结过程中，金属容易在具有高比表面积 Al_2O_3 壳层区域聚集，导致(W,Ti)C 基体颗粒晶界处的 Ni、Mo、Co 黏结剂减少，不利于界面处气孔的排出。如图 7-3(a) 中所示，W0 基体明显观察到晶界处富集金属相，但图 7-3(d) 中的 W@ 15 金属相减少。

如图 7-6 所示，W5A 材料的相对密度略高于 W0，但低于其对应的 W@ 5 材料。结合图 7-4 来看，这是因为在烧结过程中，未经过包覆处理的粉末不能均匀地分布在基体材料内，粉体的团聚导致材料内部形成孤立的气孔，导致相对密度降低。此外，h-BN 与基体较低的扩散系数降低了界面处的结合力，这在一定程度上降低了材料的力学性能。

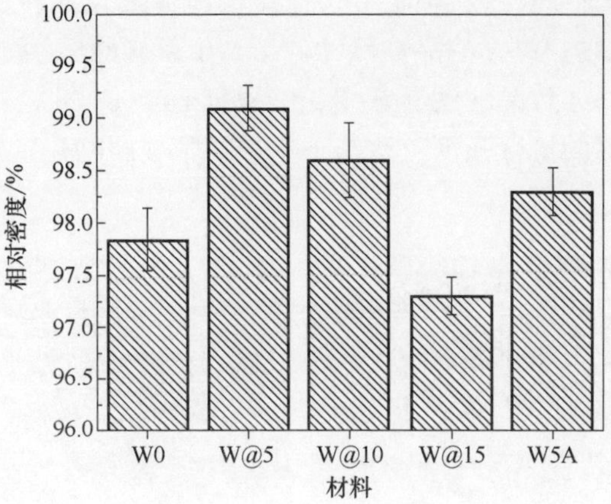

图 7-6　不同组分自润滑金属陶瓷刀具的相对密度

使用 Image J 软件统计了 h-BN@ Al_2O_3 核壳自润滑金属陶瓷刀具材料晶粒尺寸的大小。如图 7-7 所示，W0 基体材料的平均晶粒尺寸最大，为（2.5±0.32）μm。在 h-BN@ Al_2O_3 含量为 10vol.%时，晶粒尺寸最小，W@10 的晶粒尺寸低至（1.45±0.23）μm。图 7-8(a) 为未添加 h-BN@ Al_2O_3 的 W0 基体断面形貌，晶粒尺寸大且不均匀。由图 7-8(b) 可以清楚地观察到 h-BN@ Al_2O_3 的引入显著降低了 W@10 的晶粒尺寸。分析原因认为：核壳粉体外壳的 Al_2O_3 的热膨胀系数较高，在烧结过程中，Al_2O_3 晶粒容易长大，在(W,Ti)C 表面上产生压应力，抑制了(W,Ti)C 基体颗粒的长大，反过来(W,Ti)C 颗粒又会限制核壳粉体的长大。因此，核壳粉体的加入有细化晶粒的作用。当核壳粉体含量增加到 15vol.%时，晶粒尺寸仅略微增加。分析认为：过量的核壳结构粉体无法均匀地分布在基体中，易发生团聚，在烧结过程中，无法有效抑制

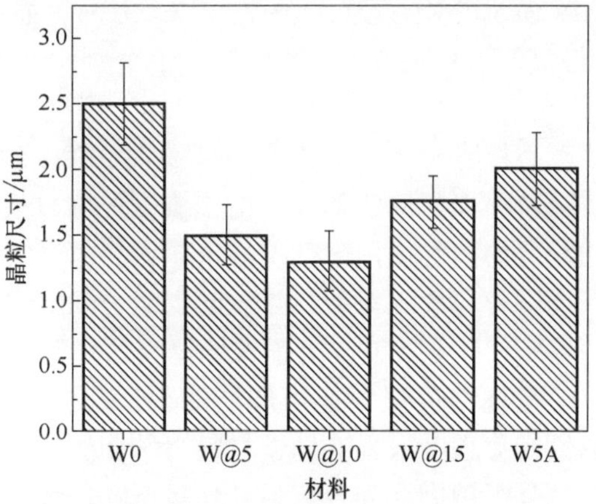

图 7-7　不同组分自润滑金属陶瓷刀具的平均晶粒尺寸

(W,Ti)C 基体晶粒的生长，降低了核壳结构粉体细化晶粒的作用。此外，添加未经过包覆处理的 W5A 的晶粒尺寸位于 W0 和 W@5 之间。这是由于 h-BN 小颗粒不易分散，导致晶粒的异常生长。根据 hall-petch 公式，较小的晶粒尺寸有助于提高材料的抗弯强度，这与下一小节中金属陶瓷抗弯强度的测试结果是一致的。

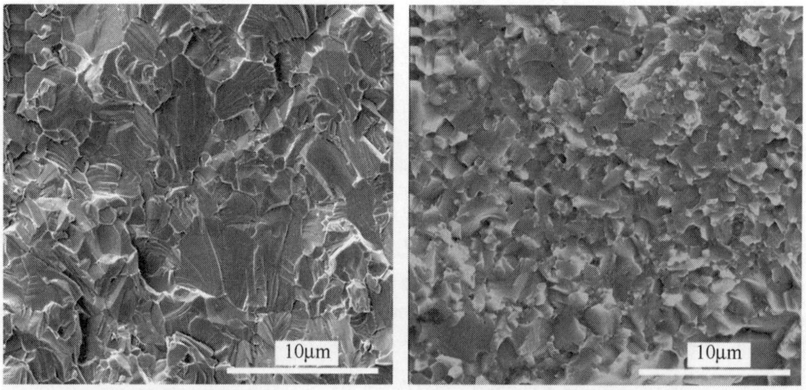

(a) W0刀具材料的断面形貌SEM照片　　(b) W@10刀具材料的断面形貌SEM照片

图 7-8　W0 和 W@10 刀具材料的断面形貌 SEM 照片

7.3.2　力学性能

一般来说，金属陶瓷材料的硬度和断裂韧性是负相关的。如图 7-9 所示，添加了 h-BN@ Al_2O_3 核壳结构粉体的 h-BN@ Al_2O_3 核壳自润滑金属陶瓷刀具的力学性能得到了提高。从图 7-9(a) 可以看出，W@5 的抗弯强度最大为 (1465±30) MPa。如图 7-9(b) 所示，随着核壳粉体含量的增加，刀具的硬度变化幅度较小，W@5 的硬度为 (19.7±0.3) GPa。如图 7-9(c) 所示，W@5 的断裂韧性最高为 (9.9±0.3) MPa·$m^{1/2}$。分别比 W0 基体提高了 38%、3%和 23%。随着核壳粉体含量的增加，抗弯强度、硬度、断裂韧性均呈现先上升后下降的趋势。当核壳粉体添加量为 5vol.%时，W@5 获得了最优的力学性能。分析认为：随着核壳粉体的加入，由于核壳颗粒与基体的热膨胀系数失配，能够在核壳颗粒及周围基体内部产生残余应力场，当裂纹扩展尖端进入到残余应力场时，残余应力释放，对裂纹扩展起到闭合和阻碍的作用，还可以诱发材料裂纹路径的偏转，这是 W@5 力学性能提高的主要原因。此外，核壳粉体外层致密的 Al_2O_3 在烧结过程中充当烧结助剂，减少了材料内部的气孔数量，提高了材料的致密化程度，也有助于材料力学性能的提高。随着核壳粉体含量的进一步增加，其断裂韧性和抗弯强度均呈下降趋势。这与过量核壳粉体容易发生团聚，导致材料气孔增多、诱发裂纹等缺陷有关。

结合图 7-4 来看，未进行包覆处理直接添加 h-BN+Al_2O_3 的 W5A 材料对基体晶粒尺寸的约束力下降，且纳米粉体分散不均匀，导致烧结后材料缺陷增加，晶粒尺寸大小不一，这是其力学性能不佳的主要原因。

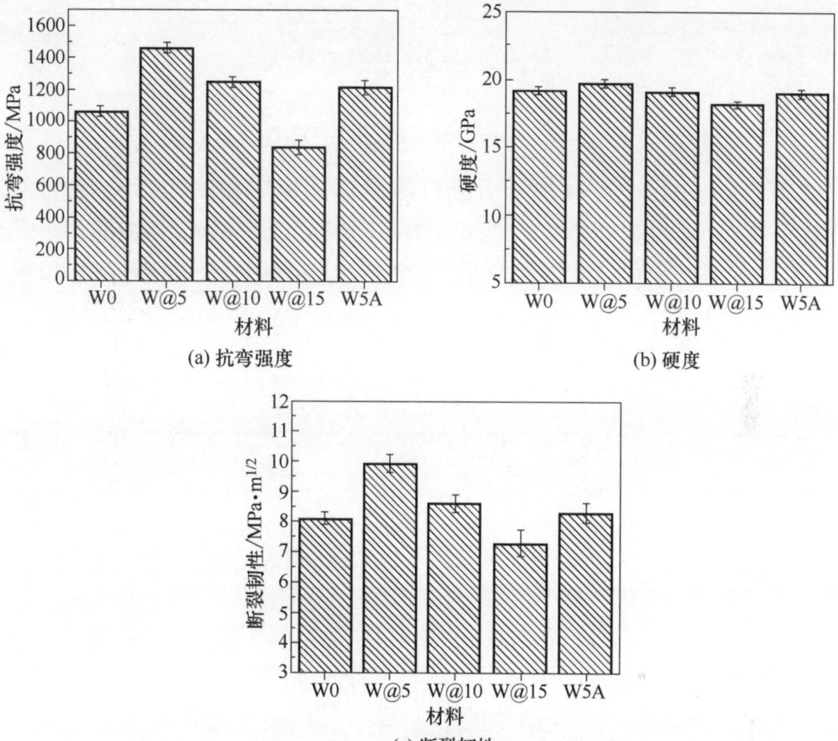

(a) 抗弯强度　(b) 硬度　(c) 断裂韧性

图 7-9　各组分自润滑金属陶瓷刀具的力学性能

7.4　增韧补强机理

烧结后核壳颗粒周围的残余应力场是由核壳颗粒与(W,Ti)C 基体之间的热膨胀系数和弹性模量不匹配形成的。残余应力提高了晶粒间的结合强度，使裂纹的扩展路径发生偏转，同时对裂纹扩展产生闭合和阻碍作用，这是材料抗弯强度和断裂韧性提高的主要原因。此外，在烧结过程中，核壳粉末的 Al_2O_3 致密层可以作为烧结助剂，提高了金属陶瓷材料各相之间的结合力，从而改善了材料的力学性能。核壳粉体外壳的 Al_2O_3 热膨胀系数较高，在烧结过程中，Al_2O_3 晶粒容易生长，在(W,Ti)C 表面上产生压应力，抑制了(W,Ti)C 基体颗粒的长大，减小了晶粒尺寸，这是力学性能提高的另一个原因。当裂纹尖端进入核壳颗粒时，扩展裂纹首先到达 h-BN-Al_2O_3 两相界面处，裂纹可能沿界面偏转或穿过 h-BN 颗粒。

根据 Ohji 推导的公式，金属陶瓷材料相间残余热应力计算公式如下：

$$P=\frac{2\Delta\alpha\Delta TE_{m}E_{p}}{(1+\nu_{m})E_{p}+2E_{m}(1-2\nu_{p})} \tag{7-1}$$

$$\begin{cases}\sigma_{r}=P\left(\dfrac{r}{R}\right)^{3}\\ \sigma_{\tau}=-\dfrac{1}{2}P\left(\dfrac{r}{R}\right)^{3}\end{cases} \tag{7-2}$$

式中，$\Delta\alpha=\alpha_{p}-\alpha_{m}$，m 和 p 分别代表基体和第二相颗粒；$\nu$、$E$ 为泊松比和弹性模量；ΔT 为基体塑性变形可以被忽略的温度 T_1 冷却到室温 T_2 的温差，ΔT 取 1400℃；r 为第二相颗粒的半径；R 为应力场中某一点到第二相颗粒中心的距离。经计算，(W,Ti)C 基金属陶瓷材料中各相间径向最大残余应力，如表 7-3 所示。

表 7-3　径向残余应力

材料(m/p)	r/μm	R/μm	P/MPa	σ_r/MPa
Al_2O_3/(W,Ti)C	0.5	1.0	1818.8	227.4
h-BN/Al_2O_3	0.1	0.5	-356.2	-2.9
h-BN/(W,Ti)C	0.1	1.0	2915.4	2.9

如表 7-3 所示，与直接添加 h-BN 颗粒相比，经过包覆外壳后的 h-BN 颗粒表面的残余应力转化为压应力，Al_2O_3 过渡层提高了 h-BN 颗粒与(W,Ti)C 基体的界面结合强度。核壳结构的引入减小了直接作用在 h-BN 颗粒上的应力，替换了 h-BN 与(W,Ti)C 基体的弱界面结合，提高了材料的力学性能。添加核壳颗粒的金属陶瓷材料中，由于 Al_2O_3/(W,Ti)C 残余应力较大，当 $\Delta\alpha>0$ 时，$P>0$ 时，$\sigma_r>0$，$\sigma_t<0$；此时核壳结构颗粒 h-BN@ Al_2O_3 受拉应力，而(W,Ti)C 基体径向处于拉伸状态，切向处于压缩状态，裂纹扩展方向倾向于绕过核壳粉体，如图 7-10(a)(b) 所示。

从图 7-11(a) 可以看出，当裂纹尖端遇到核壳颗粒时，裂纹会产生偏转，绕过核壳粉体继续扩展，增加了扩展路径，消耗了更多的断裂能，从而提高了材料的力学性能。靠近裂纹萌生点时，由于断裂能较强，垂直于裂纹扩展方向的核壳颗粒遭到破坏。当断裂能较低时，裂纹尖端遇到核壳颗粒时会发生偏转并趋于闭合，如图 7-11(d) 所示。裂纹尖端在经过核壳颗粒时，发生了裂纹偏转［图 7-11(c)(d)(e)］、分叉、锯齿形裂纹［图 7-11(a)(b)］。这是由于核壳颗粒周围残余应力场的存在，提高了晶粒间的结合强度，从而在裂纹扩展尖端形成裂纹扩展屏蔽，它可以阻碍裂纹的传播，使得裂纹发生偏转、钉扎，然后沿着小结合力路径产生新的裂纹。在裂纹扩展过程中，如果存在两个

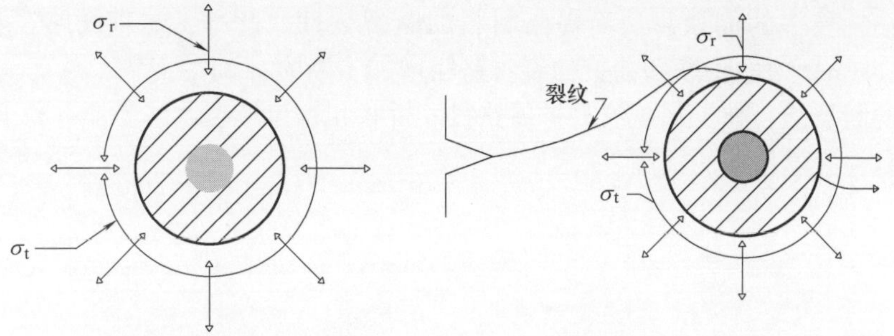

(a) 核壳颗粒周围残余应力示意图　　(b) 残余应力场下的裂纹扩展示意图

图 7-10　残余应力场示意图

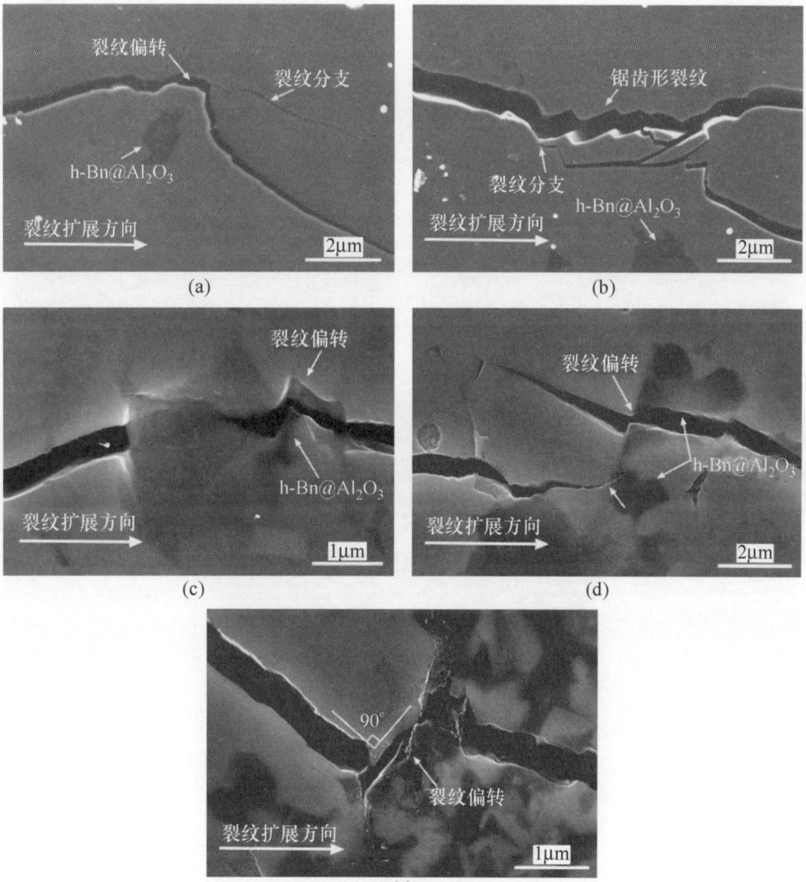

(a)　(b)　(c)　(d)　(e)

图 7-11　W@5 刀具裂纹扩展 SEM 照片

相同大小的拉应力，则可能发生裂纹分叉，引入微裂纹。这将增加裂纹扩展阻力，消耗更多的能量，从而提高材料的断裂韧性。此外，与直线路径相比，图 7-11(b) 中的桥联和曲折的裂纹路径增加了断裂界面的面积，从而消耗了更多的断裂能，减少了裂纹的扩展路径。桥联和锯齿形裂纹路径都有利于金属陶瓷材料力学性能的提高。

第 8 章　h-BN 系核壳自润滑陶瓷刀具材料的摩擦磨损特性

摩擦磨损试验是研究刀具材料抗磨性能的实用手段，也是刀具材料研制的重要环节。本章对添加 h-BN@ Ni 复合粉体的核壳自润滑陶瓷刀具材料进行了摩擦磨损试验，研究 h-BN@ Ni 复合粉体的含量和试验条件对其摩擦磨损特性的影响。

8.1　试验装置与方法

试验在 MMW-1A 型摩擦磨损试验机上采用销-盘摩擦副形式进行。磨环内径为 ϕ38mm，外径为 ϕ54mm，粗糙度 $Ra=0.08\mu m$，材质为 45 钢，淬火后的硬度为 44~46HRC。图 8-1 为试验装置的原理。

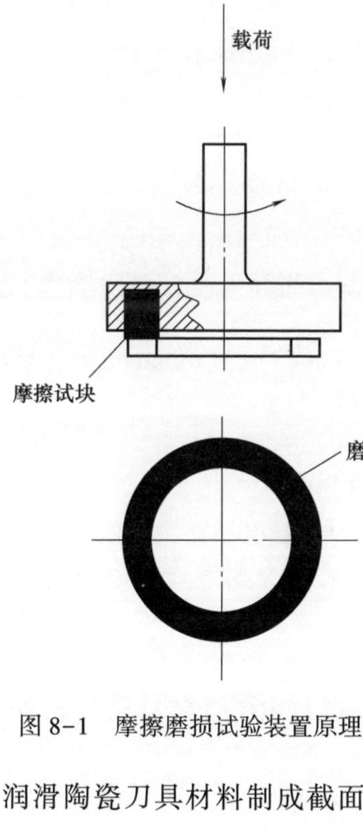

图 8-1　摩擦磨损试验装置原理图

将添加 h-BN 的自润滑陶瓷刀具材料制成截面尺寸为（4×4×10）mm^3、

粗糙度 $Ra=0.1\mu m$ 的长方体试块。然后在丙酮中和超声震荡条件下清洗，在真空干燥箱中进行完全的干燥。以垂直于热压方向的表面作为摩擦面进行干摩擦。

（1）摩擦因数的测试

摩擦因数是摩擦副所受的摩擦力与法向载荷（力）之比，采用以下公式计算：

$$\mu=F/P=M\ (R\cdot P) \tag{8-1}$$

式中 μ——摩擦因数，无量纲；

F——摩擦力，N；

P——法向载荷，N；

M——摩擦力矩，N·mm；

R——磨环的中圆半径，mm。

（2）磨损率的测试

磨损率为试样在单位载荷和单位磨程下产生的磨损体积，用以下公式计算：

$$W=V/(L\cdot P) \tag{8-2}$$

式中 W——磨损率，$m^3/(N\cdot m)$；

V——试验前后的试样体积差，m^3；

L——摩擦距离，m；

P——法向载荷，N。

可用质量法测定磨损体积，磨损率公式为：

$$W=m/(P\cdot\rho\cdot s)\ =m/(P\cdot\rho\cdot\omega\cdot R\cdot t) \tag{8-3}$$

式中 W——磨损率，$m^3/(N\cdot m)$；

m——磨损前后的试样质量差，g；

P——法向载荷，N；

ρ——试样的实际密度，g/m^3，用阿基米德排水法测得；

s——摩擦的行程，m；

ω——试样的角速度［$\omega=2\pi n$（r/min），n 是试验机的主轴转速］；

R——磨环的中圆半径，m；

t——摩擦经历的时间，min。

（3）磨损表面的观察与分析

采用 SUPRA 55 型场发射扫描电子显微镜观察试样的磨损形貌，用能谱仪分析磨损表面的化学元素；采用 X 射线光电子能谱仪（XPS）分析摩擦表面上的摩擦膜的元素价态。

8.2 h-BN@Ni 含量对自润滑陶瓷刀具材料摩擦磨损特性的影响

在载荷 30N 和转速 200r/min 的试验条件下，研究 h-BN@Ni 复合粉体的含量对自润滑陶瓷刀具材料摩擦磨损特性的影响，并与相应的添加 h-BN 粉体的自润滑刀具材料进行对比。

8.2.1　h-BN@Ni 含量对自润滑陶瓷刀具材料摩擦因数的影响

图 8-2 为分别以微米 h-BN 和纳米 h-BN 为固体润滑剂的刀具材料的摩擦因数随固体润滑剂含量的变化。可见随 h-BN 或 h-BN@ Ni 的增加，四种刀具材料的摩擦因数均呈下降趋势。摩擦条件相同时，固体润滑剂含量大的刀具材料在摩擦面上析出的润滑剂较多，润滑作用增强，因此摩擦因数较小。

由图 8-2 还可以看出，添加 h-BN@ Ni 复合粉体的刀具材料的摩擦因数低于相应的添加 h-BN 粉体的刀具材料。当 h-BN 或 h-BN@ Ni 的体积分数分别为 5%、10%和 15%时，包覆微米 h-BN 刀具材料的摩擦因数比微米 h-BN 刀具材料分别降低了 7.7%、6.5%和 4.8%；包覆纳米 h-BN 刀具材料的摩擦因数比纳米 h-BN 刀具材料分别降低了 10.6%、7.5%和 5.6%。

一方面，在摩擦过程中，固体润滑剂从自润滑材料中析出并在摩擦界面形成易于剪切的摩擦膜，所以固体润滑剂在刀具材料中分布的均匀性和连续性对摩擦性能至关重要。添加 h-BN@ Ni 复合粉体改善了 h-BN 在刀具材料中的均布性，有利于形成连续、完整的摩擦膜，因此摩擦因数降低；另一方面，包覆层 Ni 与 h-BN 的热胀系数差大于陶瓷基体与 h-BN 的热膨胀系数差，摩擦产生的热量使得 h-BN 刀具材料中的 h-BN 受到较大的挤压力而易于析出摩擦表面，因此摩擦因数较小。

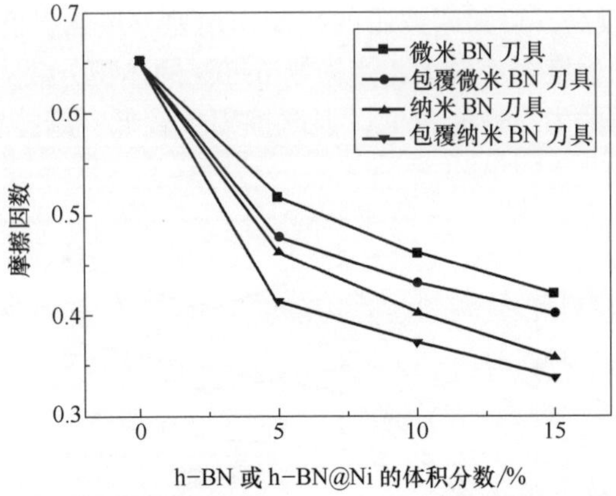

图 8-2　刀具材料摩擦因数随 h-BN 或 h-BN@ Ni 含量的变化

由图 8-2 还可以看出，以纳米 h-BN 为固体润滑剂的刀具材料的摩擦因数小于相应的以微米 h-BN 为固体润滑剂的刀具材料。当 h-BN 或 h-BN@ Ni 的体积分数分别为 5%、10%和 15%时，纳米 h-BN 刀具材料的摩擦因数分别低于微米 h-BN 刀具材料，包覆纳米 h-BN 刀具材料的摩擦因数低于包覆微米 h-BN 刀具材料。与微米 h-BN 相比，纳米 h-BN 的片径小，比表面积大，在刀具材料中体积分数相同时纳米 h-BN 的片数较多，因此在摩擦膜中分布均匀性和连续性较好。并且由于纳米 h-BN 片径小，其在摩擦膜中的移动性好，易于在摩擦力的作用下移动到摩擦界面，使得减摩性能较好。

8.2.2 h-BN@Ni 含量对自润滑陶瓷刀具材料磨损率的影响

图 8-3 为分别以微米 h-BN 和纳米 h-BN 为固体润滑剂的刀具材料的磨损率随固体润滑剂含量的变化。由图可见，随着微米 h-BN 或 h-BNμ@ Ni 的体积分数由 5%增加到 15%，微米 h-BN 刀具材料和包覆微米 h-BN 刀具材料的磨损率均呈先降低后升高的趋势。随着纳米 h-BN 或 h-BNn@ Ni 的体积分数由 5%增加到 15%，纳米 h-BN 刀具材料和包覆纳米 h-BN 刀具材料的磨损率均呈升高的趋势。

陶瓷材料因磨粒磨损导致的磨损率（W）与其力学性能之间的关系为：

$$W=c\frac{1}{K_{IC}^{\frac{3}{4}}H^{\frac{1}{2}}} \tag{8-4}$$

式中，K_{IC} 和 H 分别为材料的断裂韧性和硬度；c 为关于磨损条件的常数。

由式（8-4）可知，在磨粒磨损的情况下，陶瓷材料的硬度和断裂韧性决定其抗磨性能。而在摩擦表面有摩擦膜存在的情况下，刀具材料的抗磨性受其本身的力学性能和摩擦膜的减摩作用的综合影响。当微米 h-BN 的体积分数为 5%时，摩擦因数较高，可知摩擦膜的减摩作用差，虽然自润滑陶瓷刀具材料的力学性能较高，但磨损率较大；当微米 h-BN 的体积分数为 10%时，虽然自润滑陶瓷刀具材料的力学性能较低，但摩擦因数较低，摩擦膜的减摩作用好，

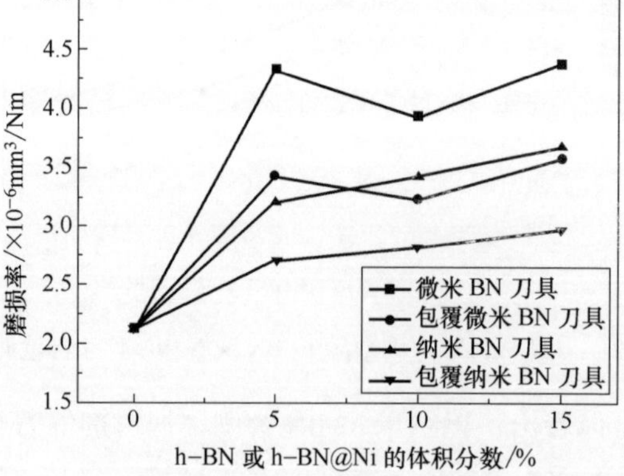

图 8-3　刀具材料磨损率随 h-BN 或 h-BN@ Ni 含量的变化

因此磨损率较低；当微米 h-BN 的体积分数为 15%时，摩擦因数最低，摩擦膜的减摩性能最好，但力学性能太低，因此磨损率最高。与以微米 h-BN 为固体润滑剂的刀具材料不同，当纳米 h-BN 的体积分数为 5%时，摩擦膜已有较低的摩擦因数，减摩作用较好，并且自润滑陶瓷刀具材料的力学性能较高，因此磨损率低于纳米 h-BN 体积分数为 10%的刀具材料。

由图 8-3 可以看出，添加 h-BN@ Ni 复合粉体的刀具材料的磨损率低于相应的添加 h-BN 粉体的刀具材料。当 h-BN 或 h-BN@ Ni 的体积分数分别为 5%、10%和 15%时，包覆微米 h-BN 刀具材料的磨损率比微米 h-BN 刀具材料分别降低了 20.9%、17.9%和 18.2%；包覆纳米 h-BN 刀具材料的磨损率分别比纳米 h-BN 刀具材料降低了 15.6%、17.6%和 18.9%。h-BN 刀具材料抗磨性能的显著增强是由于添加 h-BN@ Ni 复合粉体代替 h-BN 粉体改善了刀具材料的力学性能和摩擦膜的减摩作用（摩擦因数降低）。

由图 8-3 还可以看出，以纳米 h-BN 为固体润滑剂的刀具材料的磨损率小于相应的以微米 h-BN 为固体润滑剂的刀具材料。当 h-BN 或 h-BN@ Ni 的体积分数分别为 5%、10%和 15%时，纳米 h-BN 刀具材料的磨损率分别低于微米 h-BN 刀具材料，包覆纳米 h-BN 刀具材料的磨损率分别小于包覆微米 h-BN 刀具材料。这是由于以纳米 h-BN 为固体润滑剂的刀具材料的力学性能和摩擦膜的减摩作用都优于相应的以微米 h-BN 为固体润滑剂的刀具材料。

8.2.3　h-BN@Ni 含量对自润滑陶瓷刀具材料磨损形貌的影响

图 8-4 为微米 h-BN 刀具材料和包覆微米 h-BN 刀具材料经过相同摩擦时间的磨损形貌随微米固体润滑剂含量的变化。从图 8-4(a)(c)(e) 中可以看出，当微米 h-BN 的体积分数为 5%时，微米 h-BN 刀具材料未能在摩擦表面形成连续的摩擦膜。随着微米 h-BN 含量的增加，微米 h-BN 刀具材料磨损表面的摩擦膜增多、覆盖面积增大。由图 8-4(b)(d)(f) 可见，随着 h-BNμ@ Ni 的体积分数从 5%增加到 15%，包覆微米 h-BN 刀具材料磨损表面的摩擦膜增多，覆盖面积增大。结果表明，自润滑刀具材料必须含有足够的固体润滑剂含量，才能在磨损表面形成连续、完整的摩擦膜。由图 8-4 还可以发现，包覆微米 h-BN 刀具材料磨损表面上的摩擦膜比相应的微米 h-BN 刀具材料的摩擦膜更多，覆盖更完整、分布得更均匀。这归因于添加 h-BNμ@ Ni 复合粉体使微米 h-BN 在陶瓷基体中分布更均匀，同时增加了摩擦膜与陶瓷基体的结合强度。

图 8-5 为纳米 h-BN 刀具材料和包覆纳米 h-BN 刀具材料的磨损形貌随微米固体润滑剂含量的变化。从图中可以看出，纳米 BN5 刀具材料和包覆纳米 BN5 刀具材料的摩擦表面已能形成较连续的摩擦膜。随着纳米 h-BN 或 h-BNn

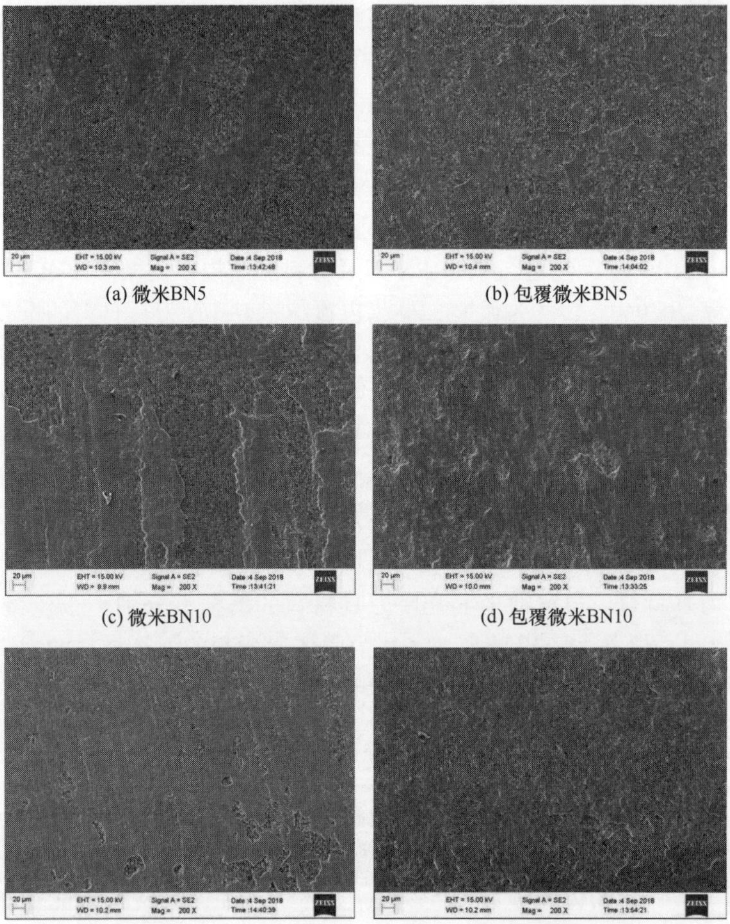

(a) 微米BN5　(b) 包覆微米BN5

(c) 微米BN10　(d) 包覆微米BN10

(e) 微米BN15　(f) 包覆微米BN15

图 8-4　刀具材料磨损形貌随微米 h-BN 或 h-BNμ@ Ni 含量的变化

@ Ni 含量的增加，材料磨损表面的摩擦膜增多，覆盖面积增大。由图 8-5 还可以发现，包覆纳米 h-BN 刀具材料磨损表面上的摩擦膜比相应的纳米 h-BN 刀具材料的摩擦膜覆盖得更完整、分布更均匀。这归因于添加 h-BNn@ Ni 复合粉体使纳米 h-BN 在陶瓷基体中的分布更均匀，同时增加了摩擦膜与陶瓷基体的结合强度。

对比图 8-4 和图 8-5 可见，以纳米 h-BNn 为固体润滑剂的刀具材料磨损表面的摩擦膜比相应的以微米 h-BN 为固体润滑剂的刀具材料的摩擦膜覆盖面积大，表面更平滑。这是由于与微米 h-BNμ 相比，纳米 h-BN 粒径较小，体积分数相同时的数量较多，更容易拖覆在摩擦表面而促进形成摩擦膜。

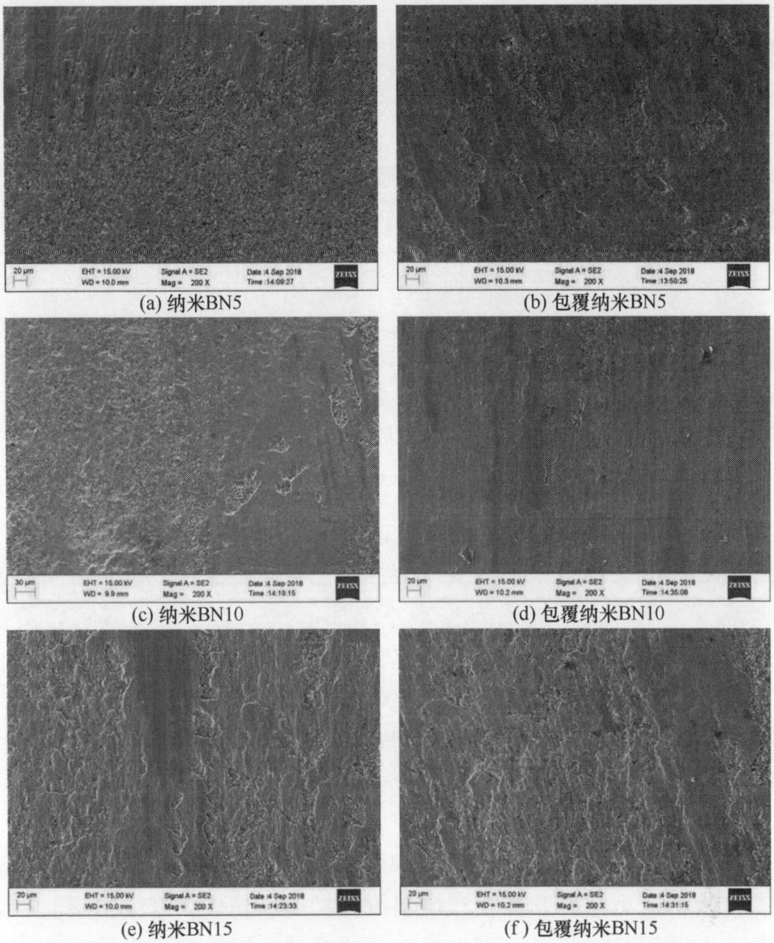

(a) 纳米BN5　(b) 包覆纳米BN5　(c) 纳米BN10　(d) 包覆纳米BN10　(e) 纳米BN15　(f) 包覆纳米BN15

图 8-5　刀具材料磨损形貌随纳米 h-BN 或 h-BNn@ Ni 含量的变化

8.3　试验条件对自润滑陶瓷刀具材料摩擦磨损性能的影响

本节选择包覆微米 BN10、包覆纳米 BN10 和包覆 BNNS1 刀具材料，与微米 BN10、纳米 BN10 和 BNNS1 刀具材料进行对比摩擦磨损试验，分析法向载荷和转速对摩擦因数和磨损率的影响。

8.3.1　载荷的影响

(1) 载荷对自润滑陶瓷刀具材料摩擦因数的影响

图 8-6 为转速 200r/min 时，6 种刀具材料的摩擦因数随载荷的变化。可见各刀具材料的摩擦因数均随着载荷从 10N 增加到 70N 而呈先升高后降低的

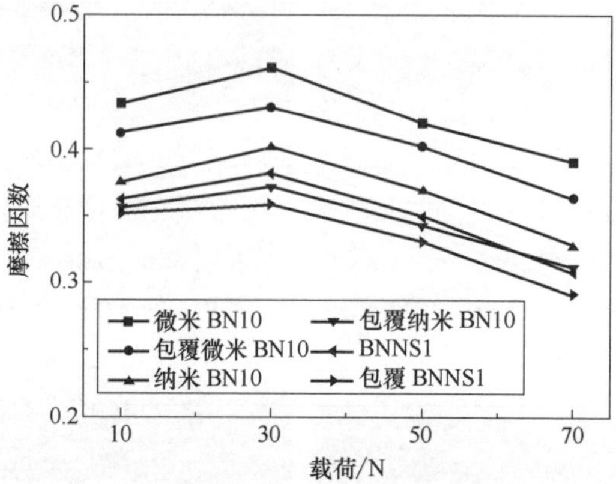

图 8-6　摩擦因数随载荷的变化（转速 = 200r/min）

趋势。当载荷为 10N 时，由于载荷较小，刀具材料实际接触磨环的面积较小，因此摩擦因数较小。当载荷从 30N 继续增大时，摩擦因数呈降低趋势。这是由于载荷增大使得摩擦膜易于拖覆于摩擦表面而发挥减摩功能，并且载荷增大能提高摩擦膜的致密度，也有利于减小摩擦因数。由图 8-6 还可以看出在各载荷下，包覆微米 BN10、包覆纳米 BN10 和包覆 BNNS1 刀具材料的摩擦因数均分别低于微米 BN10、纳米 BN10 和 BNNS1 刀具材料。这归因于添加 h-BN@Ni 使 h-BN 在刀具材料中的分布更均匀，有利于形成完整连续的摩擦膜。

（2）载荷对自润滑陶瓷刀具材料磨损率的影响

图 8-7 为转速 200r/min 时，6 种刀具材料的磨损率随载荷的变化。可见各刀具材料的磨损率均随着载荷从 10N 增加到 70N 而逐渐增大。在摩擦过程中，载荷产生的应力导致摩擦膜产生裂纹并扩展。当裂纹继续扩展时，摩擦膜局部脱落，此时刀具材料表面失去摩擦膜的覆盖，在受到较重的载荷下生成新摩擦膜。局部摩擦膜更新得越快，则刀具材料的磨损越大。当载荷增大时，摩

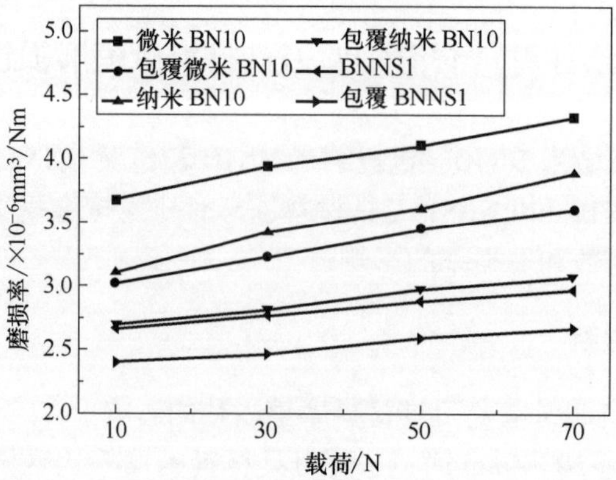

图 8-7　磨损率随载荷的变化（转速 = 200r/min）

擦膜承受的正应力增大，其破损的程度和频次增大，使得刀具材料“自耗”加大，表现为刀具材料的磨损率增大。由图 8-7 还可以看出在各载荷下，包覆微米 BN10、包覆纳米 BN10 和包覆 BNNS1 刀具材料的磨损率均分别小于微米 BN10、纳米 BN10 和 BNNS1 刀具材料，这是由于添加 h-BN@ Ni 的刀具材料的各项力学性能都高于添加 h-BN 的刀具材料，提高了刀具的抗磨性。

8.3.2　转速的影响

（1）转速对自润滑陶瓷刀具材料摩擦因数的影响

图 8-8 为载荷 30N 时，6 种刀具材料的摩擦因数随转速的变化。可见各刀具材料的摩擦因数均随着转速由 100r/min 提高到 400r/min 而逐渐降低。这是由于当转速增大时，摩擦膜更容易均匀拖覆在摩擦表面而发挥减摩作用。由图 8-8 还可以看出在各转速下，包覆微米 BN10、包覆纳米 BN10 和包覆 BNNS1 的刀具材料的摩擦因数均分别低于微米 BN10、纳米 BN10 和 BNNS1 刀具材料。这是由于添加 h-BN@ Ni 复合粉体的刀具材料中的 h-BN 分布更均匀，有利于形成完整、连续的摩擦膜。

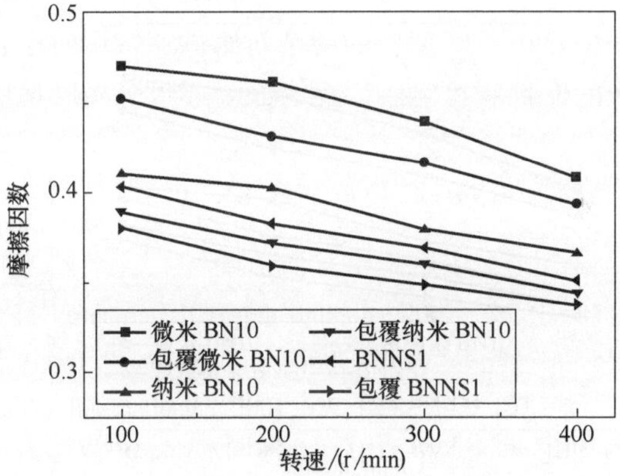

图 8-8　摩擦因数随转速的变化（载荷 30N）

（2）转速对自润滑陶瓷刀具材料磨损率的影响

图 8-9 为载荷 30N 时，6 种自润滑陶瓷刀具材料的磨损率随转速的变化。可见各刀具材料的磨损率均随着转速由 100r/min 提高到 400r/min 而呈减小趋势。磨损率的降低是由于随着转速的增加，摩擦膜在摩擦表面的分布更均匀，更好地起到减摩和防止磨粒磨损的作用。由图 8-9 还可看出，在各转速下，包覆微米 BN10、包覆纳米 BN10 和包覆 BNNS1 刀具材料的磨损率均分别小于微米 BN10、纳米 BN10 和 BNNS1 刀具材料。这归因于添加 h-BN@ Ni 复合粉体的刀具材料与添加 h-BN 粉体的刀具材料相比具有较高的力学性能。

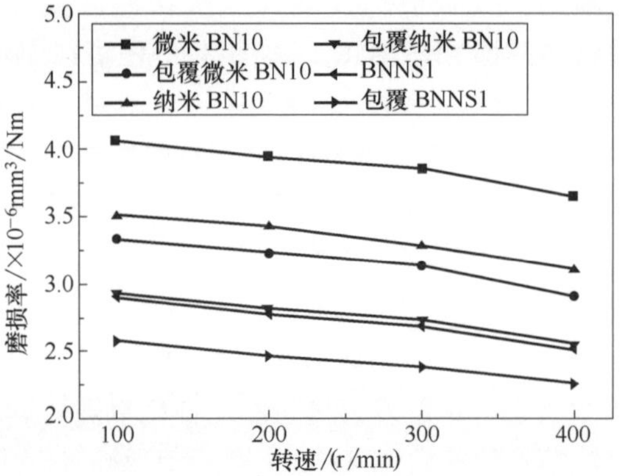

图 8-9　磨损率随转速的变化（载荷 30N）

8.4　h-BN@Ni 自润滑陶瓷刀具材料的减摩抗磨机理

8.4.1　减摩机理

在干摩擦过程中，组成摩擦副的两个对磨件通常不发生直接接触，而是通过在摩擦表面形成的摩擦膜接触，因此有必要通过分析摩擦膜来研究刀具材料的减摩抗磨机理。

图 8-10 为包覆微米 BN10 和包覆纳米 BN10 刀具材料在载荷为 30N、转速为 200r/min 条件下的磨损形貌。由图 8-10(a)(c) 可见，磨损表面覆有一层比较完整的摩擦膜，摩擦膜表面平滑，厚度比较均匀。由图 8-10(b)(d) 可以看出，摩擦膜由磨屑在摩擦过程中拖覆于磨损表面形成。由图 8-10(d) 可见摩擦膜由于应力作用而产生的微裂纹。

图 8-11 为包覆微米 BN10 刀具材料磨损表面摩擦膜的 XPS 谱图。如图 8-11(a) 所示，C 元素的峰位在 284.8eV 和 288.68eV，分别对应 C 和 C═O。由图 8-11(b) 可见，B 元素的 1s 峰位在 190.7eV，对应 h-BN。图 8-11(c) 中 Ni 元素的 2p 峰位在 856eV，可知刀具材料中的 Ni 已经被氧化成了 Ni_2O_3。由图 8-11(d) 可见，Fe 元素的峰位在 710.89eV 和 723.08eV，分别对应 Fe_2O_3 和 FeO，这是来自磨环的 Fe 在空气中被氧化的产物。在摩擦试验过程中，含有 h-BN 的摩擦膜能起到减摩作用。

图 8-12 为包覆 BNNS1 刀具材料在载荷为 70N、转速为 200r/min 条件下的磨损形貌。可见刀具材料磨损表面的摩擦膜覆盖完整、分布较均匀、表面较平滑，这有利于减小摩擦因数。图 8-12(a) 中区域 A 的 EDS 能谱分析，如图 8-13 所示，其中各元素具体含量，如表 8-1 所示，可见该摩擦膜除了包含

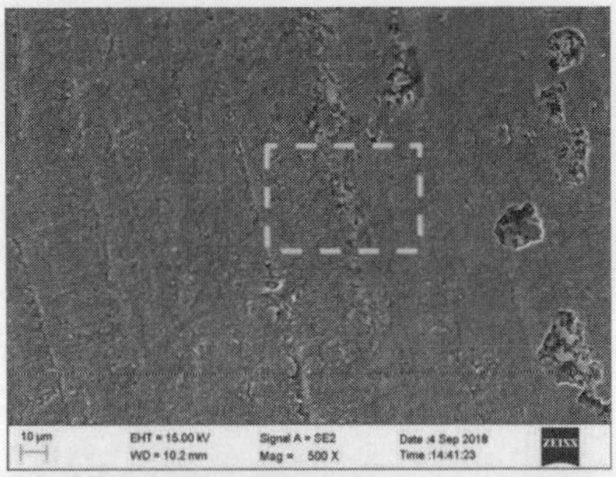

(a) 包覆微米BN10

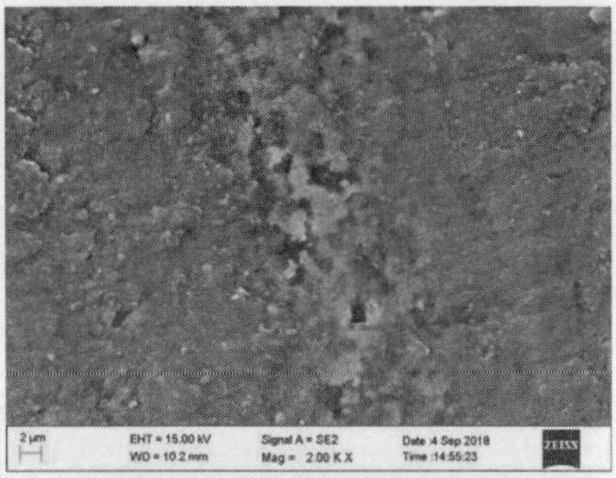

(b) 图(a) 中虚线框内区域的放大图

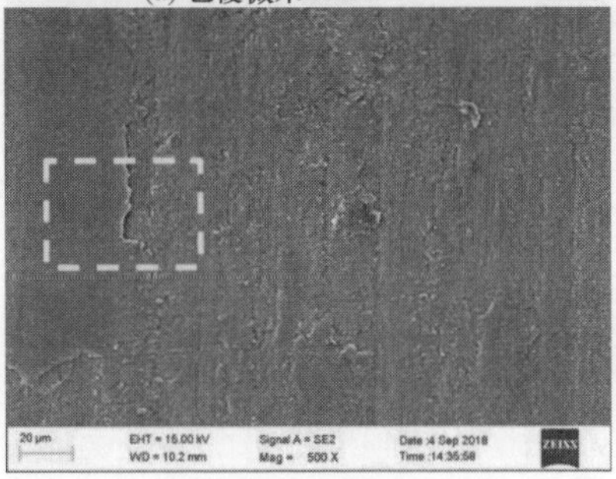

(c) 包覆纳米BN10

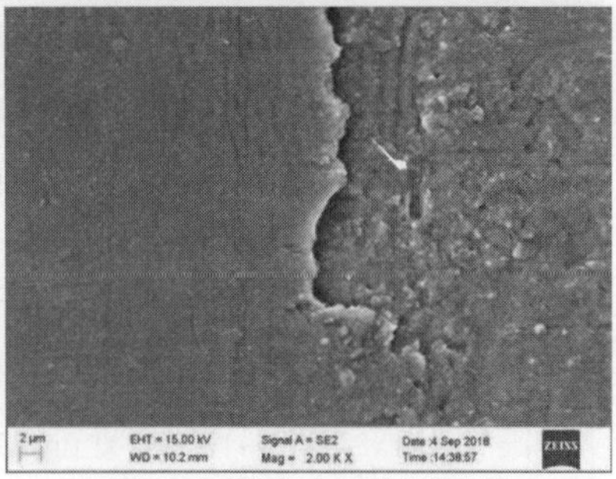

(d) 图(c) 中虚线框内区域的放大图

图 8-10 包覆微米 BN10 和包覆纳米 BN10 刀具材料的磨损形貌

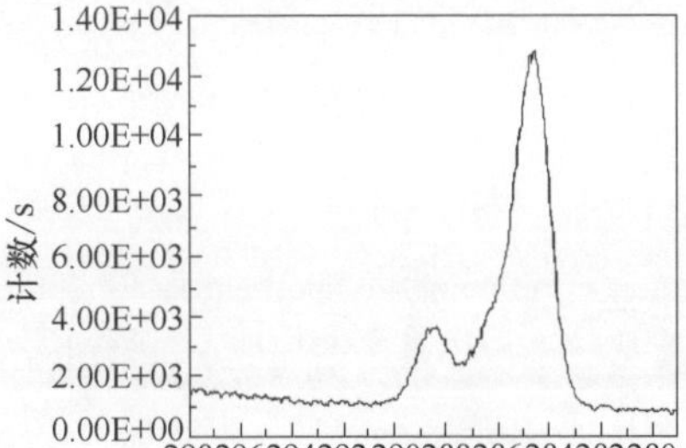

(a) C 元素

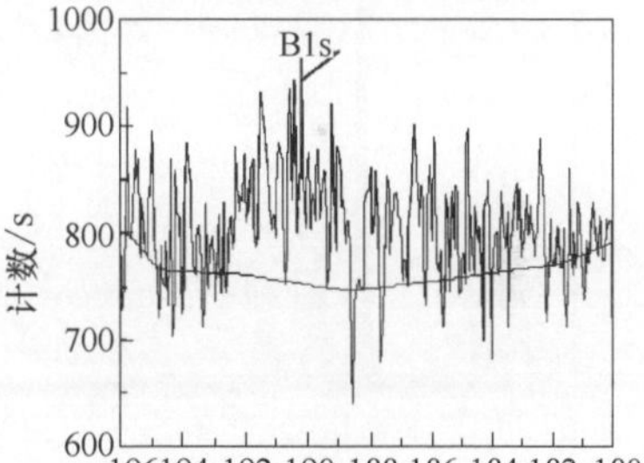

(b) B 元素

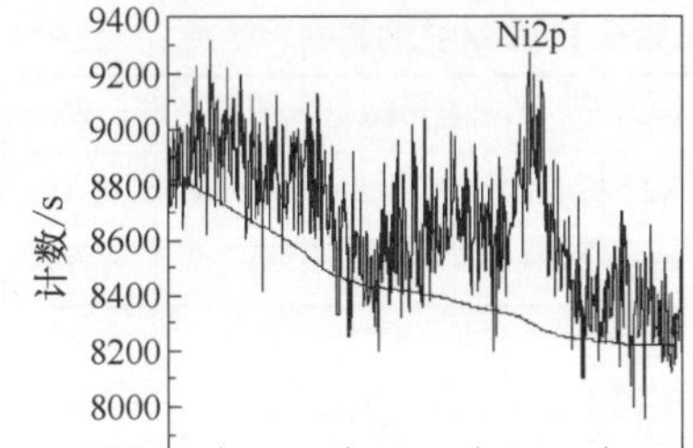

(c) Ni 元素

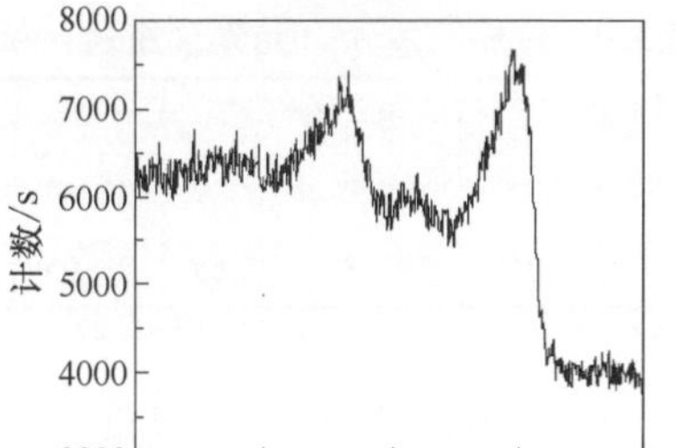

(d) Fe 元素

图 8-11 包覆微米 BN10 刀具材料磨损表面摩擦膜的 XPS 谱图

刀具材料具有的 B、Al、Ti、Ni 等元素外，还含有少量的 Fe 元素和较多的 O 元素。Fe 元素由 45 钢制成的磨环引入，O 元素与 Al 元素含量之比明显高于 Al_2O_3 的元素组成比，其余的 O 元素应来自空气。在摩擦试验过程中，来自刀具材料和磨环的一部分磨屑被连续碾碎、变形并与周围空气反应，形成摩擦膜。B 元素含量较高，表明刀具材料中的 BNNS 进入摩擦界面并存在于摩擦膜中，起到减摩润滑作用。

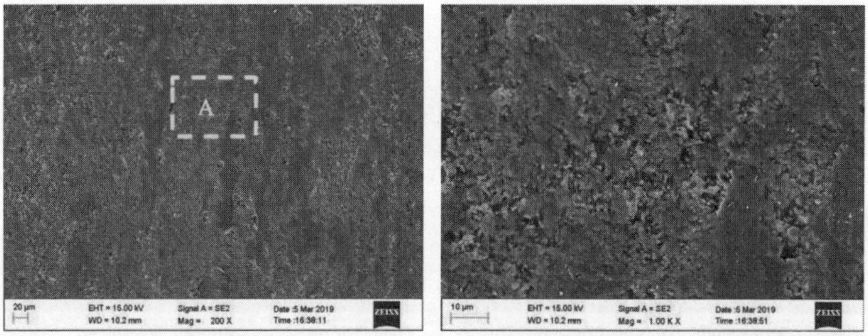

(a) SEM照片　　(b) 图(a)中虚线框内区域的放大图

图 8-12　包覆 BNNS1 刀具材料的磨损形貌

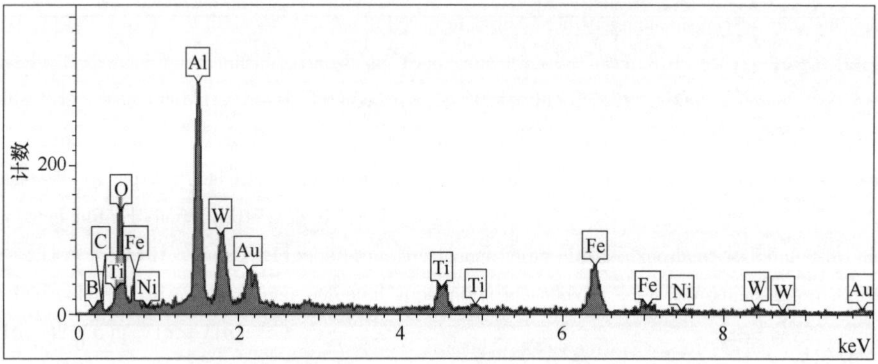

图 8-13　对应于图 8-12(a) 区域 A 的 EDS 能谱分析

表 8-1　元素含量表（Au 元素来自试样喷金）

元素	B	C	O	Al	Ti	Fe	Ni	W	Au
质量百分比/%	14.20	16.19	21.84	9.82	4.57	15.53	0.84	10.03	6.98
原子百分比/%	26.98	27.68	28.05	7.48	1.96	5.71	0.29	1.12	0.73

图 8-14 为包覆 BNNS1 刀具材料磨损表面的 EDS 面扫描谱图。可以看出摩擦膜中含有刀具材料的组成元素和来自磨环的 Fe 元素，表明摩擦膜由刀具材料和磨环两者的磨屑组成。由图 8-14 还可以看出，N、B 和 Ni 元素分布比较均匀，Fe 元素较少，表明 BNNS 分布在摩擦膜中，起到减摩和减轻磨环磨

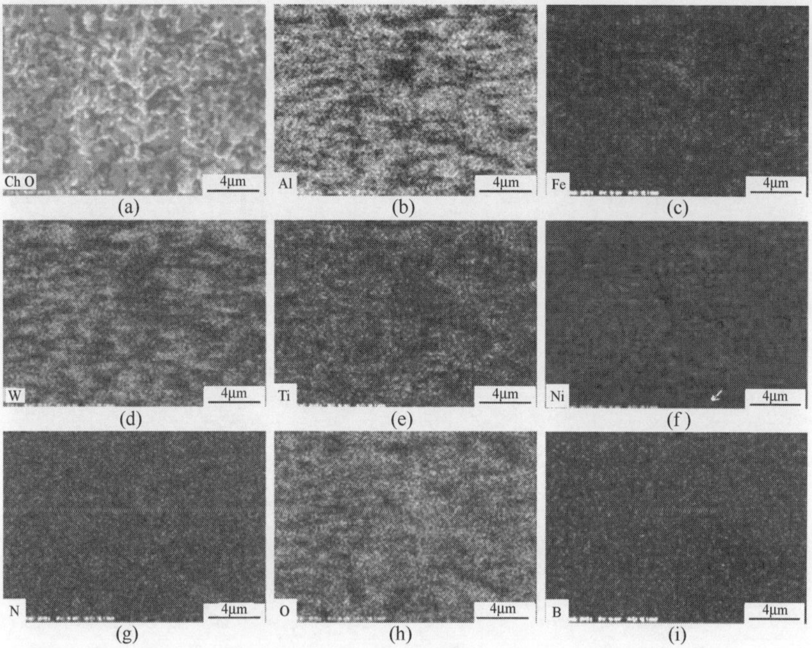

图 8-14　包覆 BNNS1 刀具材料磨损表面的 EDS 面扫描谱图

屑黏结的作用。此外，在 Fe 元素集中分布的区域，O 元素的浓度也较大，并且 Al 元素的浓度较小，表明 Fe 元素在摩擦试验过程中被氧化。

8.4.2　抗磨机理

图 8-15 为纳米 BN10、包覆纳米 BN10 和未添加固体润滑剂的陶瓷刀具材料在载荷为 30N、转速为 200r/min 条件下试验后经酸洗的磨损表面形貌。酸洗是将试样浸入 15wt. %盐酸中，超声处理 10min 以蚀刻去除摩擦膜。可见 3 种刀具材料的磨损表面上均有犁沟状磨痕，还存在晶粒剥落形成的形状不规则的凹坑。这表明在摩擦过程中刀具材料承受了磨粒磨损和黏结磨损。磨粒磨损是陶瓷磨屑和磨环磨屑中的硬质点刻划形成的。黏结磨损是由于刀具材料在接触应力和摩擦力的作用下产生微裂纹，当微裂纹扩展到一定程度时，晶粒在摩擦膜的黏结作用下造成剥落。

由图 8-15(a)(b) 可以看出，纳米 BN10 刀具材料的磨损表面明显凹凸不平，这是由于材料中的纳米 h-BN 与陶瓷基体的界面结合强度较弱，界面容易脱黏而产生微裂纹并沿晶扩展，使得陶瓷晶粒发生沿晶断裂，导致其整体式剥落，因此磨损率较大。由图 8-15(c)(d) 可以看出，包覆纳米 BN10 刀具材料的磨损表面较平整，这是由于材料中的纳米 h-BN 与陶瓷基体的界面结合强度较高，界面产生的微裂纹倾向于穿晶扩展，使得陶瓷晶粒发生穿晶断裂，导致

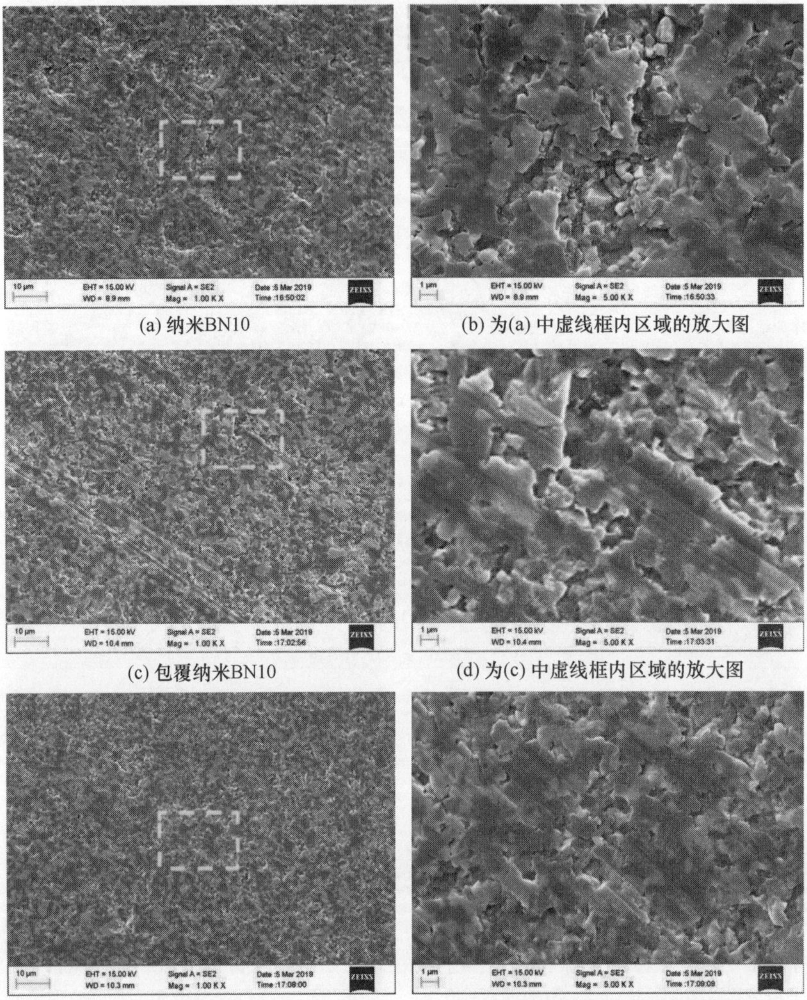

(a) 纳米BN10　(b) 为(a) 中虚线框内区域的放大图

(c) 包覆纳米BN10　(d) 为(c) 中虚线框内区域的放大图

(e) Al_2O_3/(W,Ti)C　(f) 为(e) 中虚线框内区域的放大图

图 8-15　酸洗后的陶瓷刀具材料磨损表面形貌

其部分式剥落，因此磨损率较小。由图 8-15(e)(f) 可见，未添加固体润滑剂的 Al_2O_3 基陶瓷刀具材料的磨损表面更平整，这是由于陶瓷晶粒的界面结合强度很高，基本上形成穿晶断裂和部分式剥落，因此磨损率最小。对比这 3 种刀具材料酸洗后的磨损表面形貌可见，纳米 BN10 刀具材料的晶粒以整体式剥落为主，包覆纳米 BN10 刀具材料的晶粒以部分式剥落为主，未添加固体润滑剂的陶瓷刀具材料的晶粒基本上是部分式剥落。晶粒的不同剥落方式使得这 3 种刀具材料的磨损率依次降低。

添加 h-BN@ Ni 复合粉体的刀具材料的抗磨性能高于添加 h-BN 粉体的刀

具材料的原因分析如下：一方面，由式（8-1）可知，陶瓷材料以磨粒磨损为主时的抗磨性与 $K_{IC}^{3/4}$ 和 $H^{1/2}$ 的乘积成正比。添加 h-BN@ Ni 复合粉体的刀具材料的断裂韧性和硬度高于添加 h-BN 粉体的刀具材料，因此具有较高的抗磨粒磨损性能；另一方面，如图 8-16 所示，对于添加 h-BN 粉体的刀具材料，由于 h-BN 与陶瓷基体的界面结合强度较低，容易成为裂纹起源并产生沿晶扩展，导致陶瓷晶粒整体式剥落，因此抗黏结磨损性能较差；对于添加 h-BN@ Ni 复合粉体的刀具材料，由于 h-BN 与陶瓷基体的界面结合强度较高，不易产生微裂纹，陶瓷晶粒为部分式剥落，因此抗黏结磨损性能较好。

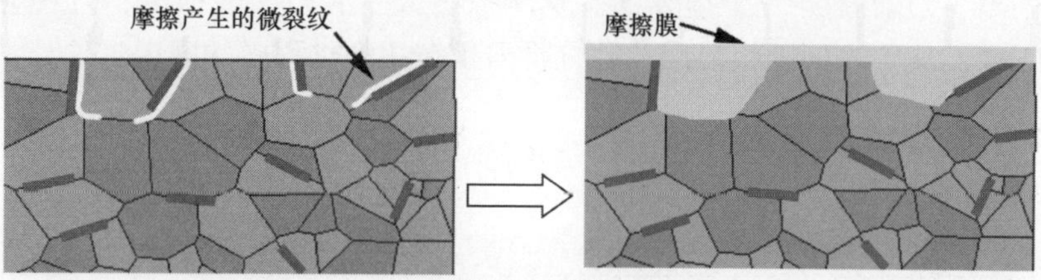

(a) 添加h-BN粉体

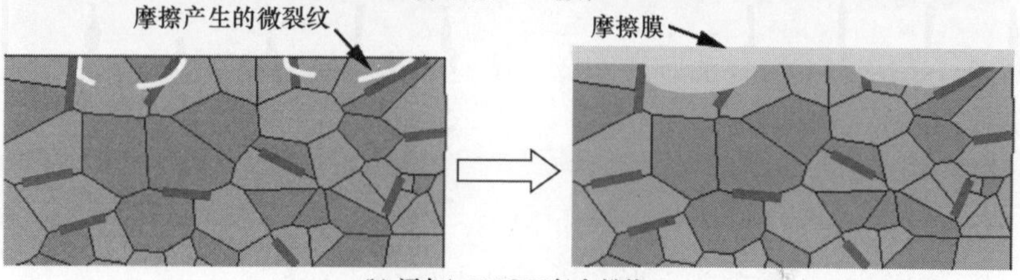

(b) 添加h-BN@Ni复合粉体

图 8-16　两种刀具材料的磨损机理示意图

8.4.3　h-BN 尺寸对自润滑陶瓷刀具材料摩擦磨损特性的影响

由上述测试分析可知，h-BN 尺寸对相应的刀具材料的摩擦磨损特性有显著影响。当 h-BN 的尺寸从微米级到纳米级，再到纳米片时，相应的刀具材料在相同试验条件下的摩擦因数和磨损率呈减小的趋势。因此，随着 h-BN 尺寸的减小，刀具材料的减摩抗磨性能提高。减摩性能的提高是由于摩擦表面形成的摩擦膜的减摩作用随着 h-BN 尺寸的减小而增加；抗磨性能的改善主要归因于刀具材料的力学性能随着 h-BN 尺寸的减小而提高。

第9章　h-BN系核壳自润滑陶瓷刀具的切削性能

本章将研究添加h-BN@ Ni复合粉体的核壳自润滑陶瓷刀具和添加h-BN @ Al_2O_3复合粉体的核壳自润滑金属陶瓷刀具对淬硬40Cr钢的切削性能，包括切削力、切削温度、刀-屑界面平均摩擦因数、后刀面磨损量、刀具磨损形貌和工件已加工表面的粗糙度，并分析刀具在切削过程中的磨损机理。

9.1　切削试验

9.1.1　试验条件

机床：CDE6140A普通卧式车床（大连机床集团制造）。

切削方式：干式切削。

刀具材料：

① 添加h-BN@ Ni复合粉体的Al_2O_3基陶瓷刀具：微米BN5、包覆微米BN5、纳米BN5、包覆纳米BN5、BNNS1和包覆BNNS1。

② 添加h-BN@ Al_2O_3复合粉体的(W,Ti)C基金属陶瓷刀具：(W,Ti)C基体刀具（W0）、纳米h-BN（nW5）、包覆纳米h-BN（W@5）。

将刀具材料依次进行切割、粗磨、精磨、倒棱、倒刀尖圆角、研磨和抛光以制成刀片。刀片尺寸为12.7mm×12.7mm×5mm，倒棱宽度$b_{r1}=0.1$mm，倒棱角度$\gamma_{o1}=-10°$，刀尖圆弧半径$r_\varepsilon=0.2$mm。采用CSSNR2525M12-MN7H1BMI10型刀杆，其几何参数为：前角$\gamma_0=-5°$，后角$\alpha_0=5°$，刃倾角$\lambda_s=0°$，主偏角$\kappa_r=45°$。

工件：40Cr钢是机械制造业使用较广泛的钢种之一，其化学成分和物理性能分别如表9-1和表9-2所示。40Cr淬火钢具有高硬度和高强度，属于难加工材料，由于硬质合金刀具无法满足对其的刀具寿命和工件已加工表面质量的要求，通常使用陶瓷刀具或聚晶立方氮化硼刀具等高硬刀具进行加工。然而40Cr淬火钢的导热系数低，会导致高的切削温度和严重的刀具热磨损，因此使用自润滑陶瓷刀具切削40Cr淬火钢有望通过减小刀具前刀面和切屑的摩擦因数来降低切削温度，进而减轻刀具的热磨损，延长其使用寿命。因此，本书选取淬火处理的40Cr圆钢作为切削试验的工件，硬度为48~50HRC。

表 9-1　40Cr 淬火钢的化学成分

元素	C	Si	Mn	Cr	Ni	P	S
含量/wt. %	0. 37~0. 45	0. 17~0. 37	0. 50~0. 80	0. 80~1. 10	≤0. 25	≤0. 030	≤0. 030

表 9-2　40Cr 淬火钢的物理力学性能

物性参数	密度(ρ)/ $g\cdot cm^{-3}$	弹性模量 (E)/GPa	拉伸强度 (σ_b)/MPa	屈服强度 (σ_s)/MPa	伸长率 (δ)/%	断面收缩率 (ψ)/%	冲击吸收功 A_{KU}/J
数值	7. 85	210	≥980	≥785	≥9	≥45	≥47

9. 1. 2　测试方法

① 采用 Kistler 9129AA 型测力仪测量径向、轴向和切向 3 个方向的切削力。

② 采用 FLIRA315 型红外热像仪测量切削温度。

③ 采用 LSZ-6C 型体视显微镜测量后刀面的平均磨损量 V_B，刀具的磨钝标准取 V_B=0. 3mm。

④ 采用 TR200 型粗糙度仪测量工件已加工表面的粗糙度 Ra。

⑤ 采用 SUPRA 55 型和 Regulus 8220 型扫描电子显微镜观察刀具前、后刀面的磨损形貌，并用能谱仪进行元素分析。

9. 2　添加 h-BN@Ni 对陶瓷刀具切削性能的影响

本节用包覆微米 BN5、包覆纳米 BN5 和包覆 BNNS1 自润滑陶瓷刀具分别与微米 BN5、纳米 BN5 和 BNNS1 自润滑陶瓷刀具在相同的切削用量（切削速度 v_c=200m/min，背吃刀量 a_p=0. 2mm，进给量 f=0. 102mm/r）条件下进行对比试验，通过测试切削力、切削温度、后刀面磨损量和工件已加工表面的粗糙度研究添加 h-BN@ Ni 复合粉体对刀具切削性能的影响。

9. 2. 1　添加 h-BN@Ni 对陶瓷刀具切削力的影响

图 9-1 为六种自润滑陶瓷刀具在 v_c = 200m/min，a_p = 0. 2mm，f = 0. 102mm/r 条件下的切削力。由图可见，在切削力的 3 个分力中，轴向力最小，其次是径向力，最大的是切向力。一方面包覆微米 BN5、包覆纳米 BN5 和包覆 BNNS1 刀具的切向力分别小于微米 BN5、纳米 BN5 和 BNNS1 刀具的切向力，表明添加 h-BN@ Ni 复合粉体的自润滑陶瓷刀具与相应的添加 h-BN 的自润滑陶瓷刀具相比能有效降低切削力；另一方面，自润滑陶瓷刀具的切削力随着固体润滑剂 h-BN 尺寸的减小（微米级→纳米级→纳米片）而降低。切

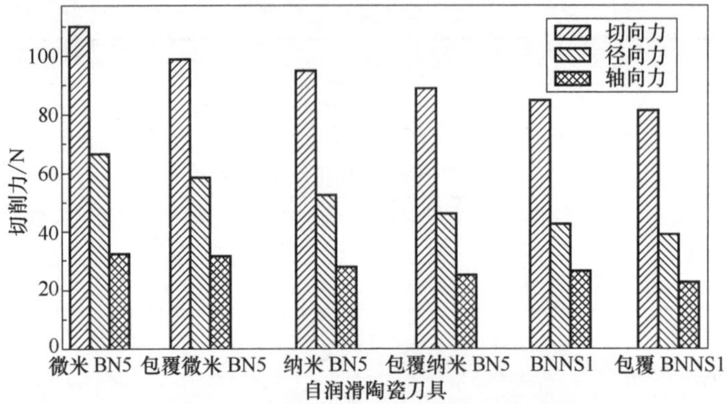

图 9-1　6 种自润滑陶瓷刀具的切削力

削力的降低表明刀具在切削过程中克服工件的阻力减小，有利于增加刀具使用寿命、提高工件加工质量和降低机床能耗。

9.2.2　添加 h-BN@Ni 对平均刀-屑摩擦因数的影响

刀具的刀-屑界面的接触区可分为黏结区和滑动区两部分，切屑与前刀面上各点的摩擦因数是变化的。切屑与前刀面的平均摩擦因数（μ）可按下式计算：

$$\mu = \tan\left(\gamma_0 + \arctan\frac{F_y}{F_z}\right) \tag{9-1}$$

式中　F_y——径向力；

F_z——切向力；

γ_0——刀具前角，本试验 $\gamma_0 = -5°$。

6 种自润滑陶瓷刀具的刀-屑界面平均摩擦因数如图 9-2 所示。可以看出，微米 BN5、包覆微米 BN5、纳米 BN5、包覆纳米 BN5、BNNS1 和包覆 BNNS1 刀具的刀-屑摩擦因数依次减小。其中包覆微米 BN5、包覆纳米 BN5 和包覆 BNNS1 刀具的刀-屑平均摩擦因数分别为 0.48、0.41 和 0.38，比微米 BN5、纳米 BN5 和 BNNS1 刀具降低了 2.0%、6.8%和 5.0%。说明添加 h-BN@Ni 复合粉体刀具的减摩性能优于相应的添加 h-BN 粉体的刀具。由图 9-2 还可以看出，随着 h-BN 尺寸的减小，刀具的刀-屑界面的平均摩擦因数也在减小，说明减摩性能得到提高。同时，当固体润滑剂含量相同时，刀-屑摩擦因数也会受刀具的力学性能影响：刀具力学性能较高时，前刀面磨损较慢，其上能生成具有减摩作用的摩擦膜，使得刀-屑摩擦因数较低；而当刀具力学性能较低时，前刀面磨损较快，不能生成摩擦膜，导致刀-屑摩擦因数偏高。

9.2.3　添加 h-BN@Ni 对陶瓷刀具切削温度的影响

图 9-3 为 6 种自润滑陶瓷刀具在 v_c = 200m/min，a_p = 0.2mm，f =

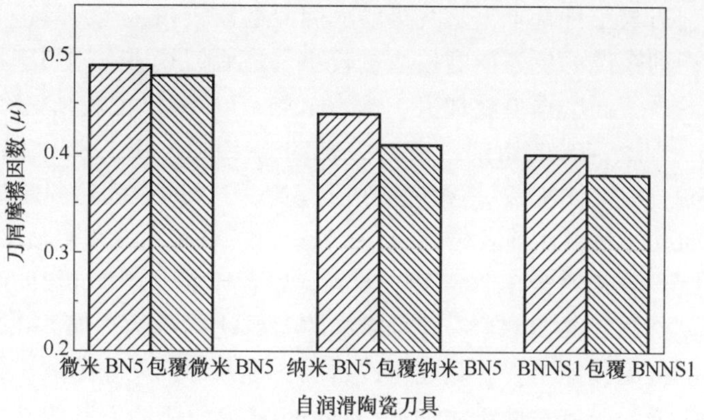

图 9-2　6 种自润滑陶瓷刀具的刀-屑摩擦因数

0.102mm/r 条件下的切削温度。从图中可以看出，自润滑陶瓷刀具的切削温度随着 h-BN 尺寸的减小而降低，同时添加 h-BN@Ni 复合粉体的刀具的切削温度要低于相应的添加 h-BN 粉体的刀具。其中，包覆微米 BN5、包覆纳米 BN5 和包覆 BNNS1 刀具的切削温度分别比微米 BN5、纳米 BN5 和 BNNS1 刀具降低了 6.7%、5.9%和 4.2%。造成这种结果的主要原因是，在相同的切削用量下，刀-屑剪切面的平均温度与散热状况基本相同，因此切削温度的差别主要受刀-屑接触面摩擦温度的影响，结合上一节对刀-屑界面摩擦因数的研究，可以发现，刀具的切削温度基本与刀-屑界面平均摩擦因数的变化保持一致。

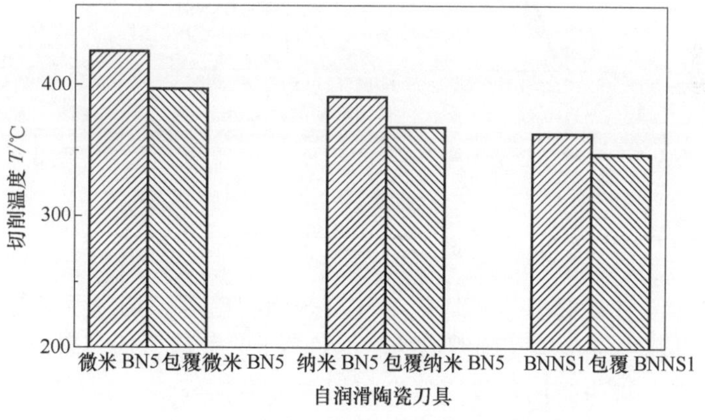

图 9-3　6 种自润滑陶瓷刀具的切削温度

9.2.4　添加 h-BN@Ni 对陶瓷刀具后刀面磨损量的影响

图 9-4 为 6 种自润滑刀具的磨损量随切削距离的变化，从图中可以看出，各刀具的后刀面磨损量随着切削距离的增加而增大。其中，在切削初期阶段，

由于刀具切削刃与工件基本上是线接触，因此磨损较快，当刀具进入正常磨损阶段，相同切削距离的后刀面磨损增量较小，最后刀具进入剧烈磨损阶段，单位切削距离的后刀面磨损增量加大。微米 BN5 刀具和包覆微米 BN5 刀具的最大切削距离（即磨钝时的切削距离）分别约为 1050m 和 1286m，后者比前者增加了 22.5%。纳米 BN5 刀具和包覆纳米 BN5 刀具的最大切削距离分别约为 1629m 和 1950m，后者比前者增加了 19.7%。BNNS1 刀具和包覆 BNNS1 刀具的最大切削距离分别约为 2280m 和 2760m，后者比前者增加了 21.1%。

由此可见，添加 h-BN@ Ni 复合粉体的刀具比相应的添加 h-BN 粉体的刀具具有更高的抗磨损能力。并且还可以看出，随着 BN 尺寸的减小，刀具的抗磨性能也随之增强。这是由于添加 h-BN@ Ni 复合粉体的刀具的硬度和断裂韧性要高于相应的添加 h-BN 粉体的刀具，h-BN 尺寸的减小提高了刀具的硬度和断裂韧性。

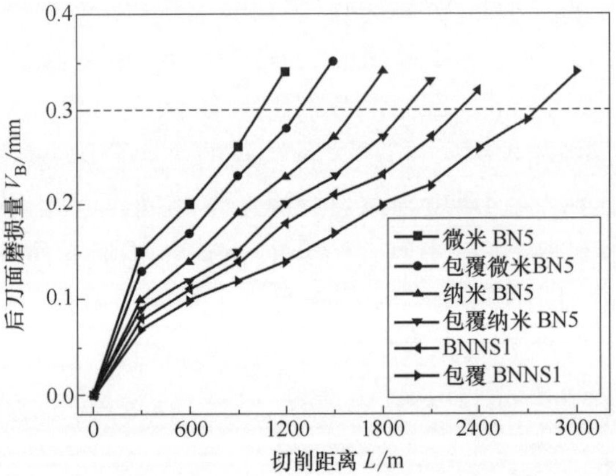

图 9-4 6 种自润滑陶瓷刀具的后刀面磨损量随切削距离的变化

9.2.5 添加 h-BN@Ni 对工件已加工表面粗糙度的影响

图 9-5 为 6 种自润滑刀具切削工件后表面粗糙度随切削距离的变化，由图可见，工件粗糙度随着切削距离的增加总体上呈先降低后升高的趋势。这是由于刀具先进入初期磨损阶段，刀尖和切削刃磨损较快，其粗糙度变化也较快，相应的工件粗糙度较大；刀具进入正常磨损阶段时，刀尖和切削刃的粗糙度较小，相应的工件粗糙度减小；随着切削距离的增加，刀尖和切削刃的磨损速率较小，其粗糙度缓慢增大，相应的工件粗糙度平缓增大；当刀具进入剧烈磨损阶段时，刀尖和切削刃的磨损速率加剧，其粗糙度快速增大，相应的工件粗糙度也快速增大。

另外，可以看到，在同样的切削距离下，包覆微米 BN5、包覆纳米 BN5

和包覆 BNNS1 刀具的工件粗糙度分别低于微米 BN5、纳米 BN5 和 BNNS1 刀具，并且当刀具逐渐失效时，前 3 种刀具的工件粗糙度分别低于后 3 种刀具。这是由于在相同的切削距离下，当刀具磨钝时，由于添加 h-BN@ Ni 复合粉体的刀具的抗磨性较好，使得刀具的刀尖及切削刃较为完整且更加平滑，最终使得粗糙度表现为更低和稳定。

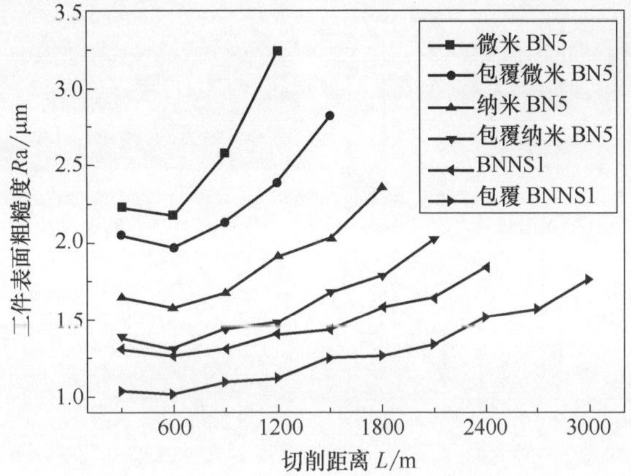

图 9-5　6 种自润滑陶瓷刀具的工件已加工表面粗糙度随切削距离的变化

9.2.6　添加 h-BN@Ni 的自润滑陶瓷刀具在切削过程中的磨损机理

（1）前刀面磨损分析

前刀面磨损区由于受到不同应力的大小，主要划分为两个区域，即高应力作用区和低应力作用区。前者与刀-屑接触区的黏结区相对应，承受极高的机械应力和热应力，因此磨损较重；后者与刀-屑接触区的滑动区相对应，承受较低的机械应力和热应力，因此磨损较轻。

由图 9-6(a) 可见，微米 BN5 在刀具前刀面的低应力作用区与未磨损区相比凹陷较深，表明发生了较重的月牙洼磨损，但是在高应力作用区比较粗糙，并出现了微崩刃。分析认为，磨损面粗糙是由于高应力载荷导致的微裂纹经扩展，受切屑黏结作用造成陶瓷晶粒剥落，即黏结磨损所致。而相较于微米 BN5 刀具，包覆微米 BN5 刀具前刀面低应力作用区与未磨损区相比凹陷较浅，如图 9-6(b) 所示，说明月牙洼磨损更轻，高应力作用区虽然也出现了微崩刃，但整体比较平整，表明黏结磨损也较轻。上述现象说明包覆微米 BN5 刀具的抗前刀面磨损性能要优于微米 BN5 刀具。由图 9-6(c)(d) 可见，在高应力作用区，微米 BN5 刀具的切屑黏结物多于包覆微米 BN5 刀具。主要源于微米 BN5 刀具的陶瓷晶粒剥落状况较严重，微米 h-BN 析出后难以形成和保持摩擦膜。而在低应力作用区，包覆微米 BN5 刀具的摩擦膜的分布比微米 BN5

刀具更加均匀，因此刀-屑摩擦因数较低。由图 9-6 还可以看出，高应力作用区与低应力作用区的分界线呈圆弧状。

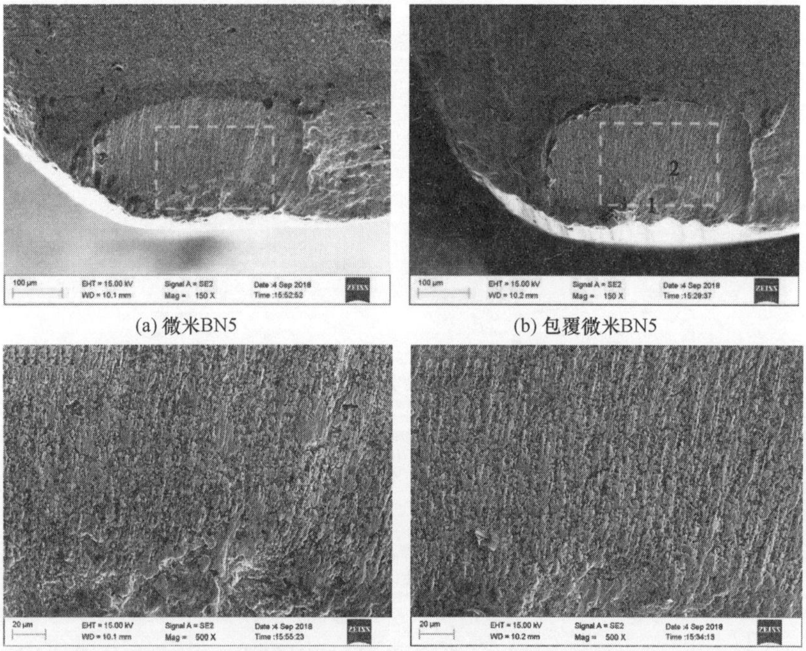

(a) 微米BN5　　(b) 包覆微米BN5

(c) 图(a) 中虚线框内区域的放大图　　(d) 图(b) 中虚线框内区域的放大图

图 9-6　微米 BN5 和包覆微米 BN5 刀具前刀面磨损形貌

图 9-6(b) 中的包覆微米 BN5 刀具前刀面的高应力作用区和低应力作用区的 EDS 能谱分析如图 9-7 所示。由图 9-7 可见图 9-6(b) 可见点 1 处的 B 元素的原子百分比为 13.39%，Fe 元素的原子百分比为 30.54%；点 2 处的 B 元素的原子百分比为 18.66%，Fe 元素的原子百分比为 4.61%，这是由于在高应力作用区，切屑流动受到内摩擦，微米 h-BN 发挥的润滑作用较小，切屑黏结程度较大；在低应力作用区，切屑流动受到外摩擦，微米 h-BN 发挥的润滑作用较大，切屑黏结程度较小。

图 9-8 为纳米 BN5 刀具和包覆纳米 BN5 刀具前刀面的磨损形貌。对比图 9-8(a)(b) 可见，纳米 BN5 刀具前刀面的低应力作用区出现了较明显的月牙洼磨损，表面较平滑。高应力作用区表面比较粗糙，主切削刃附近有疲劳裂纹并伴有微崩刃。包覆纳米 BN5 刀具前刀面的低应力作用区的月牙洼磨损较浅，表面较平滑，高应力作用区表面也比较平滑，主切削刃发生微崩刃并伴有疲劳裂纹。表明包覆纳米 BN5 刀具的前刀面磨损比纳米 BN5 刀具轻，具有较好的抗月牙洼磨损性能。由图 9-8(c) 可见，纳米 BN5 刀具前刀面的高应力

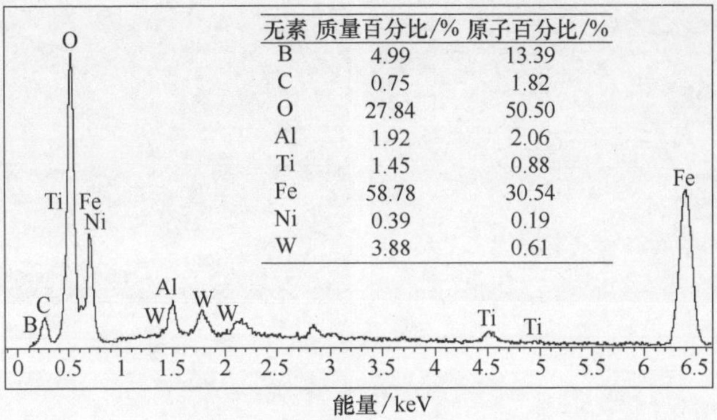

(a) 图 9-6(b) 中点 1

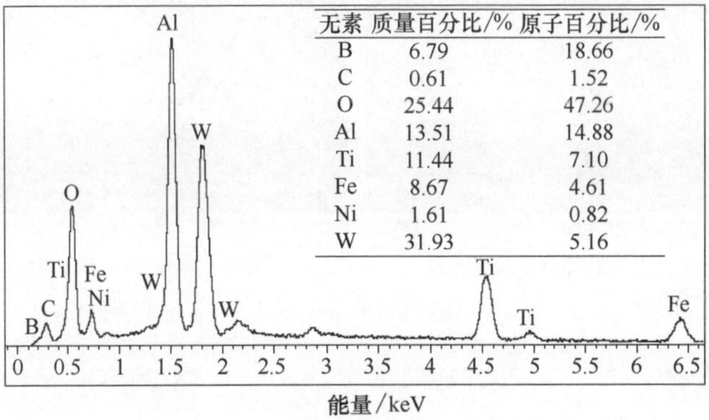

(b) 图 9-6(b) 中点 2

图 9-7　对应于图 9-6(b) 的 EDS 能谱分析

作用区没有形成摩擦膜，但在低应力作用区形成了比较均匀的摩擦膜。但是相较于纳米 BN5，包覆纳米 BN5 刀具前刀面的低应力作用区和高应力作用区都形成了更均匀、完整的摩擦膜，如图 9-8(b)(d) 所示，因此刀-屑摩擦因数也较低。

对比图 9-6 和图 9-8 可见，纳米 BN5 和包覆纳米 BN5 刀具的前刀面低应力作用区的抗月牙洼磨损和高应力作用区的抗黏结磨损性能分别优于微米 BN5 和包覆微米 BN5 刀具，这说明了以包覆 h-BN 为润滑剂的自润滑陶瓷刀具的抗前刀面磨损性能高于未包覆 h-BN 的自润滑陶瓷刀具，同时也证明了相较于微米级 h-BN 自润滑陶瓷刀具，纳米级 h-BN 自润滑陶瓷刀具在抗磨损性能方面更加占据优势，这归因于以纳米 h-BN 代替微米 h-BN 促使刀具材料的力学性能和减摩性能得到提高。

图 9-9 为 BNNS1 刀具前刀面磨损形貌和 EDS 面扫描谱图。从图中可见，该刀具前刀面的低应力作用区形成了月牙洼磨损，在高应力作用区出现了微崩

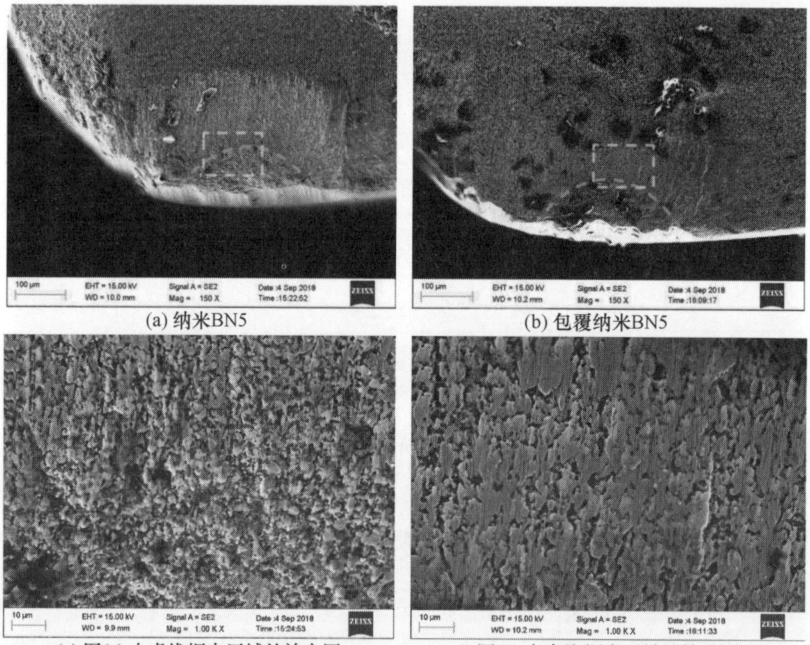

(a) 纳米BN5　　(b) 包覆纳米BN5

(c) 图(a) 中虚线框内区域的放大图　　(d) 图(b) 中虚线框内区域的放大图

图 9-8　纳米 BN5 和包覆纳米 BN5 刀具前刀面磨损形貌

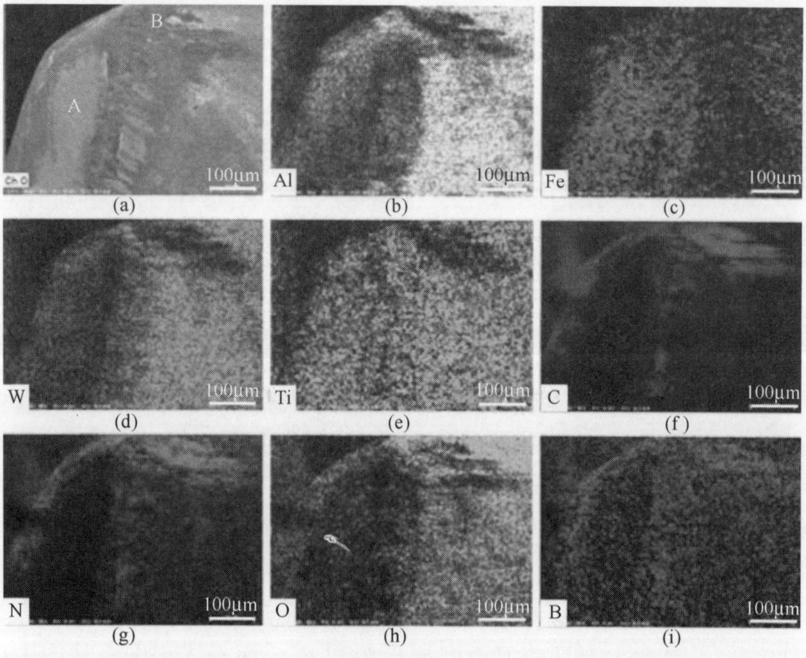

(a)　(b)　(c)

(d)　(e)　(f)

(g)　(h)　(i)

图 9-9　BNNS1 刀具前刀面的磨损形貌和 EDS 面扫描谱图

刃。在前刀面上有灰白色的附着物和深灰色的摩擦膜。由图 9-10 可知浅灰色的附着物主要成分是 Fe 元素；深灰色的摩擦膜主要成分为 C 和 N 元素。由图 9-9 各元素的 EDS 谱图可见，Fe 元素主要分布在月牙洼，表明铁屑物质主要在该处产生了黏结；N 和 B 元素主要分布于刀尖和切削刃附近以及刀-屑分离线附近，并且该处的 Fe 元素较少，表明 BNNS 在该处析出并起到润滑和防止黏结作用。

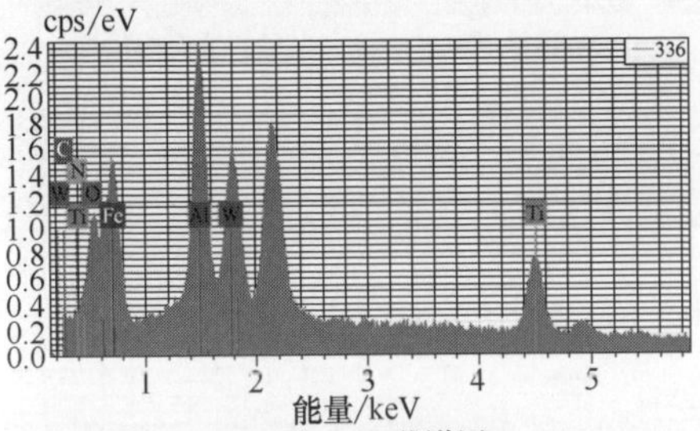

(a) A 点 EDS 能谱图

336

元素	原子数	归一化质量/%	原子/%	错误代码/%
Fe	26	58.50	43.52	1.66
Ti	22	12.90	11.19	0.32
W	74	9.61	2.17	0.28
Al	13	8.66	13.33	0.27
O	8	5.90	15.32	0.62
C	6	2.71	9.38	0.40
N	7	1.72	5.09	0.29
		100.00	100.00	

(b) A 点元素含量表

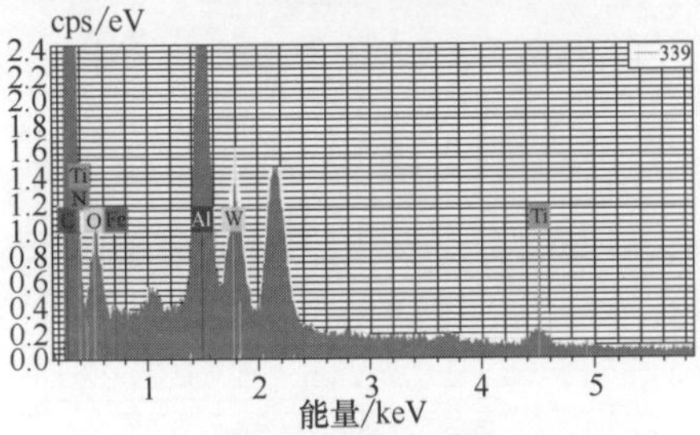

(c) B 点 EDS 能谱图

339

元素	原子数	归一化质量/%	原子/%	错误代码/%
C	6	44.75	54.60	3.44
N	7	31.82	33.29	3.16
Al	13	7.95	4.32	0.24
O	8	6.75	6.18	0.92
W	74	4.31	0.34	0.16
Ti	22	2.73	0.84	0.14
Fe	26	1.68	0.44	0.18
		100.00	100.00	

(d) B 点元素含量表

图 9-10　对应于图 9-9 的 EDS 能谱分析

图 9-11 为包覆 BNNS1 刀具的前刀面磨损形貌和 EDS 线扫描谱图。由图 9-11(a) 可见，刀具的前刀面的低应力作用区发生的月牙洼磨损较轻，灰白色的切屑黏结物很少，而在承载高应力的切削刃处出现了微崩刃。同时可以看到，在刀尖圆弧和主切削刃周围附着有 1μm 左右厚的深灰色的摩擦膜。由图 9-11(c)～(h) 可见，覆盖摩擦膜的区域的 B 和 N 元素含量明显高于未覆盖摩擦膜的区域，同时 N 元素和 B 元素的变化趋势基本一致，并且与 Al、W 和 Fe 等其他元素具有此消彼长的分布规律，表明该摩擦膜的主要成分为 BNNS，说明 BNNS 起到了抗切屑黏结的作用。

综合以上结果可知，添加 h-BN@ Ni 复合粉体的自润滑陶瓷刀具的前刀面抗月牙洼磨损和抗黏结的性能明显优于添加 h-BN 粉体的自润滑陶瓷刀具。此外，疲劳磨损是以上 6 种自润滑陶瓷刀具连续干车削 40Cr 淬火钢时发生微崩刃的主要因素。

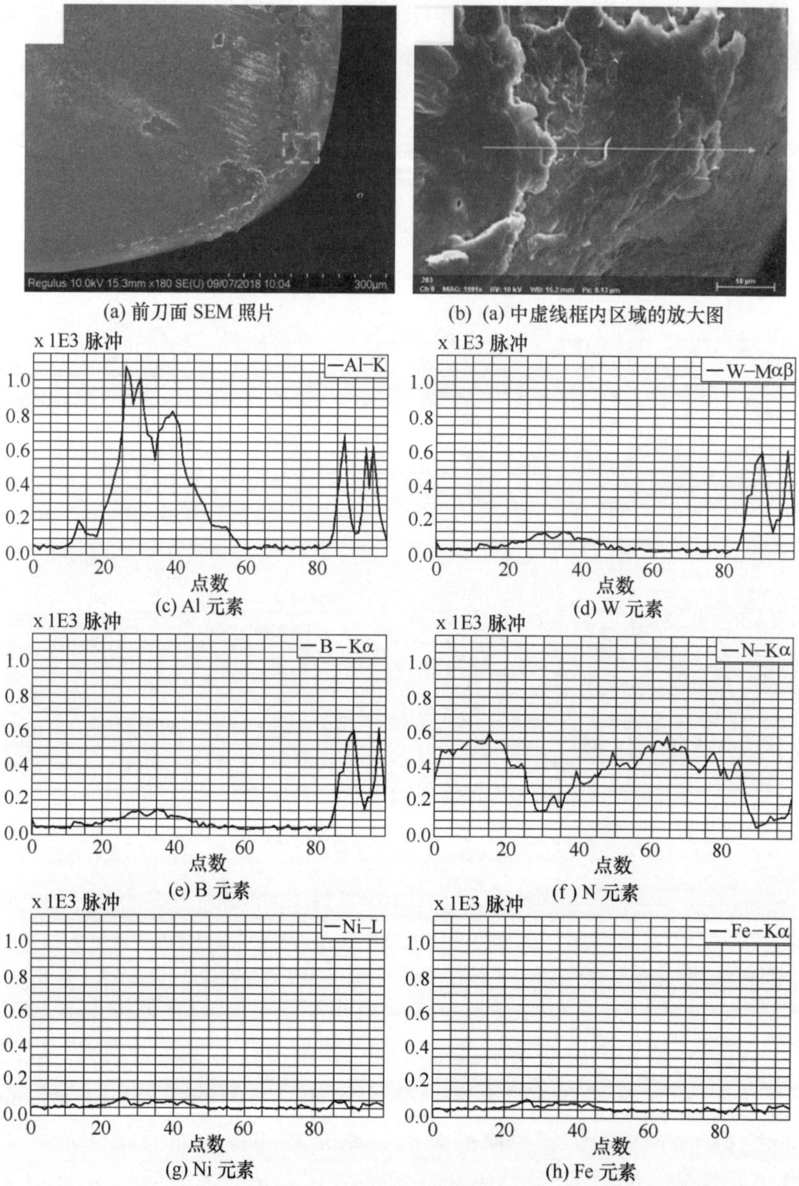

(a) 前刀面 SEM 照片　(b) (a) 中虚线框内区域的放大图

(c) Al 元素　(d) W 元素

(e) B 元素　(f) N 元素

(g) Ni 元素　(h) Fe 元素

图 9-11　包覆 BNNS1 刀具的前刀面磨损形貌和 EDS 线扫描谱图

(2) 后刀面磨损分析

由图 9-12(a) 可见，微米 BN5 刀具的刀尖和主切削刃处发生了严重的微崩刃，并且在后刀面产生了较深的犁沟，主要原因是工件与刀具之间产生的磨粒磨损，从图 9-12(b) 中可以看出，包覆微米 BN5 刀具刀尖比较完好，主切削刃有较小的微崩刃，后刀面上的犁沟比较平缓，表明该刀具的抗磨粒磨损性

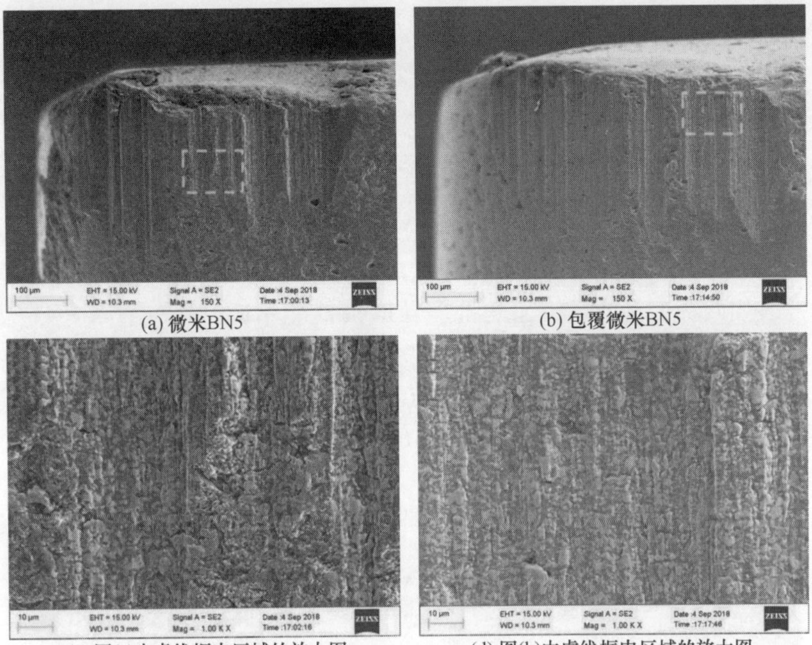

(a) 微米BN5　(b) 包覆微米BN5

(c) 图(a)中虚线框内区域的放大图　(d) 图(b)中虚线框内区域的放大图

图 9-12　微米 BN5 刀具和包覆微米 BN5 刀具后刀面的磨损形貌

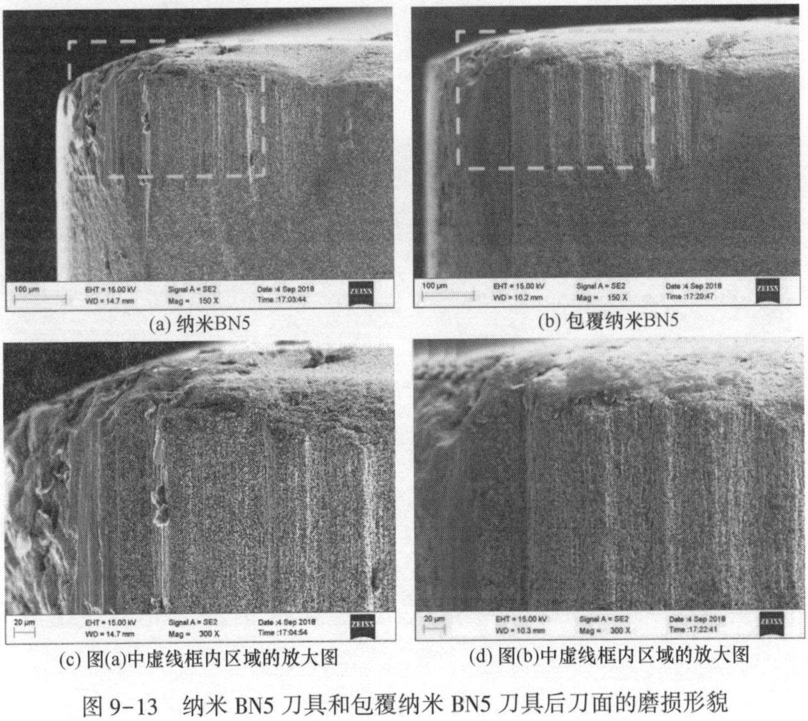

(a) 纳米BN5　(b) 包覆纳米BN5

(c) 图(a)中虚线框内区域的放大图　(d) 图(b)中虚线框内区域的放大图

图 9-13　纳米 BN5 刀具和包覆纳米 BN5 刀具后刀面的磨损形貌

能要强于微米 BN5 刀具。由图 9-12(a) 和 (b) 还可以看出微米 BN5 刀具前刀面上的月牙洼较深，而包覆微米 BN5 刀具前刀面上的月牙洼较浅。除此之外，从后刀面的放大图［图 9-12(c)(d)］中可以看出，两种刀具的后刀面均没有形成明显的摩擦膜，但是可以看到微米 BN 晶粒拔出后形成的缝隙。

如图 9-13(a) 所示，纳米 BN5 刀具的刀尖处产生了比较严重的微崩刃，后刀面有较浅的犁沟，主要磨损机理为磨粒磨损。由图 9-13(b) 可见，包覆纳米 BN5 刀具的刀尖和主切削刃产生了比较轻微的崩刃，后刀面也有较浅的犁沟。表明两种刀具的后刀面的抗磨粒磨损性能相近，包覆纳米 BN5 刀具的抗崩刃性能优于纳米 BN5 刀具。由图 9-13(a)(b) 还可以看出纳米 BN5 刀具前刀面上的月牙洼较深，包覆纳米 BN5 刀具前刀面上的月牙洼较浅。如图 9-13(c)(d) 所示，两种刀具的主切削刃附近可见因疲劳产生的微裂纹。

图 9-13(b) 中的包覆纳米 BN5 刀具后刀面的 EDS 面扫描谱图，如图 9-14 所示。可以看出，Al、W 和 Ti 等陶瓷基体元素分布比较均匀，可以看到

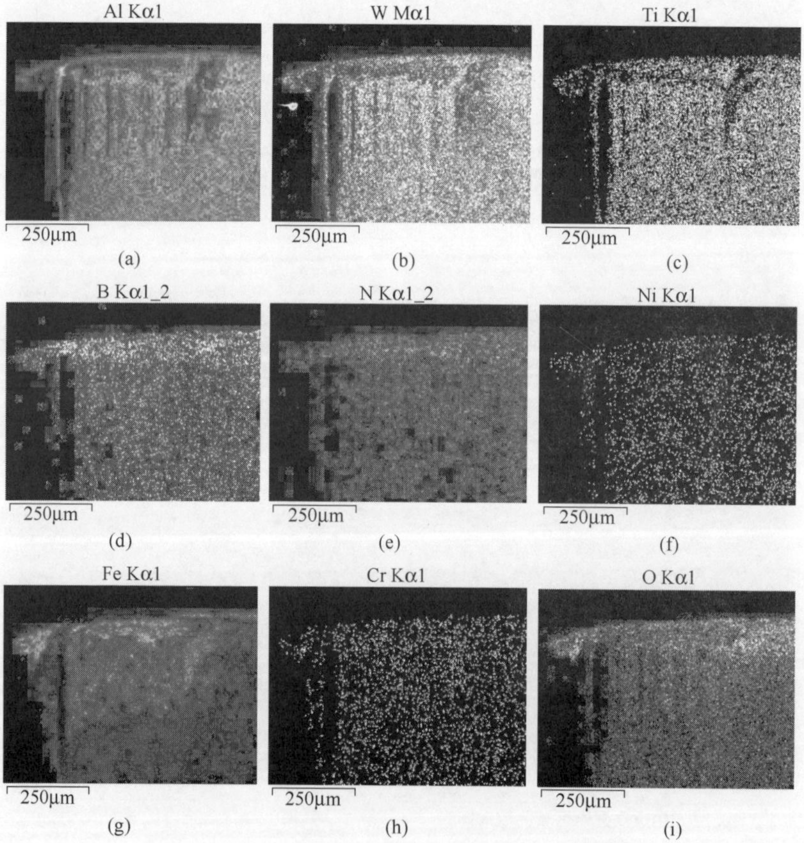

图 9-14　对应于图 9-13(b) 的 EDS 面扫描谱图

后刀面的磨粒磨损和边界磨损形貌。而 B 和 N 元素在主切削刃附近的浓度明显升高，表明在切削过程中，纳米 BN 在主切削刃处析出，起到减摩和润滑作用。Ni 元素没有出现明显的集中分布，表明 Ni 包覆层未与纳米 BN 一起析出。另外，可以看到，Fe 和 Cr 元素主要来自 40Cr 工件，主要分布在主切削刃附近和边界磨损处，与 B 元素的分布呈此消彼长的规律，表明纳米 BN 的析出能有效减轻刀具的黏结磨损。O 元素在切削刃处浓度增大，并和 Fe 元素的分布基本一致，表明 Fe 元素与空气中的氧气发生了反应。

对比图 9-12 和图 9-13 可以看出，纳米 BN5 和包覆纳米 BN5 刀具的后刀面的抗磨粒磨损和抗微崩刃的性能分别优于微米 BN5 和包覆微米 BN5 刀具，表明以纳米 h-BN 为润滑剂的自润滑陶瓷刀具的抗后刀面磨损性能高于以微米 h-BN 为润滑剂的自润滑陶瓷刀具。这是由于以纳米 h-BN 代替微米 h-BN 为润滑剂使刀具材料的力学性能得到提高。

由图 9-15(a)(b) 可见，两种刀具的刀尖和主切削刃都比较完整，后刀面有犁沟现象，表明两者后刀面的主要磨损机制是磨粒磨损。还可以看出，包覆 BNNS1 刀具前刀面上的月牙洼磨损比 BNNS1 刀具的月牙洼磨损浅。由图 9-15(c)(d) 看出，BNNS1 刀具后刀面的犁沟比较密集，而包覆 BNNS1 刀具后刀面的犁沟比较稀疏，表明包覆 BNNS1 刀具的抗磨粒磨损优于 BNNS1 刀具。

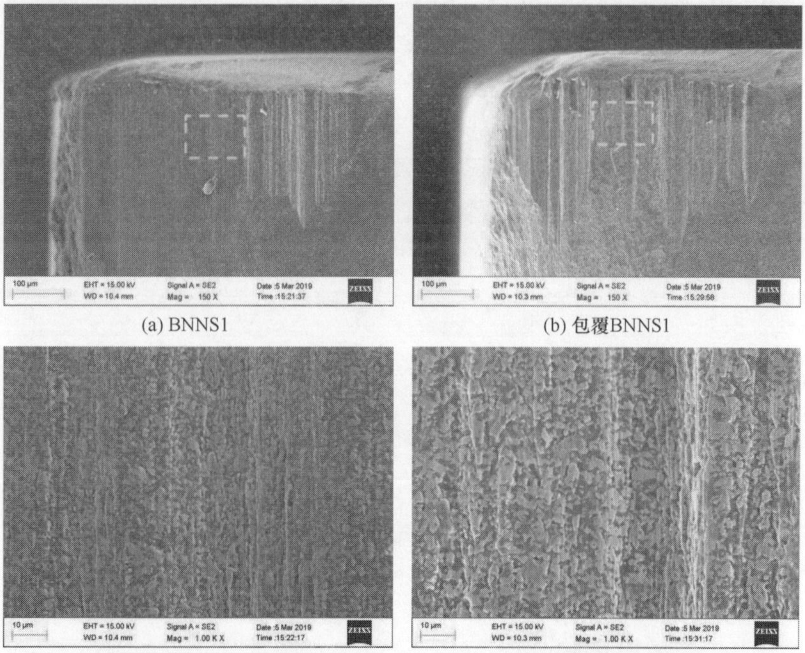

(a) BNNS1　(b) 包覆BNNS1

(c) (a)中虚线框内区域的放大图　(d) (b)中虚线框内区域的放大图

图 9-15　BNS1 刀具和包覆 BNNS1 刀具后刀面磨损形貌

（3）h-BN 尺寸对刀具切削性能的影响

由上述结果分析可知，当 h-BN 的尺寸从微米级到纳米级，再到纳米片时，相应的自润滑陶瓷刀具在相同切削用量下的切削力、切削温度、摩擦因数都呈降低趋势；最大切削距离依次增加，切削距离相同时对应的工件已加工表面粗糙度依次降低；前、后刀面的抗磨损能力依次增强。因此，随着 h-BN 尺寸的减小，自润滑陶瓷刀具的切削性能提高。这主要归因于随着 h-BN 尺寸的减小，相应刀具材料的力学性能和减摩性能的明显改善。

9.3 添加 h-BN@ Al_2O_3 对金属陶瓷刀具切削性能的影响

本节使用(W,Ti)C 基体刀具（W0）、纳米 h-BN（nW5）、包覆纳米 h-BN（W@5）在切削速度 $v_c = 240m/min$，背吃刀量 $a_p = 0.2mm$，进给量 $f = 0.102mm/r$ 的切削条件下进行对比试验，通过测试切削力、切削温度、后刀面的磨损量和工件已加工表面的粗糙度研究添加 h-BN@ Al_2O_3 复合粉体对(W,Ti)C 基金属陶瓷刀具切削性能的影响。

9.3.1 添加 h-BN@ Al_2O_3 对金属陶瓷刀具切削力和切削温度的影响

图 9-16 为相同切削条件（切削速度 $v_c = 240m/min$，背吃刀量 $a_p = 0.2mm$，进给量 $f = 0.102mm/r$）下(W,Ti)C 基体刀具（W0）、纳米 h-BN（nW5）、包覆纳米 h-BN（W@5）3 种刀具的切削力和切削温度。包覆纳米 h-BN 刀具的径向力、主切削力和切削温度分别为 68N、110N、335℃，较(W,Ti)C 基体刀具的径向力下降了 31.3%，主切削力下降了 20%，切削温度下降了 24%，较纳米 h-BN 自润滑金属陶瓷刀具的径向力下降了 19%，主切削力下降了 4%，切削温度下降了 12%。结果表明，(W,Ti)C 基金属陶瓷刀具中

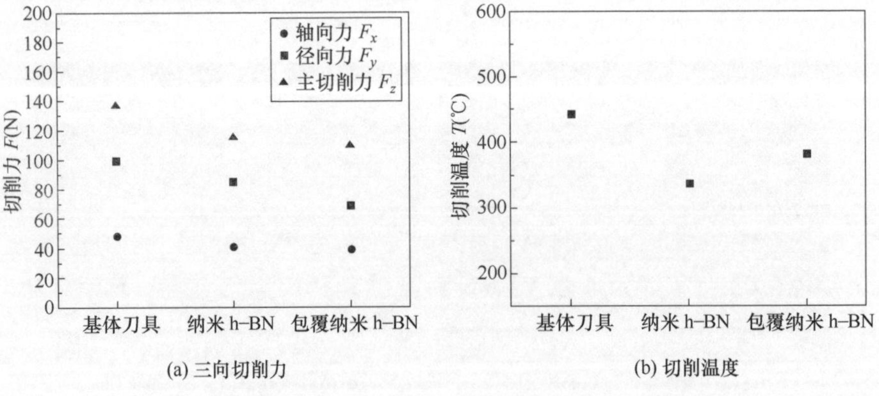

图 9-16 h-BN@ Al_2O_3 对金属陶瓷刀具切削力和切削温度的影响

加入核壳颗粒 h-BN@ Al_2O_3 可以显著降低切削加工过程中的切削力和切削温度。

根据图 9-16(a) 所示的 3 种刀具的主切削力 F_z 和径向力 F_y，结合式 (9-1) 可计算出(W,Ti)C 基体刀具（W0）、纳米 h-BN（nW5）、包覆纳米 h-BN（W@5）3 种刀具的刀-屑摩擦因数依次为 0.60、0.56、和 0.50。

在相同的切削条件下，核壳颗粒的引入降低了包覆纳米 h-BN 刀具前刀面摩擦因数，表明引入核壳颗粒后具有减少摩擦的作用。此外，较小的摩擦因数能够有效减少切削过程中刀具受到的损伤，延长刀具使用寿命。

9.3.2　添加 h-BN@ Al_2O_3 对金属陶瓷工具后刀面磨损量的影响

图 9-17 为(W,Ti)C 基体刀具（W0）、纳米 h-BN（nW5）、包覆纳米 h-BN（W@5）3 种刀具切削 40Cr 钢的后刀面磨损量与切削距离之间的关系。从图中可以看出，包覆纳米 h-BN 刀具的后刀面磨损量明显小于(W,Ti)C 基体刀具和纳米 h-BN 刀具。这是由于纳米 h-BN 以包覆粉体的形式添加到金属陶瓷中，在保证了其润滑性能的基础上，提高了包覆纳米 h-BN 刀具的力学性能。此外，核壳包覆粉体外层的氧化铝提高了刀具的抗磨性能。

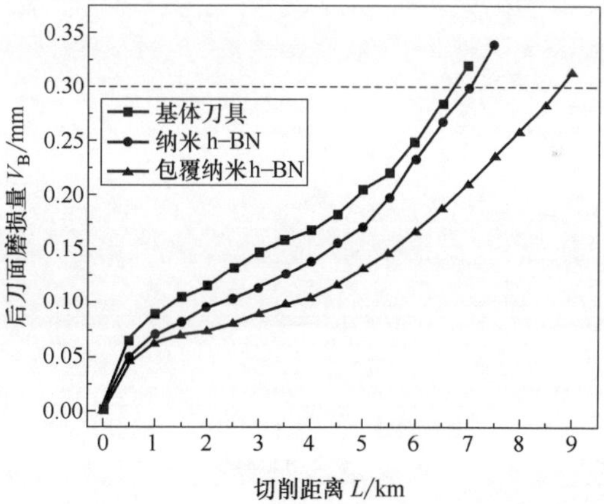

图 9-17　h-BN@ Al_2O_3 对金属陶瓷刀具后刀面磨损量的影响

刀具的力学性能可以直接反映出切削加工中刀具磨损的情况。相关学者研究了陶瓷材料的磨损特性与材料本身的硬度及韧性之间的关系，并建立了数学模型：

$$V \propto \frac{1}{K_{IC}^{\frac{3}{4}} H^{\frac{1}{2}}} \sum_{1}^{n} F^{\frac{5}{4}} \tag{9-2}$$

式中，V 为磨损体积，K_{IC} 为断裂韧性，H 为硬度，n 为磨粒数，F 为垂直磨粒上的力。由公式可知，刀具磨损最重要的影响因素是硬度，其次是断裂韧性。此外，包覆纳米 h-BN 刀具还拥有着较小的摩擦因数，因此抗磨性能好，在切削过程中减少了后刀面的磨损量。包覆纳米 h-BN 刀具在切削距离为 8500m 时，刀具后刀面磨损量为 0.283mm，仍未达到刀具失效标准。较(W,Ti)C 基体刀具而言，包覆纳米 h-BN 刀具的切削距离提升了 30%。较纳米 h-BN 自润滑金属陶瓷刀具而言，包覆纳米 h-BN 刀具的切削距离提升了 20%。

9.3.3 添加 h-BN@Al_2O_3 对工件已加工表面粗糙度的影响

图 9-18 为(W,Ti)C 基体刀具（W0）、纳米 h-BN（nW5）、包覆纳米 h-BN（W@5）在相同切削参数下（切削速度 $v_c=240$m/min，背吃刀量 $a_p=0.2$mm，进给量 $f=0.102$mm/r，刀具处于稳定磨损阶段）切削 40Cr 钢时测量的工件的表面粗糙度，分别为 1.369μm、1.152μm、1.035μm。较未对纳米 h-BN 进行核壳处理的纳米 h-BN 刀具而言，包覆纳米 h-BN 刀具切削的工件表面粗糙度下降了 10%。这是由于核壳颗粒的引入，增加了金属陶瓷刀具的硬度及韧性。此外，由于各相间存在的残余应力，减少了前刀面积屑瘤的产生，从而提升了工件表面的加工质量。

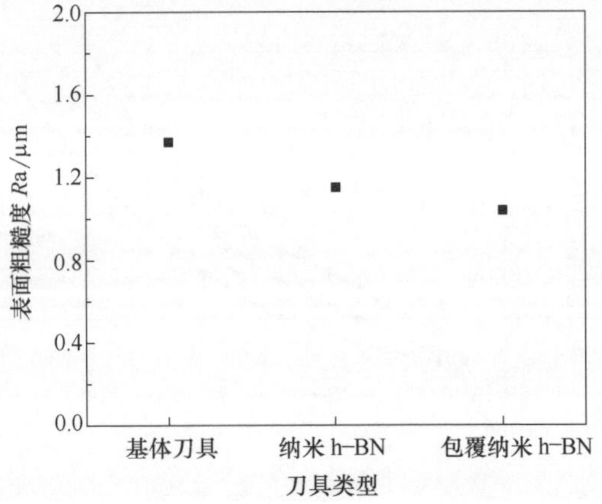

图 9-18 h-BN@ Al_2O_3 对刀具加工表面粗糙度的影响

9.3.4 添加 h-BN@Al_2O_3 的自润滑金属陶瓷刀具在切削过程中的磨损机理

本节通过分析添加 h-BN@ Ni 复合粉体自润滑陶瓷刀具和(W,Ti)C 基体刀具在相同的切削用量下（$v_c=200$m/min，$a_p=0.2$mm，$f=0.102$mm/r）的前、后刀面磨损形貌来研究自润滑金属陶瓷刀具在切削过程中的磨损机理。

图 9-19(a)(b) 分别为(W,Ti)C 基体刀具和包覆纳米 h-BN 刀具在相同

加工参数下刀具的前刀面磨损形貌，图 9-19(c)(d) 为后刀面磨损形貌图。如图 9-19(a) 所示，(W,Ti)C 基体刀具前刀面在刀屑分离区域出现了磨粒磨损，如图 9-19(c) 所示，(W,Ti)C 基体刀具后刀面出现了破损，主要磨损方式为微崩刃及一些硬质颗粒引起的磨粒磨损，基体刀具由于其较低的韧性，在承受外载荷时，刀具出现了较长的裂纹，在裂纹与磨损边缘接触区域，刀具材料出现了轻微的剥离现象，这会降低刀具加工工件表面质量以及刀具使用寿命。包覆纳米 h-BN 刀具的前后刀面的主要磨损方式为黏结磨损，刀具磨损表面完整，磨损区域减小，没有出现刀具材料的剥离现象，这是由于核壳颗粒的加入显著提高了刀具的力学性能和刃磨性能，进而改善了刀具的磨损状况。

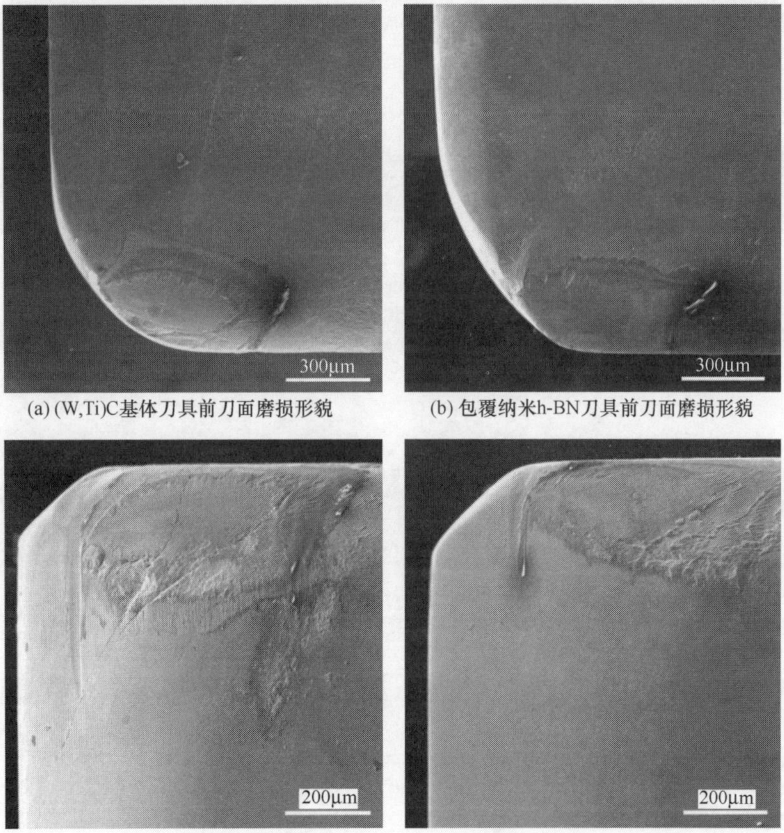

(a) (W,Ti)C基体刀具前刀面磨损形貌　(b) 包覆纳米h-BN刀具前刀面磨损形貌

(c) (W,Ti)C基体刀具后刀面磨损形貌　(d) 包覆纳米h-BN刀具后刀面磨损形貌

图 9-19　(W,Ti)C 基体刀具和包覆纳米 h-BN 刀具在相同加工参数下刀具的磨损形貌

图 9-20 为图 9-19(b) 中标记处的放大图。如图 9-20 所示，N 元素均匀地分布在包覆纳米 h-BN 刀具的前刀面刀-屑分离区域，以及极少量的 Fe 元素附着在该区域。分析其原因是，在切削过程中，由于包覆纳米 h-BN 刀具中

h-BN@ Al_2O_3 核壳颗粒与工件不断摩擦，核壳颗粒外壳逐渐破裂，内部的 h-BN 不断在刀具表面析出，形成一种润滑膜拖覆在刀具表面，这层润滑膜能有效降低刀具与工件表面的摩擦，加速排屑，有效降低了刀具与工件之间的黏结磨损。润滑膜形成过程如图 9-21 所示，这层润滑膜使切屑从前刀面处快速排出，带走了部分切削热量，减小了切削力，使得刀具后刀面磨损情况得到缓解，有效延长了刀具寿命，同时获得了良好的加工表面质量。因此，包覆纳米 h-BN 刀具后刀面磨损表面光滑，磨损面积较小。固体润滑膜的产生是包覆纳米 h-BN 刀具磨损改善的主要原因。

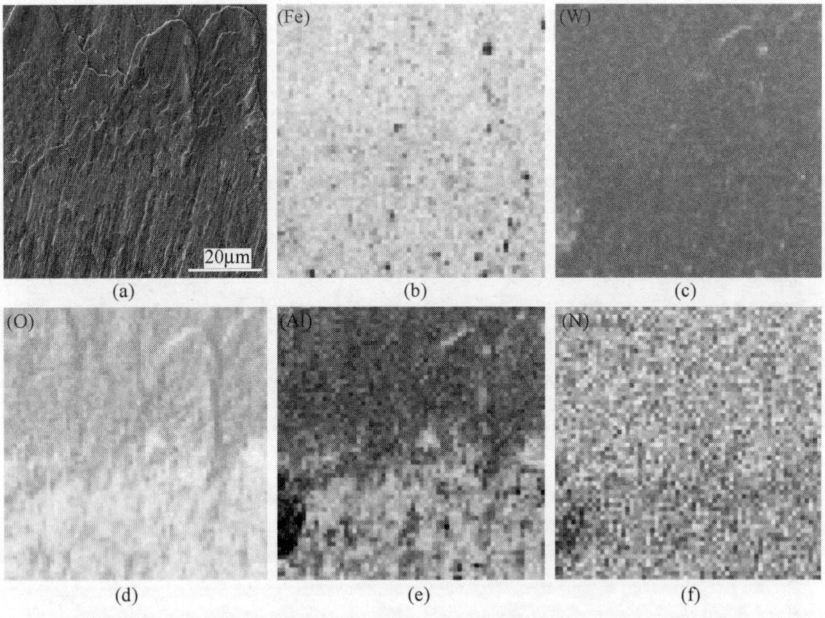

图 9-20　包覆纳米 h-BN 刀具前刀面刀-屑分离区域的元素分析

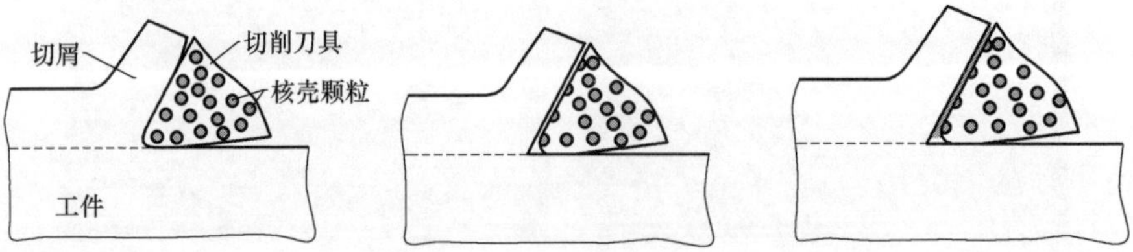

图 9-21　包覆纳米 h-BN 刀具润滑表面形成示意图

参考文献

［1］ 石森森．固体润滑技术［M］．北京：中国石化出版社，1998：1-30.

［2］ 丁存光，柳学全，丁光玉，等．包覆技术在粉末冶金固体自润滑材料中的应用［J］．材料开发与应用，2010，25（2）：69-72.

［3］ 熊党生，葛世荣，李丽娅，等．Ni-Cr-Mo-Al-Yi-B-MoS_2 系合金高温摩擦学特性的研究［J］．摩擦学学报，1999，19（4）：316-321.

［4］ 杨威锋．固体自润滑材料及其研究趋势［J］．润滑与密封，2007，32（12）：118-122.

［5］ 吴运新，汪复兴，金志浩，等．高温自润滑陶瓷复合材料的研究进展［J］．硅酸盐通报，1998，17（5）：11-15.

［6］ 张博，徐滨士，许一，等．润滑剂中微纳米润滑材料的研究现状［J］．摩擦学学报，2011，31（2）：194-204.

［7］ 戴振东，王珉，薛群基．摩擦体系热力学引论［M］．北京：国防工业出版社，2002：1-178.

［8］ 李彬，邓建新．摩擦化学反应润滑技术在干切削中的应用［J］．工具技术，2008，42（9）：12-15.

［9］ 周文．Al_2O_3/TiB_2/CaF_2 自润滑陶瓷刀具的研究［D］．湘潭：湘潭大学，2014.

［10］ 衣明东．纳米固体润滑剂与梯度设计协同改性陶瓷刀具的研究［D］．济南：山东大学，2014.

［11］ 黄海霞．纳米 CaF_2 改性自润滑陶瓷刀具材料的制备及性能研究［D］．济南：齐鲁工业大学，2015.

［12］ 徐秀国．纳微米复合梯度自润滑陶瓷刀具的研制及其切削性能研究［D］．济南：齐鲁工业大学，2013.

［13］ 李福盟．Al_2O_3-TiN_2-CaF_2 纳米复合自润滑陶瓷刀具材料的制备及其性能研究［D］．济南：齐鲁工业大学，2015.

［14］ 吴光永．梯度自润滑陶瓷刀具材料的研制及其减摩耐磨机理研究［D］．济南：山东轻工业学院，2012.

［15］ 宋杰光，纪岗昌，李世斌．粉末包覆技术的研究进展［J］．材料导报，2009，23（13）：164-167.

［16］ 柯莉，宋武林．微/纳米粉体表面包覆技术的研究进展［J］．材料导报，2010，24（15）：103-106.

［17］ 吕德义，饶星，岳林海，等．无机包覆型纳米微粒的制备［J］．电子元件与材料，2011，30（9）：66-70.

［18］ 邹建，高家诚，王勇．纳米 TiO_2 表面包覆致密 SiO_2 膜的试验研究［J］．材料

科学与工程学报，2004，22（1）：71-73.

［19］ 张淑霞，李建保，张波，等．TiO_2 颗粒表面无机包覆的研究进展［J］．化学通报，2001，（2）：71-74.

［20］ 李延升，徐伟玲．液相共沉淀法制备氧化铟锡超细粉末材料的研究进展［J］．应用化工，2005，34（7）：46-50.

［21］ 盘荣俊，何宝林．纳米颗粒表面包覆技术［J］．化学与生物工程，2005，（7）：41-42.

［22］ 顾华志，洪彦若，汪厚植，等．$Ca(OH)_2$-$CaCO_3$ 复合粉末粉磨过程中的机械化学反应［J］．硅酸盐通报，2004，23（4）：11-14.

［23］ 刘健，文武，矫立男．固相法纳米 ZnO/Ag 及其光催化性能研究［J］．有色矿冶，2005，21（6）：42-45.

［24］ 刘志平，黄慧民，邓淑华．一步水热法制备核壳型纳米粉末［J］．化工新型材料，2005，33（11）：35-36.

［25］ 徐存英，张鹏翔，洪品杰，等．表面修饰的钛酸钡纳米粉末的制备［J］．化学物理学报，2001，14（3）：361-364.

［26］ 陈鹏，卿宁．溶胶-凝胶法制备 TiO_2 包覆空心微珠材料的研究［J］．化学工程与装备，2011，（9）：32-36.

［27］ 李晓波．沉淀法制备 MLCC 内电极用锆酸钙包覆超细复合镍粉的研究［D］．长沙：中南大学，2006.

［28］ 李凤生，崔平，杨毅，等．微纳米粉末后处理技术及应用［M］．北京：国防工业出版社，2005：191-205.

［29］ 史桂梅，张志东，杨洪才，等．化学镀法合成纳米 Ag 包覆 Al_2O_3 复合粉［J］．东北大学学报，2004，25（8）：768-770.

［30］ 刘波，庄志强，刘勇，等．粉末的表面修饰与表面包覆方法的研究［J］．中国陶瓷工业，2004，11（1）：50-54.

［31］ 张巨先，候耀永，高陇桥，等．非均匀成核法涂覆改性纳米 SiC 粉末表面研究［J］．硅酸盐学报，1998，26（6）：25-29.

［32］ 潘培道，刘孝光，孙小燕，等．氧化铝包覆二硫化钼复合粉体的制备与表征［J］．硅酸盐通报，2011，30（5）：1212-1215.

［33］ 曾可令，王慧．陶瓷材料表面改性技术［M］．北京：化学工业出版社，2006：25-34.

［34］ 李志强，李娟，田少华，等．CVD 法在电致发光粉表面包覆 SiO_2 膜［J］．表面技术，2004，33（2）：32-35.

［35］ 柴立元，张传福，钟海云．金属包覆型复合粉末及其应用现状［J］．材料导报，1996，3：77-80.

［36］ 凌国平．金属包覆型复合粉末及其在工程材料中的应用［J］．机械工程材料，2005，29（3）：44-46.

［37］ 李国军，黄校先，郭景坤．晶内/晶间复合型 $A1_2O_3$/Ni 纳米金属陶瓷显微结构

和力学性能的研究［J］．无机材料学报，2003，18（1）：71-77.

［38］ 丁光玉，贾成厂，苗晓丽，等．新型铁基固体自润滑复合材料摩擦学特性的研究［J］．粉末冶金技术，2010，28（2）：110-114.

［39］ 吕晋军，梁宏勋，薛群基．$Y-TZP/MoS_2$ 自润滑材料的摩擦学性能研究［J］．摩擦学学报，2003，23（6）：490-494.

［40］ 段小明，贾德昌，周玉，等．六方氮化硼及其复相陶瓷材料［M］．北京：科学出版社，2020：1-30.

［41］ 韦小凤，王日初，冯艳，等．六方氮化硼（h-BN）表面镀镍对 Ni-Cr/h-BN 固体自润滑材料性能的影响［J］．粉末冶金材料科学与工程，2011，16（5）：665-670.

［42］ 周咏辉．Al_2O_3 基纳米复合陶瓷刀具材料的研制及切削性能研究［D］．济南：山东大学，2009.

［43］ 李彬．原位反应自润滑陶瓷刀具的设计开发及其减摩机理研究［D］．济南：山东大学，2010.

［44］ 衣明东，许崇海，肖光春．添加纳米固体润滑剂的自润滑陶瓷材料高温摩擦磨损性能研究［J］．人工晶体学报，2014，43（9）：2372-2376，2383.

［45］ 孙媛媛，唐惠东，李龙珠，等．Al_2O_3/h-BN 自润滑复相陶瓷烧成工艺的探讨［J］．陶瓷学报，2010，31（3）：404-407.

［46］ 李冬云，杨辉，乔冠军，等．SiC/BN 层状陶瓷的抗热震性能研究［J］．材料科学与工程学报，2006，24（1）：17-19.

［47］ 田仕，邢伟宏，王为民，等．TiB_2 粒径对 BN-TiB_2 复相陶瓷致密化和性能的影响［J］．硅酸盐学报，2011，39（11）：1757-1762.

［48］ 郭瑞松，蔡舒，季惠明，等．工程结构陶瓷［M］．天津：天津大学出版社，2002：141-173.

［49］ 黄新平，吕宝军，李霞，等．$Y_2O_3-Al_2O_3$ 在 Si_3N_4/TiCnano 复合陶瓷材料制备中的作用［J］．莱阳农学院学报，2003，2（3）：223-226.

［50］ 田春艳．纳米 Si_3N_4 基陶瓷复合材料的制备与性能研究［D］．合肥：合肥工业大学，2007.

［51］ 吕志杰．高性能 Si_3N_4/TiC 纳米复合陶瓷刀具材料的研制与性能研究［D］，济南：山东大学，2005.

［52］ 何钢，石磊，吕珺，等．纳米 Si_3N_4 对反应烧结 Si_3N_4 结合 SiC 材料的影响［J］．合肥工业大学学报，2001，24（1）：90-95.

［53］ 衣明东，许崇海，陈照强，等．纳米 CaF_2 对自润滑陶瓷材料力学性能的影响［J］．硅酸盐学报，2014，42（9）：1127-1133.

［54］ 董英鸽，陈树江，张伟儒．加入纳米氮化硅对氮化硅陶瓷性能与结构影响［J］．陶瓷学报，2006，27（1）：97-102.

［55］ 王艳琴．氧化铝的制备及其相转变研究［D］．兰州：兰州大学．2006.

［56］ 陈玮．$\alpha-Al_2O_3$ 形成过程显微结构演变及其调控［D］．长沙：中南大学，2010.

[57] 谭锦颢 . 无钨钴 Ti(C,N)基金属陶瓷的初步研究［D］. 株洲：湖南工业大学，2010.

[58] 赵瑞玉，董鹏，梁文杰 . 单分散 SiO_2 体系制备中 TEOS 水解动力学研究［J］. 物理化学学报，1995，117：612-616.

[59] 王喜贵，赵慧，张强，等 . 正硅酸乙酯水解过程的研究进展［J］. 内蒙古石油化工，2001，27：17-19.

[60] 李利君，皮丕辉，文秀芳，等 . 溶胶-凝胶法制备纳米 SiO_2 包覆的铝颜料［J］. 华南理工大学学报（自然科学版），2007，53（11）：72-76.

[61] 朱亚男 . 关于非均匀成核理论［J］. 山东大学学报（自然科学版），1997，(3)：123-136.

[62] 张军战，张颖，蒋明学，等 . 不同原料合成 SiC 晶须的形貌结构特征和生长机理研究［J］. 功能材料，2012，34（13）：1782-1785.

[63] 王伟，金志浩，薛涛，等 . 烧结条件对碳热还原生成 SiC 纳米材料的影响［J］. 稀有金属材料与工程，2008，37（S1）：535-538.

[64] 徐秀国，许崇海，方斌，等 . TiB_2/WC/h-BN 自润滑陶瓷材料的制备及力学性能［J］. 材料工程，2014（4）：63-67.

[65] 孟广耀 . 化学气相沉积与无机新材料［M］. 北京：科学出版社，1984：1-56.

[66] 钱苗根 . 材料科学及其新技术［M］. 北京：机械工业出版社，1986：101-244.

[67] 周玉 . 材料分析方法［M］. 北京：机械工业出版社，2009：216-217.

[68] 张尚文，朱永伟，刘蕴锋，等 . 金刚石表面非均匀形核法包覆氧化铝的动力学［J］. 中国表面工程，2013，26（4）：60-65.

[69] 叶乃清，曾照强，胡晓清，等 . BN-YAlON 复合陶瓷的烧结行为［J］. 硅酸盐学报，1998，26（2）：265-269.

[70] 李宁 . 化学镀实用技术［M］. 北京：化学工业出版社，2012：1-596.

[71] 沈观林，胡更开，刘彬 . 复合材料力学［M］. 北京：清华大学出版社，2013：1-365.

[72] 曹同坤，高伟 . Al_2O_3/TiC/CaF_2 陶瓷的摩擦磨损及自润滑膜的形成机理研究［J］. 材料工程，2009，(9)：75-79.

[73] 代建清，黄勇，谢志鹏，等 . 保温时间对 GPS 氮化硅陶瓷晶界相及力学性能的影响［J］. 无机材料学报，2003，18（1）：91-97.

[74] 姜峰，言兰，徐西鹏，融亦鸣 . 刀具-切屑接触区的应力分布建模方法研究［J］. 机械工程学报，2014，50（5）：188-193.

[75] 陈日曜 . 金属切削原理［M］. 北京：机械工业出版社，2012：1-228.

[76] Deng J，Liu L，Yang X，et al. Self-lubrication of Al_2O_3/TiC/CaF_2 ceramic composites in sliding wear tests and in machining processes［J］. Materials and Design，2007，28（3）：757-764.

[77] Deng J，Cao T，Ding Z，et al. Tribological behaviors of hot-pressed Al_2O_3/TiC ceramic composites with the additions of CaF_2 solid lubricants［J］. Journal of the European Ceramic

Society, 2006, 26: 1317-1323.

[78] Chen H, Xu C, Xiao G, et al. Investigation of Al_2O_3/TiC ceramic cutting tool materials with the addition of SiC-coated h-BN preparation, mechanical properties, microstructure and wear resistance [J] . International Journal of Materials Research, 2016, 107 (8): 735-740.

[79] Zhang W, Yi M, Xiao G, et al. Al_2O_3-coated h-BN composite powders and as-prepared Si_3N_4-based self-lubricating ceramic cutting tool material [J] . International Journal of Refractory Metals and Hard Materials, 2018, 71: 1-7.

[80] Broniszewski K, Wozniak J, Czechowski K, et al. Al_2O_3-Mo cutting tools for machining hardened stainless steel [J] . Wear, 2013, 303 (1-3): 87-91.

[81] Broniszewski K, Wozniak J, Kostecki M, et al. Al_2O_3-V cutting tools for machining hardened stainless steel [J] . Ceramics International, 2015, 41 (10, part B): 14190-14196.

[82] Burattin Paolo, Galland Jean Christophe, et al. Hydrocyanation method for ethylenically unsaturated organic compounds [J] . Physical Chemistry Chemical Physics, 1998, 149 (2): 2722-2732.

[83] Kong Y, Sona Kim, Hyoun-Ee Kim, et al. Reinforcement of hydroxyapatite bioceramic by addition of ZrO_2 coated with Al_2O_3 [J] . Journal of the American ceramic society, 1999, 82 (11): 2963-2968.

[84] Huang Z, Xiong D. MoS_2 coated with Al_2O_3 for Ni - MoS_2/Al_2O_3 composite coatings by pulse electrodeposition [J]. Surface and Coatings Technology, 2008, 202 (14): 3208-3214.

[85] Lu J, Gao Lian, Sun Jing, et al. Effect of nickel content on the sintering behavior, mechanical and dielectric properties of Al_2O_3: Ni composites from coated powders [J] . Materials Science and Engineering, 2000, 293 (1-2): 223-228.

[86] Li G, Huang X, Guo J. Fabrication of Ni-coated Al_2O_3 powders by the heterogeneous precipitation method [J] . Materials Research Bulletin, 2001, 36 (7-8): 1307-1315.

[87] Zhang J, Gao L. Nanocomposite powders from coating with heterogeneous nucleation processing [J] . Ceramics International, 2001, 27 (2): 143-147.

[88] Li G, Huang X, Guo J Ni-coated Al_2O_3 powders [J] . Ceramics International, 2002, 28 (6): 623-626.

[89] Chen Z, Ji L, Guo R, et al. Mechanical properties and microstructure of Al_2O_3/Ti (C, N)/CaF_2@Al_2O_3 self-lubricating ceramic tool [J] . International Journal of Refractory Metals & Hard Materials, 2019, 80: 144-150.

[90] Rui-xia Shia, Jia Lia, Yan-sheng Yin, et al. Toughening mechanisms and microstructure of Al_2O_3-TiC-Co composites [J] . Materials Science and Engineering: A, 2011, 528 (16-17): 5341-5347.

[91] Jing Li, Yin Y, Shi R, et al. Microstructure and mechanical properties of Al_2O_3-TiC-4vol. %Co composites prepared from cobalt coated powders [J] . Surface and Coatings Technology, 2006, 200 (12-13): 3705-3712.

[92] Michalski J, Konopka K, Trzaska M. Description of Al_2O_3 powders coated by Ni-P

particlesobtained through an electroless chemical reaction andpossibilities to obtain an Al_2O_3/Ni-P composite [J] . Materials Chemistry and Physics, 2003, 81: 407-410.

[93] Wu G, Xu C, Xiao G, et al. Structure design of Al_2O_3/TiC/CaF_2 multicomponent gradient self-lubricating ceramic composite and its tribological behaviors [J] . Ceramics International, 2018, 44 (5): 5550-5563.

[94] Lee H, Kim S, Joshi B, et al. A Study on Mechanical and Tribological Properties of Hot Pressed Al_2O_3/ZrO_2/h-BN/TiO_2 Composites [C] . Materials Science Forum, 2011, 695: 417-420.

[95] Chen W, Zhang D, Lv Z, et al. Self-lubricating mechanisms via the in situ formed tribo-film of sintered ceramics with h-BN addition in a high humidity environment [J]. International Journal of Refractory Metals & Hard Materials, 2017, 66: 163-173.

[96] Xiao G, Xu C, et al. Preparation and mechanical properties of TiB_2/WC/h-BN self-lubricating ceramic material [J] . Journal of Materials Engineering, 2014 (4): 63-67.

[97] Li X, Gao Y, Wei S, et al. Tribological behaviors of B_4C-h-BN ceramic composites used as pins or discs coupled with B_4C ceramic under dry sliding condition [J] . Ceramics International, 2017, 43 (1): 1578-1583.

[98] Bello K, Maleque M, Adebisi A, et al. Preparation and characterisation of TIG-alloyed hybrid composite coatings for high-temperature tribological applications [J] . Transactions of the IMF, 2016, 94 (4): 211-221.

[99] Duan X, Jia D, Wang Z. et al. Influence of hot-press sintering parameters on microstructures and mechanical properties of h-BN ceramics [J] . Journal of Alloys &Compounds, 2016, 684: 474-480.

[100] Novoselov K S, Geim A K, Morozov S V, et al. Electric field effect in atomically thin carbon films [J] . Science, 2014, 306: 666-669.

[101] Han T, Luo Y, Wang C. Effect of temperature and strain rate on the mechanical properties of hexagonal boron nitride nanosheets [J] . Journal of Physics D: Applied Physics, 2014, 47 (2): 025303-025310.

[102] Lu J, Gao L, Gui L, et al. Preparation, thermal stability and sintering behavior of Ni/Al_2O_3 coated powders [J] . Materials Chemistry and Physics, 2001, 72 (3): 352-355.

[103] Selsing J. Internal stress in ceramics [J] . Journal of the American Ceramic Society, 1961, 44 (8): 419.

[104] Lee B, Lee D, Lee J H, et al. Enhancement of toughness and wear resistance in boron nitride nanoplatelet (BNNP) reinforced Si_3N_4 nanocomposites [J] . Scientific Reports, 2016, 6: 27609.

[105] Shi Z, Wang J, Qiao G, et al. Effects of weak boundary phases (WBP) on the microstructure and mechanical properties of pressureless sintered Al_2O_3/h-BN machinable composites [J] . Materials Science and Engineering A, 2008, 492 (1-2): 29-34.

[106] Wei Da, Meng Q, Jia De. Mechanical and tribological properties of hot-pressed h-

BN/Si_3N_4 ceramic composites [J] . Ceramics International, 2006, 32 (5): 549-554.

[107] Tania MHC, Márcia RG, Edilson VB, et al. Study of nanocrystalline $\gamma-Al_2O_3$ produced by high-pressure compaction [J] . The Journal of Physical Chemistry B. 1999, 103: 4278-4284.

[108] Zhu W, Gao X, Li Q, et al. Controlled gas exfoliation of boron nitride into few-layered nanosheets [J] . Angewandte Chemie International Edition, 2016, 55: 10766-10770.

[109] Khan M H, Liu H K, Sun X, et al. Few-atomic-layered hexagonal boron nitride: CVD growth, characterization, and applications [J] . Materials Today, 2017, 20 (10): 611-628.

[110] Nag A, Raidongia K, Hembram K P S S, et al. Graphene analogues of BN: novel synthesis and properties [J] . ACS Nano, 2010, 4: 1539-1544.

[111] Wang X, Zhi C, Li L, et al. "Chemical blowing" of thin-walled bubbles: high-throughput fabrication of large-area, few-layered BN and Cx-BN nanosheets [J] . Advanced Materials, 2011, 23: 4072-4076.

[112] Mahdizadeh A, Farhadi S, Zabardasti A. Microwave-assisted rapid synthesis of graphene analogue hexagonal boron nitride (BN) nanosheets and their application for the ultrafast and selective adsorption of cationic dyes from aqueous solutions [J] . RSC Advances, 2017, 7: 53984-53995.

[113] Zhang S, Lian G, Si H, et al. Ultrathin BN nanosheets with zigzag edge: one-step chemical synthesis, applications in wastewater treatment and preparation of highly thermal-conductive BN-polymer composites [J] . Journal of Materials Chemistry A, 2013, 1: 5105-5112.

[114] Zhu D M, Jakovidis G, Bourgeois L. Catalyst-free synthesis of carbon and boron nitride nanoflakes using RF-magnetron sputtering [J] . Materials Letters, 2010, 64 (8): 918-920.

[115] Wang H L, Zhang X W, Meng J H, et al. Controlled growth of few-Layer hexagonal boron nitride on copper foils using ion beam sputtering deposition [J] . Small, 2015, 13: 1542-1547.

[116] Li L H, Chen Y, Behan G, et al. Large-scale mechanical peeling of boron nitride nanosheets by low-energy ball milling [J] . Journal of Materials Chemistry, 2011, 21: 11862-11866.

[117] Han W Q, Wu L, Zhu Y, et al. Structure of chemically derived mono-and few-atomic-layer boron nitride sheets [J] . Applied Physics Letters, 2008, 93: 223103.

[118] Yao Y, Lin Z, Li Z, et al. Large-scale production of two-dimensional nanosheets [J] . Journal of Materials Chemistry, 2012, 22: 13494-13499.

[119] Tominaga Y, Sato K, Shimamoto D, et al. Wet-jet milling-assisted exfoliation of BN particles with lamination structure [J] . Ceramics International, 2015, 41 (9): 10512-10519.

[120] Bari R, Parviz D, Khabaz F, et al. Liquid phase exfoliation and crumpling of inorganic nanosheets [J] . Physical Chemistry Chemical Physics, 2015, 17: 9383-9393.

[121] Yi M, Shen Z, Zhang W, et al. Hydrodynamics-assisted scalable production of boron nitride nanosheets and their application in improving oxygen-atom erosion resistance of polymer-

ic composites [J] . Nanoscale, 2013, 5: 10660-10667.

[122] Shang J, Xue F, Fan C, et al. Preparation of few layers hexagonal boron nitride nanosheets via high-pressure homogenization [J] . Materials Letters, 2016, 181: 144-147.

[123] Yurdakul H, Göncü Y, Durukan O, et al. Nanoscopic characterization of two-dimensional(2D) boron nitride nanosheets (BNNSs) produced by microfluidization [J] . Ceramics International, 2012, 38: 2187-2193.

[124] Zhu J, Wang H, Liu J, et al. Exfoliation of MoS_2 and BN nanosheets by hydrolysis of $LiBH_4$ [J] . Nanotechnology, 2017, 28: 115604.

[125] Du M, Wu Y, Hao X. A facile chemical exfoliation method to obtain large size boron nitride nanosheets [J] . CrystEngComm, 2013, 15: 1782-1786.

[126] Wang Y, Mayorga-Martinez C C, Chia X, et al. Nonconductive layered hexagonal boron nitride exfoliation by bipolar electrochemistry [J] . Nanoscale, 2018, 10: 7298-7303.

[127] Li X, Hao X, Zhao M, et al. Exfoliation of hexagonal boron nitride by molten hydroxides [J] . Advanced Materials, 2013, 25: 2200-2204.

[128] Wang N, Yang G, Wang H, et al. A universal method for large-yield and high-concentration exfoliation of two-dimensional hexagonal boron nitride nanosheets [J] . Materials Today, 2019, 27: 33-42.

[129] Lin Y, Williams T V, Xu T B, et al. Aqueous dispersions of few-layered and monolayered hexagonal boron nitride nanosheets from sonication-assisted hydrolysis: critical role of Water [J] . The Journal of Physical Chemistry C, 2011, 115: 2679-2685.

[130] Tian X, Li Y, Chen Z, et al. Shear-assisted production of few-layer boron nitride nanosheets by supercritical CO_2 exfoliation and its use for thermally conductive epoxy composites [J] . Scientific Reports, 2017, 7: 17794.

[131] Fan D, Feng J, Liu J, et al. Hexagonal boron nitride nanosheets exfoliated by sodium hypochlorite ball mill and their potential application in catalysis [J] . Ceramics International, 2016, 42 (6): 7155-7163.

[132] Lee D, Lee B, Park K H, et al. Scalable exfoliation process for highly soluble boron nitride nanoplatelets by hydroxide - assisted ball milling [J] . Nano Letters, 2015, 15: 1238-1244.

[133] Golberg D, Bando Y, Huang Y, et al. Boron nitride nanotubes and nanosheets [J], ACS Nano 2010, 4: 2979-2993.

[134] Antisari M V, Montone A, Jovic N, et al. Low energy pure shear milling: a method for the preparation of graphite nano-sheets [J] . Scripta Materialia, 2006, 55 (11): 1047-1050.

[135] Bharadwaj R, Ketterhagen W R, Hancock B C. Discrete element simulation study of a Freeman powder rheometer [J] . Chemical Engineering Science, 2010, 65 (21): 5747-5756.

[136] Kim S, Choi W S. Analysis of ball movement for research of grinding mechanism of a stirred ball mill with 3D discrete element method [J] . Korean Journal of Chemical Engineering, 2008, 25: 585-592.

[137] Rydin R W, Maurice D, Courtney T H. Milling dynamics: Part I. Attritor dynamics: Results of a cinematographic study [J] . Metallurgical Transactions A, 1993, 24A: 175-185.

[138] Shalchian H, Khaki J V, Babakhani A, et al. On the mechanism of molybdenite exfoliation during mechanical milling [J] . Ceramics International, 2017, 43 (15): 12957-12967.

[139] Gould T, Gray E, Dobson J F. van der Waals dispersion power laws for cleavage, exfoliation, and stretching in multiscale, layered systems [J] . Physical Review B, 2009, 79: 113402.

[140] Zhi C, Bando Y, Tang C, et al. Large-scale fabrication of boron nitride nanosheets and their utilization in polymeric composites with improved thermal and mechanical properties [J] . Advanced Materials, 2009, 21: 2889-2893.

[141] Xue Y, Liu Q, He G, et al. Excellent electrical conductivity of the exfoliated and fluorinated hexagonal boron nitride nanosheets [J] . Nanoscale Research Letters, 2013, 8: 49.

[142] Wu G, Yi M, Xiao G, et al. A novel method for producing boron nitride nanosheets via synergistic exfoliation with pure shear ball milling and ultrasonication [J] . Ceramics International, 2019, 45 (17, part B): 23841-23848.

[143] Song Y Y, Cao X B, Guo Y, et al. Fabrication of mesoporous CdTe/ZnO@ SiO_2 Core/Shell nanostructures with tunable dual emission and ultrasensitive fluorescence response to metal ions [J] . Chemistry Materials, 2009, 21 (1): 68-77.

[144] Werner S, Arthur F, Ernst B. Controlled growth of monodisperse silica spheres in the micron size range [J] . Journal of Colloid and Interface Science, 1968, 26 (1): 62-69.

[145] Sinkó, K. Influence of chemical conditions on the nanoporous structure of silicate aerogels [J] . Materials, 2010, 3 (1): 704-740.

[146] Horacio E B, William O. Roberts. Colloidal Silica: Fundamentals and Applications [M] . Marcel Dekker Inc, New York, 2005: 1-202.

[147] Dai C H, Zhang X P, Zhang J S, et al. Microwave synthesis of ultrafine silicon carbide whiskers [J] . Journal of the American Ceramic Society, 1997, 80 (5): 1274-1276.

[148] Li B, Song Y C, Zhang CR, et al. Synthesis and characterization of nanostructured silicon carbide crystal whiskers by sol-gel process and carbothermal reduction [J] . Ceramics International, 2014, 40 (8): 12613-12616.

[149] Carrapichano JM, Gomes JR, Silva RF. Tribological behaviour of Si_3N_4-BN materials for dry sliding applications [J] . Wear, 2002, 253 (9-10): 1070-1076.

[150] Alexandra K, Ján B, Csaba B, et al. Influence of h-BN content on mechanical and tribological properties of Si_3N_4/BN ceramic composites [J] . Journal of the European Ceramic Society, 2014, 34 (14): 3319-3328.

[151] Duan X, Wang M, Jia D, et al. Anisotropic mechanical properties and fracture mechanisms of textured h-BN composite ceramics [J] . Materials Science and Engineering A, 2014, 607: 38-43.

[152] Fadavi B A, Taherzadeh M R, T S, et al. Graphene sheets encapsulating SiC nano-

particles: A roadmap towards enhancing tensile ductility of metal matrix composites [J]. Materials Science and Engineering A, 2015, 648: 92-103.

[153] Wang R, Pan W, Jiang M, et al. Investigation of the physical and mechanical properties of hot-pressed machinable Si_3N_4/h-BN composites and FGM [J]. Materials Science and Engineering B, 2002, 90: 261-268.

[154] Fukuhara M, Fukazawa K, Fukawa A. Physical properties and cutting performance of silicon nitride ceramic [J]. Wear, 1985, 102: 195-210.

[155] Oh S T, Sando M, Niihara K. Mechanical and magnetic properties of Ni-Co dispersed Al_2O_3 nanocomposites [J]. Journal of Materials Science, 2001, 36: 1817-1821.

[156] Ryshkewitch E. Compression strength of porous sintered alumina and zirconia [J]. Journal of the American Ceramic Society, 1953, 36: 65-68.

[157] Xing Y, Deng J, Zhao J, et al. Cutting performance and wear mechanism of nanoscale and microscale textured Al_2O_3/TiC ceramic tools in dry cutting of hardened steel [J]. International Journal of Refractory Metals and Hard Materials, 2014, 43: 46-58.

[158] Zhao G, Huang C, He N, et al. Microstructural development and mechanical properties of reactive hot pressed nickel-aided TiB_2-SiC ceramics [J]. International Journal of Refractory Metals and Hard Materials, 2016, 61: 13-21.

[159] Cho W S, Cho M W, Lee J H, et al. Effects of h-BN additive on the microstructure and mechanical properties of AlN-based machinable ceramics [J]. Materials Science and Engineering A, 2006, 418 (1-2): 61-67.

[160] Poortemana M, Descampsa P, Cambiera F, et al. Silicon nitride/silicon carbide nanocomposite obtained by nitridation of SiC: fabrication and high temperature mechanical properties [J]. Journal of the European Ceramic Society, 2003, 23 (13): 2361-2366.

[161] Somekawa H, Mukai T. Hall - Petch relation for deformation twinning in solid solution magnesium alloys [J]. Materials science & Engineering A, 2013, 561: 378-385.

[162] Ohji T, Jeong Y, Choa Y et al. Strengthening and toughening mechanisms of ceramic nanocomposites [J]. Journal of the American Ceramic Society, Soc. 1998, 81 (9): 211-217.

[163] Evans A G, Wilshaw T R. Quasi-static solid particle damage in brittle solids—I. Observations analysis and implications [J]. Acta Metallurgica, 1976, 24: 939-956.

[164] Vingsbo O. Fundamentals of Friction and Wear [J]. NanoScience and Technology, 2007, 22 (7): 11-15.